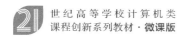
21世纪高等学校计算机类
课程创新系列教材·微课版

Animate CC
动画基础与游戏设计

微课视频版

夏敏捷 郑秋生 尚展垒 / 编著

清华大学出版社

北京

内 容 简 介

本书主要讲解了 Animate CC 的基础知识、工具箱的使用、元件和库、制作基础动画、制作高级动画，并详细介绍 Animate ActionScript 脚本编程技术，包括编程语言基础、面向对象编程基础、影片剪辑的控制、文本交互、鼠标和键盘事件的处理等。本书最后应用前面的知识设计了 10 个游戏案例，例如推箱子、雷电飞机、中国象棋、拼图游戏、俄罗斯方块、Flappy Bird、看图猜成语游戏等，进一步提高读者对知识的应用能力。通过本书，让读者对枯燥的 Animate CC 动画与编程学习充满乐趣。对于初、中级的 Animate CC 学习者来说，本书是一个很好的参考资料，本书不仅为读者列出了完整的游戏代码，同时对所有的源代码进行了非常详细的解释，做到了通俗易懂、图文并茂。

本书适合作为高等学校电脑动画设计相关课程的教材，也适用于游戏编程爱好者、程序设计人员和 Animate 编程学习者。

图书在版编目（CIP）数据

Animate CC 动画基础与游戏设计：微课视频版/夏敏捷，郑秋生，尚展垒编著.—北京：清华大学出版社，2022.1（2023.8重印）

21 世纪高等学校计算机类课程创新系列教材：微课版

ISBN 978-7-302-58590-9

Ⅰ．①A…　Ⅱ．①夏…②郑…③尚…　Ⅲ．①超文本标记语言－程序设计－高等学校－教材　Ⅳ．①TP312.8

中国版本图书馆 CIP 数据核字（2021）第 131499 号

责任编辑：陈景辉
封面设计：刘　键
责任校对：李建庄
责任印制：杨　艳

出版发行：清华大学出版社
　　　网　　　址：http://www.tup.com.cn，http://www.wqbook.com
　　　地　　　址：北京清华大学学研大厦 A 座　　　　邮　　编：100084
　　　社　总　机：010-83470000　　　　　　　　　　邮　　购：010-62786544
　　　投稿与读者服务：010-62776969，c-service@tup.tsinghua.edu.cn
　　　质量反馈：010-62772015，zhiliang@tup.tsinghua.edu.cn
　　　课件下载：http://www.tup.com.cn，010-83470236
印 装 者：三河市君旺印务有限公司
经　　销：全国新华书店
开　　本：185mm×260mm　　印　张：22.75　　　　　字　　数：554 千字
版　　次：2022 年 1 月第 1 版　　　　　　　　　　　印　　次：2023 年 8 月第 2 次印刷
印　　数：1501～2000
定　　价：69.90 元

产品编号：087531-01

　　二十年来,多媒体技术飞速发展,已成为计算机和网络的必备功能。经过多年的发展,Adobe Flash 已经集矢量绘图、动画制作、多媒体集成、人机交互、网络通信、数据处理等功能于一身。其面向对象的脚本语言 ActionScript 亦在发展中走向成熟,成为 Flash 互动程序的核心部分。Flash 因其文件小、性能优异而得到全球网民的青睐,这也使得 Flash 成为网络休闲游戏开发的首选平台。

　　Animate CC 由原 Adobe Flash Professional CC 更名得来,维持原有 Flash 开发工具支持外新增 HTML5 创作工具,为网页开发者提供更适应现有网页应用的音频、图片、视频、动画等创作支持。本书采用了最新版本 Animate CC 2019,知识安排合理,通过"理论知识＋实战案例"结合的模式循序渐进,由浅入深,重点突出。本书作者长期从事 Animate 教学与应用开发,在长期的工作学习中,积累了丰富的经验和教训,能够了解在学习编程的时候需要什么样的书才能提高 Animate 游戏开发能力,以最少的时间投入得到最快的实际应用。

本书内容

　　讲解 Animate CC 的基础知识,如图层、帧、元件、实例、影片剪辑、库面板、属性面板、各种绘图工具及其使用技巧;介绍 ActionScript 3.0 编程技术和技巧,例如如何利用 Animate 和 ActionScript 3.0 制作交互式游戏、平台类游戏,学会面向对象的游戏设计技术,了解 ActionScript 3.0 程序设计的所有相关内容。游戏实例涵盖了益智、射击、棋牌、休闲等游戏。

本书特色

　　(1) 内容翔实,案例丰富。

　　本书为重要的知识点配备了经典的案例,书中涉及的游戏如推箱子、连连看、五子棋等,让读者在枯燥的编程学习中体会乐趣。每款游戏实例均提供详细的设计思路、关键技术分析以及具体的解决步骤方案。

　　(2) 代码通用性强,便于开发。

　　本书提供全部的案例源代码,这些代码均适用于一般的游戏设计与开发,通用性强,为读者后续的游戏设计与开发提供便利。

　　(3) 突出重点,强化理解。

　　本书结合作者多年的教学经验,针对教学要求和学生特点,突出重点、深入分析,同时在内容方面全面兼顾知识的系统化要求。

配套资源

　　为便于教与学,本书配有 1000 分钟微课视频、案例源代码、教学课件、教学大纲、教学日历。

　　(1) 获取微课视频方式:读者可以先扫描本书封底的文泉云盘防盗码,再扫描书中相应的视频二维码,观看教学视频。

(2) 获取案例源代码方式:先扫描本书封底的文泉云盘防盗码,再扫描下方二维码,即可获取。

案例源代码

(3) 其他配套资源可以扫描本书封底的"书圈"二维码下载。

读者对象

本书适合作为全国高等学校"电脑动画设计"相关课程的教材,也适用于游戏编程爱好者、程序设计人员和 Animate 编程学习者。

本书由夏敏捷、郑秋生和尚展垒负责统稿,李枫(中原工学院)、刘姝(中原工学院)、张睿萍(中原工学院)编写第 1~5 章,王子成(郑州轻工业大学)编写第 6、7 章,刘芳华(郑州轻工业大学)编写第 8~10 章,冯柳(郑州轻工业大学)编写第 11~15 章,尚展垒(郑州轻工业大学)编写第 16~18 章,夏敏捷(中原工学院)、郑秋生(中原工学院)编写第 19、20 章。

在本书的编写过程中,为确保内容的正确性,参阅了很多资料,并且得到了中原工学院郑秋生教授的支持,在此谨向他们表示衷心的感谢。

由于作者水平有限,书中难免有错,敬请广大读者批评指正,在此表示感谢。

夏敏捷

2021 年 8 月

V

VII

第1章　Animate 基础知识

Animate 作为一款当今较为流行的动画制作工具,以其操作简单、功能强大、易学易用、浏览速度快等特点深受广大网页设计人员的喜爱。本章以 Animate CC 2019(以下简称为 Animate)的工作环境介绍入手,全面讲述 Animate 的动画制作基础知识,包括 Animate 绘图、帧、图层、时间轴、元件等。

1.1　初识 Animate

Animate 是用于创建动画和多媒体内容的强大的创作平台。Animate 在台式计算机、平板电脑、智能手机和电视等多种设备中都能呈现同一效果的互动体验。

1.1.1　Animate 概述

Animate 最初的前身是 Macromedia 公司的动画软件 Flash,曾与 Dreamweaver(网页制作工具软件)和 Fireworks(图像处理软件)并称为"网页三剑客"。随着互联网的发展,Flash 在 4.0 版本之后增加了 ActionScript 函数调用功能,这使得制作交互式的互联网应用更加便捷。Macromedia 公司及旗下软件于 2007 年被 Adobe 公司收购并接手后续开发。Macromedia 公司发布的最后一个版本为 Flash 8,Adobe 收购后发布的第一个版本为 Flash CS3,然后依次推出 CS4、CS5、CS6 版本,并且于 2015 年 2 月发布了最后一个 Flash 的版本 Flash Professional CC 2015,随后 Adobe 公司将该软件改名为 Animate 进行发售,直到如今。

Animate 是一种集动画创作与应用程序开发于一体的创作软件,它为创建数字动画、交互式 Web 站点、桌面应用程序以及手机应用程序开发提供了功能全面的创作和编辑环境。

Animate 可以将各种内容制成动画,设计适合游戏、电视节目和 Web 的交互式动画,让卡通和横幅广告栩栩如生;也可以创作动画涂鸦和头像;并向电子学习内容和信息图中添加动作。Animate 可以以各种格式将动画快速发布到多个平台并传送到观看者的任何屏幕上。

Animate 可以使用功能强大的插图和动画工具,为游戏和广告创建交互式 Web 和移动内容;也可以构建游戏环境,设计启动画面,并集成音频;还可以将动画作为增强现实体验进行共享。使用 Animate,用户可以在应用程序中完成所有的资源设计和编码工作。

Animate 可以使用像真笔一样能融合、素描和绘制更具表现力的人物。使用简单的逐帧动画就可以实现人物眨眼、交谈、行走,还可以通过创建实现对用户交互(如鼠标移动、触摸和单击)做出响应的交互式 Web 横幅。

通过 Animate 可以将动画导出到多种平台(如 HTML5 Canvas、WebGL、Flash/Adobe AIR 以及诸如 SVG 的自定义平台),来将动画投送到观看者的桌面、移动设备和电视上。用户可以在项目中包含代码,甚至无须编写代码即可添加操作。

1.1.2 Animate 的新增功能

最新的 Animate 发行版提供以下功能和增强特性。

(1) 重新设计了用户界面。

重新设计的用户界面可让 Animate 更加简单易用,并辅助用户充分发挥创造力。针对触控进行优化的界面包括增强的属性面板、可个性化的工具栏、新型时间轴等。

更新后的用户界面,通过其设计和新增的功能,使 Animate 变得更加直观易用。

(2) 增强了属性面板。

属性面板的新界面进行了许多改进。它可提供不同选项卡(例如"工具""对象""帧""文档")。通过 Animate 中的新属性面板,用户可以根据当前任务或工作流程查看相关设置和控件。此新面板的设计考虑了使用的便利性,旨在确保用户可以随时访问适当的控件。

(3) 个性化工具栏。

在任何工具栏中,用户都可以根据需要添加、删除、分组或重新排序工具。

新的分隔条将工具栏拆分成了多个分组,以形成分区。通过分隔条的支持,可将各组工具分开,并使其更加靠近用户的工作区域。

甚至可以将自定义项保存为工作区的一部分,并将其用于将来的项目。

(4) 新型时间轴。

Animate 的时间轴控件使用新的选项和功能进行了修订。

① "绘图纸外观"按钮增加了"高级设置"选项。利用此处可选择各种配置参数,例如起始不透明度、减小幅度、范围、模式和控制绘图纸外观显示。

② 单击任意图层并使用某种颜色高亮显示该图层。

③ 使用单图层视图选项,用户可以自由地在现用图层中进行操作。

④ 可使用工具栏中的手形工具平移时间轴。

⑤ 利用时间轴控件中的新增功能,还可自定义"插入关键帧""编辑多个帧""创建传统补间"选项。

⑥ 对"时间轴菜单"选项进行了整理,添加了新功能并精简了一些功能,例如"匹配FPS""时间轴顶部控件""时间轴底部控件"等。

(5) 增强了视频导出。

Animate 现已全面使用 Adobe Media Encoder,以实现无缝的媒体导出体验。现在,使用 Animate 可将动画导出为更宽使用范围的媒体。Animate 中现在可以选择 Adobe Media Encoder 支持的格式和预设。

(6) 全新流畅画笔。

全新的流畅画笔带来了一些新增的功能。

① 在绘制的同时生成更佳的笔触实时预览。

② 除了"大小""颜色""平滑度"之类的常规画笔选项外,画笔还包含与"压力"和"速度"

有关的参数。

③ 更多画笔选项(例如圆度、角度和锥形)可提供更多变化,并为绘图提供独特的风格。

④ 可使用稳定器选项绘制笔触,以避免轻微的波动和变化。

(7) 其他更改。

① 导出 SVG 序列:可以将时间轴导出为 SVG 序列。选择"文件"→"导出"→"导出影片"命令并选择"SVG 序列"作为"另存为"类型。

② 提供了更多用于摄像机的滤镜和色彩效果:新的属性面板包含更新后的摄像机功能,可以将任何滤镜或色彩效果用于摄像机,其方式与应用于帧相同。

③ 新增 JSAPI 支持:新增的 JSAPI 支持摄像机、图层深度、图层效果、图层父项、纹理贴图集、导出 SVG、导出影片等功能。

1.1.3 Animate 动画的特点

Animate 动画有 3 个最显著的特点,下面进行介绍。

1. 矢量格式

在 Animate 动画中大量使用矢量图形。矢量图形不仅可以方便地绘制卡通场景及人物,制作出酷炫的视觉效果,更重要的是它可以无级缩放,同时生成的动画文件又非常小,这在制作互联网的应用方面是非常必要的。

2. 流式播放技术

与其他网络视频一样,Animate 也采用流式播放技术,采用这种技术可以边下载边播放,可以利用互联网实现实时播放的功能。

3. 强大的交互功能

利用内置的 ActionScript 语言可以为动画添加复杂的交互性,例如控制播放的顺序、利用鼠标或键盘操控场景中的对象等。这种交互操作在界面设计、课件制作及游戏开发等方面是必不可少的要求。

1.1.4 动画的概念及原理

动画并不是画面上的对象真正地在运动,如生活中看到的所有影视作品一样,感觉在动的画面都是由静止的画面实现的。多个静止画面按照一定的速度切换,由于人眼的视觉暂留特点而产生"动"的感觉。比如电影放映机的画面切换速度必须满足 24 帧/秒的要求。

制作动画最重要的 3 个要素是舞台、演员和时间。舞台是展示剧情的空间范围,相当于电影的屏幕;演员是展示剧情所必需的人或物;时间用于控制剧情展示的过程,包括演员的进场、退场以及舞台道具的变化等。

一部动画就像一部电影或电视剧,导演依据既定的剧本安排演员和道具,按照时间的顺序在舞台上演绎故事。

1.1.5 Animate 动画的制作流程

任何事物都有自身内在的规律存在,Animate 动画设计也不例外。Animate 动画设计与拍摄电影、电视剧有着相似的制作流程,主要有前期筹备、动画制作、后期处理和发布 4 个阶段,详细的制作流程如图 1-1 所示。

4

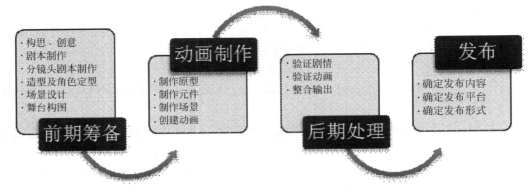

图 1-1　Animate 动画的制作流程

1.2　Animate 工作界面

　　启动 Animate 后首先看到的是如图 1-2 所示的欢迎界面。通过欢迎界面可以完成从模板创建 Animate 文档、打开最近使用的文档、新建特定类型的 Animate 文档以及打开快速学习网页等操作。

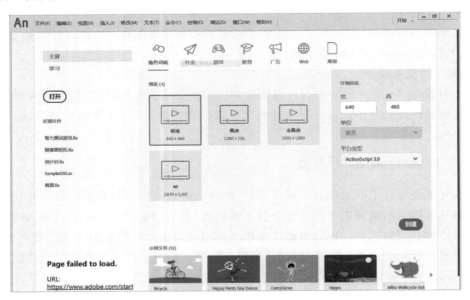

图 1-2　"主页"界面

　　创建新 Animate 文档,可通过使用图 1-2 中的分类模板来完成,首先选择"分类"(如"角色动画")命令,然后从列出的模板中选择,检查或调整图右侧所列的文档信息,最后单击"创建"按钮。在各分类模板中,"角色动画"和"社交"默认使用 ActionScript 平台,其他分类默认使用 HTML5 Canvas 平台。

　　新建或打开 Animate 文档后的工作界面如图 1-3 所示。从图 1-3 中可以看到顶部的菜单,然后向下依次是文档面板、时间轴面板以及右侧的属性面板、工具面板等内容。

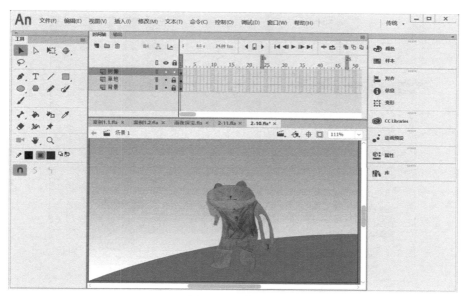

图 1-3　工作界面

图 1-3 中的各个面板都可以显示、隐藏或根据个人习惯自由组合。隐藏面板的方法是单击面板右上角的 按钮，在打开的菜单中选择"关闭"命令。若面板是多个组合在一起的，还可以选择"关闭组"命令实现全部隐藏。隐藏的面板可通过选择"窗口"菜单中相应的面板名称显示出来。拖曳面板的标题文字并移动到其他面板区域，可以实现面板的自由组合。

1.2.1　工作区布局

根据工作状态和性质的不同，用户需要使用的面板是不同的，因此 Animate 提供了几种常用的面板组合供设计者选择，这称为工作区布局。

改变工作区布局的方法是单击如图 1-3 所示的工作界面右上角工作区按钮（图中显示为"基本功能"），打开如图 1-4 所示的工作区布局菜单，其中列出了几种可以在不同设计状态下提高工作效率的工作区布局方式，设计者根据需要选择相应的布局方式即可。

设计者还可以使用"重置""新建工作区""管理工作区"功能，创建和维护满足个人需要的、个性化的工作区布局。

1.2.2　"工具"面板

"工具"面板是动画制作过程中经常使用的，是动画制作工具的集合，如图 1-5 所示。面板中的工具以功能特点不同为划分依据，可分为若干组，并且组之间用水平线分隔。

工具面板中的工具组包括以下 5 项。

（1）选择及变形工具组，主要用于对象的选择及变形。

（2）绘制工具组，主要用于绘制常用或基本的形状以及各种矢量对象。

（3）辅助编辑工具组，包括颜料桶工具、墨水瓶工具等，执行诸如上填充色、描边等其他的编辑工作。

（4）通用工具组，包括手形工具和放大镜工具，用于改变编辑区域的位置及局部放大。

（5）颜色及绘制模式工具组，用于设置笔触颜色和填充颜色以及定义所选用的工具的工作方式。

5

图 1-4　工作区布局菜单

图 1-5　"工具"面板

1.2.3　"属性"面板

　　"属性"面板是另外一个非常重要的面板,该面板显示当前所选工具的可调整的使用选项,若无可调整项则会自动切换显示文档属性,如图 1-6(a)所示。文档属性用于调整当前动画文件的选项,常用的选项有帧速率(FPS)、舞台大小等。

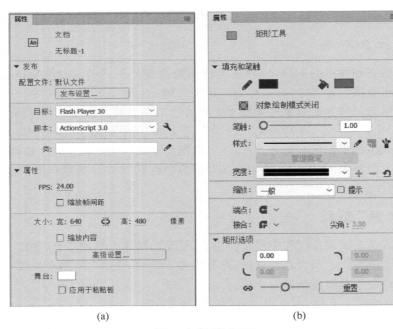

(a)　　　　　　　　　　　　　　　(b)

图 1-6　"属性"面板

　　选择工具后要首先检查"属性"面板,并根据制作需要调整其选项,因为选项的改变仅对后续的操作有效而不会影响已经完成的操作。

　　不同工具的可调整项是不同的,在此不一一叙述,仅列出"矩形工具"的"属性"面板内容以供参考,如图 1-6(b)所示。

"文档"属性列出的是当前动画文件的选项,主要包括发布设置和文档设置两部分。发布设置决定了作品最终的发布形式,文档设置决定的是舞台大小、背景颜色和帧速率等内容。

1.2.4 "时间轴"面板

时间轴是制作动画必须掌握的重要概念,在包含动画的文档中体现得非常明显。"时间轴"面板如图 1-7 所示。它分为左、右两部分,左侧为图层控制区,用于确定图层的名字、编辑及显示状态等;右侧为时间控制区,用于描述图层中的内容随时间所发生的变化。

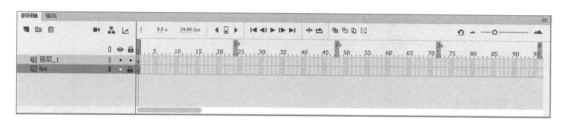

图 1-7　"时间轴"面板

1. 图层控制区

图层控制区显示动画中所包含图层的多少,图层的多少直观地体现了动画的复杂程度。在动画中有不同表现(动画方式)的对象一定要放置在不同的图层上,否则会导致动画效果无法实现,这是初学者最常犯的错误。

图层控制区的左上方是 3 个图层控制按钮,分别是新建图层 ▣ 按钮、新建文件夹 ▢ 按钮和删除图层 🗑 按钮,用于实现添加、给图层分组和去除图层的功能。

图层名字上方区域还有轮廓显示所有图层 ▯、显示/隐藏图层 ◉ 和锁定/解锁图层 🔒 3 个按钮,分别实现所有图层的显示或隐藏、锁定或解除锁定和是否以轮廓方式显示图层内容等功能。每个图层名字的右侧都有与这 3 个按钮相应的控制按钮(黑点),用于控制该图层的上述 3 种特征显示效果,图 1-7 中的 fire 层就处于 🔒(锁定、不可编辑)状态。

双击图层的名字可以修改图层的说明文字,以有实际意义的名字替换"图层 1"之类的名字是非常好的设计习惯,对于复杂的动画作品可以很方便地找到需要编辑的对象。

2. 时间控制区

在时间控制区中带编号的矩形称为时间帧,代表不同的时刻。其上面的编号不一定代表时间的秒数,而是时刻的顺序编号,具体时间的控制还要结合动画的帧速率才能实现。帧速率表示动画的播放速度,以"帧/秒"为单位,英文表示为 fps。帧速率在时间轴的上方可以看到,图 1-7 中所示的帧速率为 24.00fps,Animate 文档的默认值会因动画的类型而不同,但通常为 24fps 或 30fps,其值可以通过属性面板(图 1-6(a))中的 FPS 处进行调整。

播放头在"时间轴"面板中表现为一条垂直贯穿面板的红线,红线上方有一个红色的矩形标识。播放头所处位置上的内容会自动显示在文档窗口的舞台上,这在编辑动画时非常重要。请记住一点,对舞台上内容的编辑永远是针对播放头所处的时刻。

帧速率信息的左侧还有一个帧数值信息(如图 1-7 中的"1"以及播放时间信息 0.0s)指

的是播放头所处位置的帧编号。

右边还有几个按钮(或开关)需要以下说明。

(1)"上一关键帧"按钮 ◀ :将播放头移动到前一个关键帧的位置。

(2)"插入帧"按钮 ▣ :右键可选择插入关键帧、空白关键帧或者帧。

(3)"下一关键帧"按钮 ▶ :将播放头移动到下一个关键帧的位置。

(4)"绘图纸外观"开关 ▣ :打开后将显示一定帧范围内舞台对象的位置变化情况。

(5)"绘图纸外观轮廓"开关 ▣ :功能同上,只是仅以轮廓线的形式来显示。

(6)"编辑多个帧"开关 ▣ :打开后不仅能同时显示相邻多个帧上对象的位置,还可以在不改变播放头位置的情况下调整对象的位置。

(7)"修改标记"按钮 ▣ :连续帧的范围设置可通过此按钮调整。

1.2.5 舞 台

1. 舞台概述

舞台是动画表现所需要的空间大小,如同电影的屏幕大小一样。舞台的大小可以通过文档属性调整,该调整通常在动画设计之初完成。

当需要在舞台上绘制对象时,需要先在"时间轴"面板右侧的时间线中选择适当的帧(时刻),也就是确定所制作的内容出现在动画的时间点。如果不这样,就会给后续的添加动画效果增加障碍,这是初学者容易出现的另一个错误。

在修改舞台对象时一定要注意播放头的位置,因为在舞台上看到的内容是由播放头所在位置决定的。

2. 舞台缩放

在对舞台上的对象进行编辑时,可以根据需要调整缩放比率以方便细节部分的处理。舞台缩放有两种实现方式:一种方式是使用"工具"面板中的"缩放工具" 🔍 ,选择该工具后单击舞台某处即可;另一种方式是使用"缩放比率"下拉列表 100% ▾ ,该下拉列表在舞台窗口的右上角位置。下拉列表展开后如图 1-8 所示,对其中顶部的 3 个选项说明如下所述。

(1)符合窗口大小:自动调整舞台以适合文档工作区的大小。

(2)显示帧:根据当前帧的内容调整显示比例。

(3)显示全部:调整舞台显示比例,使工作窗口能显示当前时刻的所有对象,既包括舞台中的对象,又包括舞台外的对象。

3. 场景管理

Animate 动画可以有多个场景。场景的概念如同电影的分镜头一样,可以展示不同地点或不同视角下的舞台景象。例如,动画中可以包含室外的动画内容和室内的动画内容,室内的动画又可分为客厅的动画及厨房动画等。

Animate 中有专门管理场景的面板,可以通过选择"窗口"→"场景"命令打开"场景"面板,如图 1-9 所示。

"场景"面板主要完成添加场景 ▣ 、复制场景 ▣ 和删除场景 ▣ 这 3 项功能,用户还可以通过拖曳鼠标来调整各场景播放的先后顺序(排在上面的先播放,排在下面的后播放)。

图 1-8　舞台的缩放比率　　　　　　　　　图 1-9　"场景"面板

如果仅是在当前场景之后添加一个新的场景，也可以通过执行"插入"→"场景"命令实现。

1.2.6　"库"面板

1. 打开或关闭"库"面板

Animate 中的"库"是存放和管理动画内部资源的地方，相当于拍摄电影、电视剧时所需要的演员、服装、道具、灯光等。

"库"面板如图 1-10 所示。在默认布局下处于打开状态，如果需要，可以通过执行"窗口"→"库"命令打开或关闭。

2. 管理库中的对象

图 1-10　"库"面板

在 Animate 的"库"中可以存放图片 🖼、声音 🔊 和元件三大类型的素材。元件又分为图形元件 🏞、按钮元件 🖱 和影片剪辑元件 🎬 3 种。通过图标可以很容易地在"库"面板中区分它们。

"库"面板底部有"新建元件" 🗐、"新建文件夹" 📁、"属性" ⓘ 和"删除" 🗑 4 个按钮，用于管理库中的对象。若向"库"中添加图片、声音和视频对象，可以通过执行"文件"→"导入"下的"导入到舞台""导入到库""导入视频"等命令实现。

3. 使用库中的对象

"库"面板中的对象可以重复使用，拖曳"库"面板中的对象到舞台上即可，唯一需要注意的是图层和时间是否正确。

"库"中的对象在舞台上可以放置多个，也可以删除任何一个且不影响库中的对象。这样就方便了用户制作大量采用同一对象的复杂场景的工作。

1.2.7　"对齐"和"变形"面板

舞台上的多个对象经常需要按某种方式排列整齐，这就需要用到"对齐"面板。舞台上的对象也经常需要变换自身的形态以满足实际的设计要求，这就需要通过"变形"面板来实现。

"对齐"面板如图 1-11(a)所示，通过"对齐"面板可以实现以下 8 个重要功能。

（1）对齐：多个对象按水平、垂直方式重新调整位置以保证排列整齐。

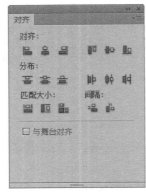

(a)"对齐"面板   (b)"变形"面板

图1-11 "对齐"和"变形"面板

(2)分布:多个对象按水平、垂直方式重新调整位置以保证间距相同。

(3)匹配大小:多个对象根据其中某一个重新调整大小使其相同,调整方式可以是仅宽度、仅高度或宽高都调整。

(4)间隔:多个对象根据其左右或上下边界上的对象重新调整其间隔并使间隔相等,调整方式可以是水平间隔,也可以是垂直间隔。

"变形"面板如图1-11(b)所示,"变形"面板主要实现以下功能。

(5) ↔、↕:分别用于改变对象的宽度、高度,可以通过单击"约束"按钮 使高度和宽度按相同的比例变化。

(6)旋转:在二维平面上旋转对象。角度值可以是正值或负值,分别表示顺时针或逆时针,并且最大角度值为360°。

(7)倾斜:使对象产生剪切变形,从而产生诸如矩形变成平行四边形、正方形变成菱形等效果,调整方式也有水平和垂直两种。

(8)3D旋转、3D中心点:模拟三维方式旋转对象,以产生三维投影的平面效果。这两项用于调整旋转的角度参数和旋转的中心点位置。需要说明的是,3D旋转仅对"影片剪辑"这种类型的元件有效。

1.3 Animate 操作基础

本节主要介绍Animate的基本操作,以使初学者对Animate动画设计有一个直观的感受。

1.3.1 新建 Animate 文档

创建新的Animate文档主要有两种方法:一种方法是通过如图1-2所示的"欢迎界面"创建新文档,另外一种方法是执行"文件"→"新建"命令,通过打开的"新建文档"对话框创建新文档,如图1-12所示。

Animate文档分为多种不同的类型,包括角色动画类、社交类、游戏类、教育类、广告类、Web类等。不同的类别下面,又根据应用场景细分为电脑应用和移动设备应用两种平台下

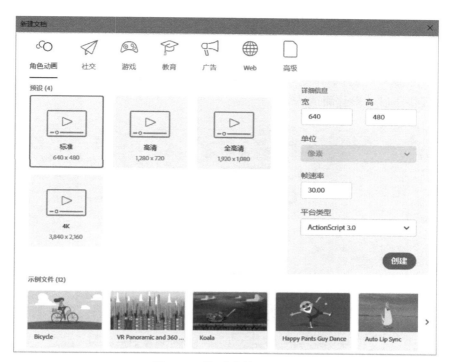

图 1-12 "新建文档"对话框

的多种情况。

这些不同类别的动画文档主要面向 3 种"平台类型",分别是 ActionScript 3.0、HTML 5 Canvas 和 AIR for Desktop。在"高级"分类里面还有 WebGL 和 VR 两种类型,不过这两种类型还处于测试阶段。

（1）ActionScript 3.0 文档,使用传统的、成熟的 Flash 动画技术,利用 ActionScript 3.0 脚本来编写动画的交互控制代码。

（2）HTML5 Canvas 文档,创建的是基于 HTML 5 Canvas 元素的动画。通过使用帧脚本中的 Javascript 脚本,为动画添加交互性。

（3）WebGL 文档,使用 WebGL 创建动画资源。此文档类型仅用于创建动画资源,不支持脚本编写交互性功能。

（4）AIR for Desktop 文档,Adobe Integrated Runtime（AIR）是一个跨操作系统的运行支撑环境,它可以利用现有的 Web 开发技术（Flash、Flex、HTML、JavaScript、Ajax）来构建富 Internet 应用程序并部署为桌面应用程序。有了 AIR 的支撑,可以保证包括 Flash 在内的各种工具开发的跨平台一致性。

Animate 提供了一组简单有趣的"示例文件",如图 1-12 所示。这些示例文件可以帮助初学者快速了解和熟悉 Animate 动画制作环境以及基本的动画制作方法。强烈建议刚入手的初学者从这些示例文件开始,开启自己的学习之旅。

【案例 1.1】 利用"示例文件"创建 Animate 文档。

① 执行"文件"→"新建"命令打开"新建文档"对话框。

② 在对话框下方"示例文件"中找到并鼠标双击 Bicycle 模板,创建新的 Animate

文档。

③ 执行"文件"→"保存"命令,为文档选择保存位置,并以名字"案例 1.1. fla"保存文档。

④ 执行"控制"→"测试"命令,测试该动画的实际效果如图 1.13 所示。也可按 Ctrl+Enter 组合键快速启动影片测试。

视频讲解

图 1-13　　"案例 1.1"测试图

1.3.2 绘制舞台对象

如果通过"预设的类别"创建 Animate 文档,则创建的文档是无内容的(即舞台是空的),需要设计者手动绘制并创建舞台上的对象,这就要用到"工具"面板(如图 1-5 所示)中第二组的创建各种矢量对象的 8 个工具。

Animate 中的矢量图形是由笔触和填充构成的,在绘制各种图形时应当设置图形的笔触颜色、填充颜色以及笔触的粗细、样式等属性。在"工具"面板的"颜色"区中可以设置将要绘制的图形的笔触颜色 和填充颜色 ,也可以在绘制好对象后通过"属性"面板的"笔触和填充"区改变对象的笔触颜色 和填充颜色 。

Animate 提供了两种绘制模式,分别是合并绘制模式和对象绘制模式。

(1) 合并绘制模式:绘制的图形重叠以后会自动合并,移动上面的图形会对其下方的图形产生切割效果如图 1-14(a)所示,用这种绘制模式绘制的图形称为"形状"。

(2) 对象绘制模式:绘制的图形形成独立的图形对象,多个图形之间可以上下移动,即改变它们

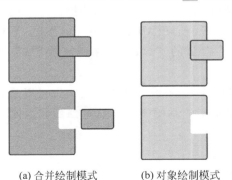

(a) 合并绘制模式　　(b) 对象绘制模式

图 1-14　Animate 绘制模式

的层叠顺序。利用对象绘制模式产生的多个图形对象还可以通过执行"修改"→"合并对象"菜单中的命令实现对象间的联合、交集、打孔和裁切等功能(图 1-14(b)为执行"打孔"后的结果),用这种绘制模式绘制的图形称为"绘制对象"。

说明:以合并绘制模式创建的"形状"可以通过执行"修改"→"合并对象"→"联合"命令转换为以对象绘制模式创建的"绘制对象"。

1.3.3　修改舞台对象

舞台对象的修改也因其为"形状"或"绘制对象"的不同而有所差别。

"形状"可以用"工具"面板的第一组的工具(3D工具除外)直接进行修改,如图 1-5 所示。唯一需要注意的是,在"形状"中笔触和填充是相互独立的,需要先确定正确的修改范围。

"绘制对象"不能直接进行编辑和修改,需要进入其"形状"状态才能执行修改操作。进入"绘制对象"的"形状"状态的方法是双击相应的"绘制对象",当"编辑栏"中显示为类似 ⬛场景1 ⬛绘制对象 的信息时即可进行编辑、修改操作。

【案例 1.2】　合并绘制模式与对象绘制模式。

① 执行"文件"→"新建"命令,打开"新建文档"对话框,切换到"常规"选项卡。在"类型"列表框中选择 ActionScript 3.0 选项,并单击"确定"按钮创建 Animate 文档。

② 执行"文件"→"保存"命令,在打开的对话框中为文档选择保存位置,并以"案例 1.2.fla"为名保存文档。

视频讲解

③ 在"工具"面板中选择"椭圆工具" ⬤,并调整笔触颜色 ✏ 为青色(♯33FFFF)、填充颜色为黄色(♯FFFF00),其他选项取默认值。

④ 分别绘制两个圆,在绘制时使两个圆有部分重叠,如图 1-15(a)所示。

(a)绘制两个圆　　(b)删除部分圆　　(c)组成"+"字　　(d)最终效果

图 1-15　案例 1.2 效果图

⑤ 在"工具"面板中单击"选择工具" ▶,然后分别单击最后绘制的圆的填充和不相交的笔触部分,并分别按 Delete 键将其删除,完成后效果如图 1-15(b)所示。

⑥ 再次选择"椭圆工具"选项并调整,将填充颜色 🖌 调整为红色(♯FF0000),将绘制模式调整为"对象绘制"模式 ⬤,在舞台的空白处绘制一个圆形的"绘制对象"。

⑦ 在"工具"面板中选择"矩形工具" ⬜,保持绘制模式不变并改变填充颜色为黄色,然后绘制由两个矩形"绘制对象"组成的"+"字,效果如图 1-15(c)所示。

要点:用"选择工具"选中对象后,可通过"属性"面板中的"宽"和"高"修改对象的大小,从而确保两个矩形大小相同。选中多个对象后,可通过"对齐"面板中的"水平中齐" 🔲 和"垂直中齐" 🔲 按钮调整对齐方式。

⑧ 分别选中矩形和圆,然后执行"修改"→"合并对象"→"打孔"命令,并保存文件,完成后的最终效果如图 1-15(d)所示。

1.3.4 创建动画

创建在舞台上的对象可以根据需要制作出各种运动效果,这就是大家平常所说的"动画"。Animate 有多种手段来创建动画效果,这在后面的章节中会有详细的介绍,此处仅以案例 1.2 为例并在原来的基础上添加简单的动画效果,使读者对动画有一个基本的认识和掌握。

【案例 1.3】 月升与月落。

① 如果案例 1.2 未打开,执行"文件"→"打开"命令将其打开,然后删除舞台上的对象,只保留月亮部分。

② 用"选择工具" 选中月亮的全部内容,然后执行"修改"→"转换为元件"命令将选择的内容转换为元件。在创建时将元件名称修改为"月亮",将元件类型确定为"影片剪辑"。

③ 拖曳并调整月亮的位置到舞台的左下角之外,然后单击时间轴上的第 30 帧并执行"插入"→"时间轴"→"关键帧"命令,最后调整月亮的位置到舞台上部中央。重复这一操作在第 60 帧处创建关键帧,并调整月亮的位置到舞台右下角之外。月亮在第 1、第 30 和第 60 帧处的位置如图 1-16 所示,其中白色部分为舞台。

图 1-16 "月亮"的位置设置

④ 选择时间轴上的第 1 帧,然后执行"插入"→"创建传统补间"命令,若在时间轴上出现实线箭头,表示动画正确设置。接着在第 30 帧上执行相同的命令。

⑤ 保存文件,然后拖曳"播放头"观察动画效果。

1.3.5 保存和测试 Animate 动画

通过拖曳"播放头"可以看到动画的模拟效果,最终的动画是要放到互联网上使用的,因此需要生成能在互联网上用的 SWF 文件,可以通过执行"控制"→"测试影片"→"测试"命令完成。生成的 SWF 文件既可以在绝大部分计算机上独立播放,也可以与网站结合在互联网上使用。

1.4 Animate 游戏概述

Animate 游戏又叫 Flash 小游戏，因为游戏主要应用于一些趣味化的、小型的游戏之上，可以充分发挥它基于矢量图的优势。Animate 游戏是一种非常流行的游戏形式，以游戏简单、操作方便、绿色、无须安装、文件体积小等优点被广大网友喜爱。发展到 Animate 后，制作的游戏可以支持最新的 HTML5 标准，以及 WebGL 等网页图形加速技术，游戏的应用场景得到了更大的扩展。

1.4.1 Animate 游戏的优势

Animate 之所以现在非常盛行，各大网站都有自己的 Animate 游戏频道，是因为其有着蓬勃发展的优势，主要体现在以下 5 个方面。

1. 游戏开发成本低

通常，Animate 游戏系统比较简单，规则比较单一，不需要庞大的场景和人物，一般只需要 1～4 人的小团队就能够完成开发。典型的团队结构为一个策划、一个美工、一个编程人员和一个音效设计人员。此外，大多数 Animate 游戏对各专业领域的要求并不很高，工作量也比较适中，开发周期通常为 1～2 个月。一般而言，Animate 游戏制作过程中的许多相关工作可以兼职进行。例如，编程人员可以同时负责策划，美工人员可以同时负责音效等。对于综合能力强的开发者而言，一个人在一个月内开发一款成熟的 Animate 游戏并非难事。

2. 用户庞大、操作便捷、不易上瘾

Animate 小游戏的主要用户群体是上班族和小孩子，上班族可以通过 Animate 小游戏调节压力、放松心情；小孩子可以通过 Animate 小游戏开发智力。上班族是典型的消费主力军，如此庞大的用户群体给 Animate 小游戏带来了赢利的基础条件。

玩 Animate 小游戏无须下载客户端，无须安装，文件体积小，打开网页不到一分钟就可以进入游戏，且操作简单，无须浪费时间阅读长篇的游戏说明和操作技巧等，是一种典型的即开即玩的游戏，非常方便、快捷。玩 Animate 小游戏，玩家无须投入太大的精力，是最绿色的游戏，并且不容易上瘾，对于家长来说这是其最大的优点。

3. 跨平台开发

只要安装了 Animate 开发环境，无论开发人员使用的是 Windows、UNIX 操作系统，还是苹果公司的 Mac OS X 操作系统，完全可以实现平台转移，它们最终获得的效果完全一致。例如，在苹果 Macintosh 计算机上开发的 Animate 游戏拿到 Windows 系统中可以直接运行，不存在兼容的问题。很常见的例子就是，使用 Windows 操作系统开发适用于手机运行的 Animate 游戏。

4. 成果易于发布

在 Animate 游戏程序开发完成后，随时可以将其发布到互联网上展示。无论玩家使用的是什么操作系统，他们都能够通过互联网或者文件共享来欣赏开发者的成果。现在大多数通用的网页浏览器都能够完美支持 SWF 文件。通过 Animate 发布设置可将 SWF 文件转换为 EXE 可执行文件。用户计算机无须安装 SWF 播放器，通过单击 EXE 文件就可以直接运行游戏程序。

5．开发益智

Animate 小游戏多以益智作为游戏开发的切入点，除了帮助人们娱乐心情之外，更能开发玩家的智力，这也是越来越多的家长支持小孩子玩 Animate 小游戏的原因。

1.4.2 Animate 游戏的种类

Animate 强大而简便的交互功能注定它自诞生开始就与游戏结缘。到目前为止，网络上流行的 Animate 游戏种类繁多，不计其数。例如，棋类游戏、格斗游戏、冒险游戏、迷宫游戏、小型的动作游戏、角色扮演游戏等，这些游戏截图如图 1-17 所示。几乎所有的街机游戏都有 Animate 版，各种经典的小游戏也在 Animate 中被一次次翻版。

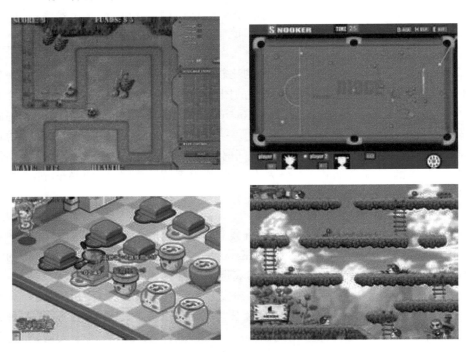

图 1-17　Animate 小游戏截图

下面介绍 5 种常见的游戏类型。

1．RPG（角色扮演类）游戏

所谓角色扮演类游戏，就是由玩家扮演游戏中的主角，按照游戏中的剧情来进行游戏，在游戏过程中会有一些解谜或者和敌人战斗的情节，这类游戏在实现技术上不算难，但是因为游戏规模非常大，所以在制作上也会相当耗时。经典的此类游戏有"超级玛丽""三国英雄传""奇侠游"。著名的游戏有"金庸群侠传 3"，如图 1-18 所示。

2．ACT（动作过关类）游戏

ACT（Action Game）类游戏讲究的是打斗的快感以及绚丽的画面体验。凡是在游戏的过程中必须依靠玩家的反应来控制游戏中角色的游戏都可以被称为动作类游戏。在目前的 Animate 游戏中，这种游戏是最常见的一种，也是最受大家欢迎的一种，至于游戏的操作方

图 1-18　金庸群侠传 3

法,既可以使用鼠标,也可以使用键盘。此类游戏的典型代表是著名的动作游戏"过关斩将"和"碰碰拳打",如图 1-19 所示。目前在国内,ACT 类游戏以其打斗的场景和快速的节奏深受玩家的喜爱。

图 1-19　动作过关类游戏

3. PUZ(益智类)游戏

PUZ(益智类)游戏也是 Animate 比较擅长的一类游戏,相对于动作游戏的快节奏,益智类游戏的特点就是玩起来速度慢,比较雅致,主要用来培养玩家在某方面的智力和反应能力。此类游戏的代表作品非常多。例如,牌类游戏、拼图类游戏、棋类游戏等。总而言之,那种玩起来主要靠玩家动脑筋的游戏都可以被称为益智类游戏。例如,从手机游戏开始兴起就风靡一时的"贪吃蛇"和"俄罗斯方块"等经典的益智类游戏因其算法简单,玩家操作极易上手,而且游戏可重复挑战,对玩家有很强的吸引力。PUZ 类游戏的代表作品为北京掌趣公司根据计算机游戏"大富翁"改编的一款益智休闲类游戏——"大富翁"。

4. STG(射击类)游戏

STG(Shooting Game)类游戏主要是指依靠远程武器和敌人进行对抗的游戏,一般玩家所说的是指飞机射击类游戏,著名的"雷电"就属于此类型,如图 1-20 所示。

图 1-20 "雷电"截图

5. SLG(策略类)游戏

策略类游戏主要是玩家通过思考发布命令去进行游戏,此类游戏不仅可以锻炼玩家的智力,而且可以通过完成任务来享受游戏的乐趣,比较流行的游戏有"三十六计""塔防游戏""魔兽争霸",如图 1-21 所示。

图 1-21 SLG 游戏截图

以上列出了 5 种常见的游戏类型,但这并不意味着 Animate 什么游戏都能胜任,其最大的问题是图形处理速度的瓶颈。为了达到跨平台的特性,Animate 放弃了使用 DirectX或者 OpenGL 等底层图形加速的机会。而且其运算是半编译半解释,导致运行速度一般,这些特点决定了它不适合制作大型游戏,包括第一视角动作类游戏、实时战略游戏以及一些模拟运动竞技类游戏。目前,ActionScript 3.0 在这方面已经有了突破性的进展,这无疑再次扩展了 Animate 游戏的领域,但到底能否"快"到足够好的程度,还有待实践检验。在未能打破速度瓶颈之前,开发大中型 Animate 游戏需要特别关注各种速度优化策略。

Animate 的另一个局限是不能随意存取本地硬盘数据。作为折中方案，Animate 提供共享对象（SharedObject 类）用于在用户计算机中读取和存储有限的数据量。共享对象提供永久存储在用户计算机中的对象之间的实时数据共享。本地共享对象与浏览器 Cookie 类似。虽然这是为了用户安全所做出的决定，但也导致了 Animate 无法大量保存游戏进度和玩家的个人信息，而这种功能是确保游戏可玩性的必要条件，不过也有开发者通过将 Animate 和 PHP 结合使用来实现相关功能。

此外，Animate 是基于二维平面的开发环境，虽然可以通过投影将三维空间映射为二维平面，但毕竟大大增加了设计的复杂度和实时计算量。到目前为止，仍然没有出现让人耳目一新的三维 Animate 游戏，多数三维效果仍然通过特制的位图和精心的布置来模拟。还有就是 Animate 不能访问单个像素。开发者无法对图像的像素颜色进行修改或将位图作为纹理贴到多面体上。除此之外，Animate 的魅力得到了完美释放。总的来说，Animate 是设计中小型游戏的最佳工具，同时具有设计大型互动游戏的潜力。无论是出于个人爱好，还是大公司的商业运作，Animate 都是一个很好的选择。

1.4.3　Animate 游戏的制作过程

其实像 Animate 游戏这样的制作规划或者制作流程并没有想象中那么难，大致上只要设想好游戏中会发生的所有情况（如果是 RPG 游戏，还需设计好游戏中所有的可能情节），并针对这些情况安排好对应的处理方法，那么制作游戏就变成了一件很有系统性的工作了。Animate 游戏的制作过程一般如下所述。

1. 设计流程图

有了流程图，设计者就可以清楚地了解需要制作的内容以及可能发生的情况。例如，在“掷骰子”游戏中，一开始玩家要确定所押的金额，接着会随机出现玩家和计算机各自的点数，然后游戏对点数进行判断，最后就可以判断出谁胜谁负了。如果玩家胜利了，就会增加金额；相反要扣除金额；接着显示目前玩家的金额，再询问玩家是否结束游戏，如果不结束，则再选择要押的金额，进行下一轮游戏。因此，如果有了比较完整的流程图，肯定会使游戏的制作工作更加有条理和顺利。

2. 素材的收集和准备

游戏流程图设计出来后，就要着手收集和准备游戏中要用到的各种素材了，包括图片、声音等，俗话说“巧妇难为无米之炊”，所以要完成一个比较成功的 Animate 游戏，必须拥有足够丰富的游戏内容和漂亮的游戏画面，故在进行下一步具体的制作工作前，需要充分准备游戏素材。

3. 图形图像的准备

这里的“图形”一方面指 Animate 中应用很广的矢量图形，另一方面也指一些外部的位图文件，两者可以进行互补，这是游戏中最基本的素材。虽然 Animate 提供了丰富的绘图和造型工具（如贝塞尔曲线工具），可以在 Animate 中完成绝大多数的图形绘制工作，但是在 Animate 中只能绘制矢量图形，如果需要用到一些位图或者用 Animate 很难绘制的图形，就需要使用外部素材了。

4. 制作与测试

在所有的素材都准备好之后，就可以开始游戏的制作了，这需要依靠制作者的 Animate

技术。当然,整个游戏的制作细节不是三言两语就能讲清楚的,关键是靠制作者平时学习和积累的经验和技巧,要把它们合理地运用到实际的制作中,在这里仅提供3点制作游戏的建议,相信可以帮助制作者使游戏的制作更加顺利。

(1)分工合作。一个游戏的制作过程是非常烦琐和复杂的,所以要做好一款游戏软件,必须多人互相协调工作,每个人根据自己的特长来承担不同的任务,一般的经验是美工负责游戏的整体风格和视觉效果,程序员进行游戏程序的设计,这样一来,不仅可以充分发挥各自的特长,还可以保证游戏的制作质量和提高工作效率。

(2)设计进度。既然游戏的流程图已经确定了,那么就可以将所有要做的工作进行合理的分配,每天完成一定的任务,事先设计好进度表,然后按进度表进行制作,这样才不会在最后关头忙得不可开交,从而把大量的工作在短时间内完成。

(3)多多学习别人的作品。当然不是抄袭他人的作品,而是在平时多注意别人的游戏制作方法,如果遇到好的作品,要进行研究和分析,从中可以发现自己容易出错的原因,甚至自己没有注意到的技术,也可以花一些时间把它学会。

游戏制作完成后就需要进行测试了,在测试方面可以执行"控制"→"测试影片"→"测试"命令来测试动画的执行情况,进入测试模式后,还可以通过监视对象和变量的方式找出程序中的问题。除此之外,为了避免测试时的盲点,一定要在多台计算机上进行测试,而且参加的人数最好多一点,这样有可能发现游戏中存在的问题,从而使游戏更加完善。

上面是一般游戏的制作流程与规划方法,如果在制作游戏的过程中遵循该流程,那么游戏的制作就可以相对顺利一些。不过上面的流程也不是一成不变的,可以根据实际情况进行更改,只要不会造成游戏制作上的困难即可。

习题

1. Animate 提供了哪几种供设计者选择的工作区布局?

2. 利用 Animate 模板创建各种"动画"类型的文件,测试并初步体会不同的动画效果。

3. 创建一个名为 blue 的 Animate 文档,设置文档大小为 600×400 像素、帧频为24fps、背景颜色为黑色,然后将文档保存为模板。

4. 利用制作的舞台对象,仿照案例 1.3 制作动画效果,对象的舞台位置可灵活调整。

第 2 章　Animate 工具箱

　　图形是动画游戏的基础,充满活力和设计感的游戏作品,都是由基础的图形组合而成的。Animate 工具箱为用户提供了强大的绘图工具和便捷的动画制作系统,使用户可以制作出从简单的几何图形到复杂的人物模型,也可用来设计制作出逼真、绚烂的游戏场景。

　　在 Animate 的工具箱中,提供了不同的工具组,每组工具都有相似的功能,可分为工具区、辅助区、颜色区和选项区,如图 2-1 所示。工具区主要提供绘制及编辑图形的工具;辅助区提供改变舞台显示的工具;颜色区可提供绘制图形时所需要的颜色设置;选项区为关联区域,当选择某些工具时,在此区域会显示该工具的相关属性设置。

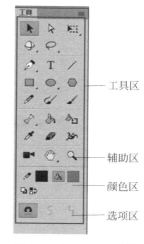

图 2-1　Animate 工具箱

2.1　Animate 绘图工具

　　Animate 工具箱的第二组工具,可用来绘制基本线条和图形,各工具顺序为钢笔工具组、文本工具、线条工具、矩形工具组、椭圆工具组、多边形工具、铅笔工具和两个画笔工具。

2.1.1　线条工具

视频讲解

　　线条工具用于绘制不同样式的线条。选择工具箱中的"线条工具" ⚪ 或使用快捷键 N,在舞台上绘制线条的方法如下所述。

　　(1) 单击并按住鼠标左键不放,拖曳鼠标即可绘制出一条默认属性值的直线。

　　(2) 使用 Shift 键同时拖曳鼠标,可绘制出水平方向、垂直方向或 45°方向的线条。

　　(3) 使用 Alt 键同时拖曳鼠标,可从中心向两端延伸绘制线条。

　　线条的笔触颜色、大小、样式等属性的设置,可通过如下方式进行操作。

　　(1) 选择 "线条工具",在如图 2-2 所示的"属性"面板中设置相应属性值,然后在舞台中绘制所需线条。

　　(2) 选择舞台上已经绘制好的线条,再通过其"属性"面板设置相应属性值。

　　线条工具"属性"面板中各参数项及其作用如下所述。

　　(1) ✎ :笔触颜色,用于设置线条的颜色。单击后面的"笔触颜色"按钮 ▬ ,即可在打开的颜色面板中进行设置。

（2）笔触：笔触大小，用于设置线条的高度。拖曳滑块或直接在后面文本框中输入数字即可改变笔触大小，调节线条高度。

（3）样式：用于设置线条的样式。在如图 2-3 所示的笔触"样式"下拉列表框中可选择不同的线条样式。

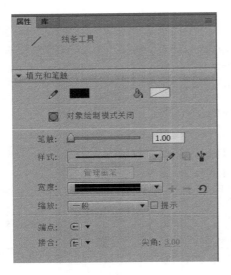

图 2-2　线条工具"属性"面板

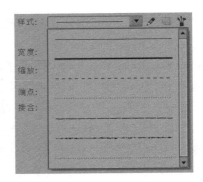

图 2-3　"样式"下拉列表框

（4）"编辑笔触样式"按钮 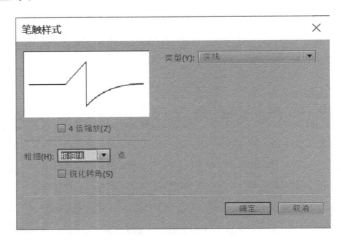，可打开如图 2-4 所示的"笔触样式"对话框，还可设置线条的缩放、宽度、类型等。

图 2-4　"笔触样式"对话框

➢ 4 倍缩放：在上方预览图中放大 4 倍显示所设置样式的效果。

➢ 粗细：设置线条粗细。

➢ 锐化转角：选中此项可使线条的转折效果更明显。

➤ 类型：可在下拉列表框中更改线条类型。当选择某些"类型"时，会显示不同的相关选项，图 2-5 是"类型"为"锯齿线"时的"笔触样式"对话框。

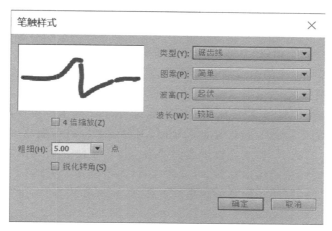

图 2-5　"锯齿线"类型"笔触样式"对话框

（5）"根据所选内容创建画笔"按钮，仅当选中舞台中已绘制的线条时可用，可打开如图 2-6 所示的"画笔选项"对话框，用于将已设置好的线条模式保存成可用文件，然后就可以直接在"样式"下拉列表框中选择使用了。

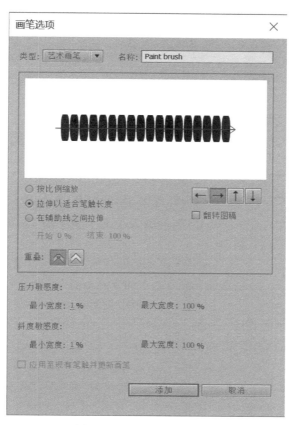

图 2-6　"画笔选项"对话框

（6）"画笔库"按钮 ，单击该按钮，可打开如图 2-7 所示的"画笔库"对话框，打开 Animate 已有画笔库，可选择需要的画笔加入"样式"下拉列表框中以供快捷使用，如 样式： 即为选择"画笔库"中"artistic/Ink/Dry Ink1"后的线条样式。

（7）宽度：根据如图 2-8 所示下拉列表框中的已有宽度配置文件，设置线条的宽度为相应样式的可变宽度。此选项仅当"样式"为"极细线"或"实线"时可用。

（8）缩放：设置所制作的图形在该动画进行播放时，其线条的笔触是否按方向进行相应的缩放。可选缩放样式："无"，当缩放播放动画时，不进行笔触缩放；"一般"，此为默认样式，当缩放播放动画时，对笔触按比例进行缩放；"水平"，当水平拉伸播放动画时，对笔触高度进行缩放；"垂直"，当垂直拉伸播放动画时，对笔触高度进行缩放。

（9）提示：选中其选项，将笔触锚记点保持为全像素可防止出现模糊线。

（10）端点：设置线条的端点样式，可选样式有"无""圆角""方形"。

（11）接合：设置两条线相接处的拐角端点样式，可选样式有"尖角""圆角""斜角"。

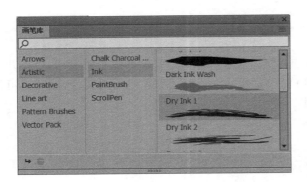

图 2-7　"画笔库"对话框

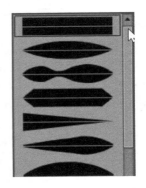

图 2-8　"宽度"下拉列表框

【**案例 2.1**】　绘制不同样式线条。

① 执行"文件"→"新建"命令打开"新建文档"对话框，并切换到"角色动画"分类。在预设列表中选择"标准（640×480）"，最后单击"确定"按钮创建 Animate 文档。

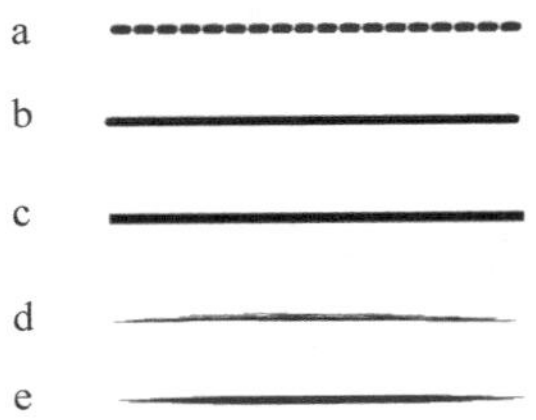

② 选择"线条工具"选项，在属性面板中设置笔触颜色为"♯0000FF"，笔触大小为 5，样式为"虚线"，绘制图 2-9 中的直线 a。

③ 同样设置笔触颜色为"黑色"，笔触大小为 5，样式为"实线"，绘制图 2-9 中的直线 b。

图 2-9　不同样式的线条

④ 在属性面板中设置笔触大小为 5，样式为"实线"，端点为"方形"，绘制图 2-9 中的直线 c。

⑤ 选择"样式"后的"画笔库"按钮，选择"artistic/Ink/Dry Ink1"，在最后"Dry Ink1"处双击，将其添加至"样式"下拉列表框，然后选择该样式，绘制图 2-9 中的线条 d。

⑥ 再次修改属性面板中笔触颜色为"蓝色"，样式为"实线"，"宽度"为第二种，绘制图 2-9 中的线条 e。

2.1.2 铅笔工具

铅笔工具可用于自由绘制线条,其绘图方式与使用真实铅笔相似。选择工具箱中的"铅笔工具" ✏️ 或使用快捷键 Y,在舞台上单击并按住鼠标左键不放,自由拖曳鼠标即可绘制出线条,其"属性"面板如图 2-10 所示,与"线条工具"的属性面板类似,可设置铅笔笔触的颜色、大小和样式等选项,其区别仅在于底部的"平滑"选项,用于设置笔触的平滑度。此选项仅当"铅笔工具"处于"平滑"模式下可用。

使用"铅笔工具"绘制图形时,可在"伸直""平滑""墨水"这 3 种铅笔模式下进行绘制。设置铅笔模式,在选择"铅笔工具"后,在如图 2-11 所示工具箱底部的选项区中,选择"铅笔模式"按钮 S,在打开的如图 2-12 所示的"铅笔模式"下拉列表框中选择一种模式。

(1)伸直:可用于绘制直线,也可将所绘制的类三角形、椭圆、圆、矩形等形状转换成相应的形状。

(2)平滑:用于绘制平滑曲线,可配合"属性"面板中的"平滑"值使用。

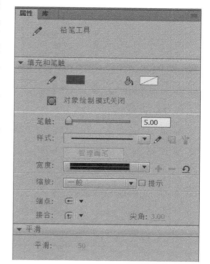

图 2-10 "铅笔工具"属性面板

(3)墨水:用于绘制手绘线条,将保留所绘制线条,不会对其进行任何修改。

图 2-11 铅笔选项

图 2-12 铅笔模式

【案例 2.2】 绘制不同样式的"铅笔"线条。

① 执行"文件"→"新建"命令打开"新建文档"对话框,并切换到"角色动画"分类。在预设列表中选择"标准(640×480)",最后单击"确定"按钮创建 Animate 文档。

② 选择"铅笔工具",在选项区中设置"铅笔模式"为"伸直",在属性面板中设置笔触颜色为"黑色",笔触大小为 3,样式为"实线",自由绘制图 2-13 中的线条 a。

③ 保持各属性设置不变,自由绘制一个圆(椭圆),Animate 将自动转换成图 2-13 中的圆形(椭圆)b。

④ 修改"铅笔模式"为"平滑",在属性面板中修改"样式"为"虚线",自由绘制图 2-13 中的线条 c。

⑤ 修改"铅笔模式"为"墨水",在属性面板中修改"样式"为"实线",自由绘制图 2-13 中的线条 d。

图 2-13 不同样式的铅笔线条

2.1.3 钢笔工具组

在 Animate 的工具箱中,有些工具的右下角有一个黑色下拉箭头,表示此为拥有多个

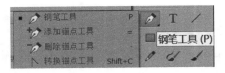

图 2-14 "钢笔工具组"下拉列表框

工具的工具组,如"钢笔工具组"按钮 ⬛。"钢笔工具"组包含如图 2-14 所示的"钢笔工具""添加锚点工具""删除锚点工具"及"转换锚点工具"。这组工具配合使用,可对路径锚点进行调整,即可用于绘制直线,也可用于绘制曲线。

选择工具箱中的"钢笔工具"或使用快捷键 P,其"属性"面板与图 2-2 所示的"线条工具"属性面板相同,可以设置笔触的颜色、线型和粗细等,此时鼠标形状默认为钢笔状,使用鼠标即可在舞台上绘制图形。

1. 绘制直线

用鼠标在舞台上单击,此时舞台上会出现一个空心圆 ⚬,此即为绘制的起始锚点,将鼠标移动到舞台的另一位置单击,此时 Animate 会自动将两点进行连接,在两点间以"属性"面板中所设置线条样式绘制出一条直线。继续在舞台上单击,可绘制连续的其他直线路径,如图 2-15(a)所示的路径 a。

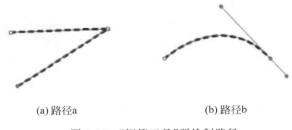

(a)路径a   (b)路径b

图 2-15 "钢笔工具"所绘制路径

2. 结束绘制

若要结束"钢笔工具"的路径绘制,可使用如下方式。

(1) 在最后锚点处双击可结束路径的绘制。

(2) 按 Ctrl 键,同时在工作区其他位置单击即可结束该路径的绘制。

(3) 将鼠标移至起始锚点处,当鼠标为带圈钢笔状 🖊。时单击鼠标,即可绘制封闭图形或结束路径绘制。

3. 绘制曲线

用鼠标在舞台上绘制出一个起始锚点后,在舞台的另一位置单击并拖曳鼠标左键,此时在两个锚点之间即会产生一条曲线,并出现一对控制手柄,如图 2-15(b)所示的路径 b。

4. 调整锚点

使用"钢笔工具组"中的其他工具,对所绘锚点进行调整,其作用和使用方法如下所述。

(1) 添加锚点工具:为路径增加锚点。选择该工具,在路径中要增加锚点处单击。选择该工具后,若按 Alt 键,即可切换为"删除锚点工具",松开 Alt 键,再次切换回"添加锚点工具"。

(2) 删除锚点工具:删除路径上的锚点,可使线条更平滑。选择该工具,在路径中要删除锚点处单击。选择该工具后,若按 Alt 键,即可切换为"添加锚点工具",松开 Alt 键,再次切换回"删除锚点工具"。

（3）转换锚点工具：改变路径的状态，即将直线转换为曲线或将曲线转换为直线。

① 直线转换为曲线：使用"转换锚点工具"，在直线一端的锚点处单击并拖曳鼠标，即出现两个带有控制点的调节杆，可选择并移动控制点对调节杆进行调节。

② 曲线转换为直线：使用"转换锚点工具"，在曲线一端的锚点处单击，即可完成转换。

③ 复制线条：在使用"转换锚点工具"转换线条时，同时按 Alt 键，即可在调节线条的同时复制该线条。

【案例 2.3】 绘制冰激凌。

① 执行"文件"→"新建"命令打开"新建文档"对话框，并切换到"角色动画"分类。在预设列表中选择"标准（640×480）"，最后单击"确定"按钮创建 Animate 文档。

② 选择"视图"→"网格"→"显示网格"选项，在舞台上显示网格线。

③ 选择"视图"→"网格"→"编辑网格"选项，在弹出的"网格"对话框中进行如图 2-16 所示的设置，选中"贴紧至网格"复选框，在绘制图形时鼠标会自动贴紧至网格，便于精确地对准尺寸位置；修改网格宽度 ↔ 和高度 ↕ 均为 20 像素，打开"贴紧精确度"下拉列表框，如图 2-17 所示，选择"可以远离"选项，其中各选项的意义如下所述。

图 2-16 "网格"对话框

图 2-17 "贴紧精确度"选项

必须接近：表示仅当鼠标十分接近网格线时，才会自动贴紧。

一般：表示鼠标自动贴紧网格线的距离为一般即可。

可以远离：表示鼠标不会自动贴紧至网格线。

总是贴紧：表示当鼠标放到网格上后总是自动贴紧网格线。

④ 选择"视图"→"标尺"选项，在工作区边界显示"水平标尺"和"垂直标尺"。

⑤ 移动鼠标到"水平标尺"处，按下鼠标左键向下拖曳，分别在对应"垂直标尺"100 和 240 处松开鼠标，即在舞台上显示绿色"水平辅助线"；将鼠标由"垂直标尺"处向右拖曳到对应"水平标尺"200、260 和 320 处，松开鼠标显示三条绿色"垂直辅助线"。

⑥ 选择"钢笔工具"，设置"笔触颜色"为"黑色"，"笔触大小"为 3，"样式"为"虚线"。将鼠标移动到 200×100 处单击添加起始锚点；再将鼠标分别移动到 320×100 处和 260×240 处单击鼠标；最后将鼠标再次移动到起始锚点 200×100 处，鼠标为带圈钢笔状 时单击鼠标，产生的封闭图形如图 2-18 中所示。

⑦ 再次选择"视图"→"网格"→"显示网格"选项，取消"网格"显示；选择"视图"→"辅助线"→"清除辅助线"选项，将"辅助线"清除。

⑧ 选择"添加锚点工具"选项,在 260×100 处单击添加锚点。

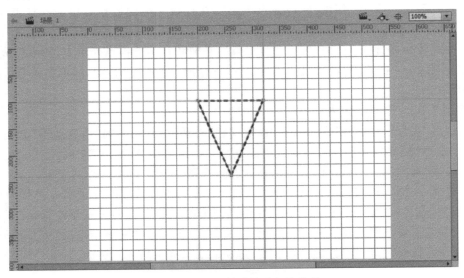

图 2-18　网格、辅助线及钢笔路径

⑨ 选择"部分选择工具" 选项,向上拖曳 260×100 处锚点,效果如图 2-19(a)所示。

⑩ 选择"转换锚点工具"选项,单击顶端锚点,并向左拖曳,效果如图 2-19(b)所示。

⑪ 选择"线条工具"选项,绘制冰激凌筒,最终效果如图 2-20 所示。

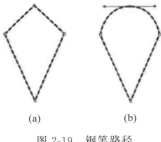

(a)　　　　　　(b)

图 2-19　钢笔路径　　　　　　　　图 2-20　最终效果图

说明:在使用"钢笔工具"进行绘图时,为了保证图形的对称或位置的精确,可使用网格、标尺和辅助线进行辅助绘制。

2.1.4　矩形工具组

矩形工具组包含了矩形工具和基本矩形工具两种。将鼠标移动到工具箱中"矩形工具组" 上,按住鼠标左键稍作停留或选中该按钮后,再次单击该按钮,均可打开如图 2-21 所示的"矩形工具组"下拉列表框。

图 2-21　"矩形工具组"
下拉列表框

1. 矩形工具

矩形工具可用于绘制矩形或圆角矩形。选择"矩形工具组"中的"矩形工具"选项,在舞台上绘制矩形可使用如下操作方法。

（1）单击并按住鼠标左键不放，拖曳鼠标即可绘制出一个矩形。

（2）按住 Shift 键同时拖曳鼠标，即可绘制出一个正方形。

（3）按住 Alt 键同时拖曳鼠标，即从中心位置向四周扩展绘制矩形。

（4）同时使用 Alt＋Shift 组合键并拖曳鼠标，即从中心位置向四周扩展绘制正方形。

在如图 2-22 所示的"矩形工具""属性"面板中，可设置矩形的笔触颜色、填充颜色、笔触大小、样式、矩形边角半径等。其部分属性与线条的属性相同，其中不同选项及其作用如下所述。

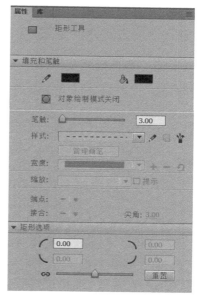

图 2-22　"矩形工具"属性面板

（1）![笔触颜色图标]：笔触颜色，用于设置矩形的外边框颜色。

（2）![填充颜色图标]：填充颜色，用于设置矩形的内部填充色。

（3）矩形选项：用于设置矩形的边角半径。默认的矩形边角半径为 0，可绘制出直角矩形；若边角半径值大于 0，则绘制出的矩形为圆角矩形，半径值越大，所绘制出的矩形越圆润；若边角半径值小于 0，则绘制出的矩形为内凹陷圆角矩形；在矩形工具中，仅能同时调节 4 个边角半径值，不可单独设置某个边角半径的值。

2. 基本矩形工具

"基本矩形工具"与"矩形工具"类似，均可绘制矩形和圆角矩形，但使用"基本矩形工具"绘制出的矩形，其 4 个角均带有可调节的控制点。

使用"选择工具"或"部分选取工具"均可对矩形的控制点进行调整，以改变矩形的圆角度数。

"基本矩形工具"的"属性"面板与图 2-22 所示"矩形工具"的"属性"面板基本相同，但"属性"面板中的"矩形选项"的使用与"矩形工具"不同，其 4 个边角半径值可同时改变，也可分别进行不同的设置。

（1）![锁定边角图标]：锁定边角按钮，将边角半径控件锁定为一个控件，此时修改一个边角的半径值，所有的边角均会发生改变。单击该按钮后，其图标将变为![非锁定边角图标]。

（2）![非锁定边角图标]：非锁定边角按钮，此时不同的边角均可设置为不同的半径值。

（3）重置：将控件的边角半径重置为默认值。

【案例 2.4】　绘制不同样式的矩形和基本矩形。

① 执行"文件"→"新建"命令打开"新建文档"对话框，并切换到"角色动画"分类。在预设列表中选择"标准（640×480）"，最后单击"确定"按钮创建 Animate 文档。

② 选择"矩形工具组"中的"矩形工具"选项，在属性面板中设置"笔触颜色"为"黑色"，"填充颜色"为"无填充色"![无填充色图标]，绘制图 2-23（a）中的矩形 a。

③ 修改"笔触颜色"为"无填充色"，"填充颜色"为"红色"，在"矩形选项"中设置"矩形边角半径"为 20，绘制图 2-23（b）中的矩形 b。

④ 修改"笔触颜色"为"黑色"，"填充颜色"为"红色"，在"矩形选项"中设置"矩形边角半径"为−20，按住 Shift 键不放，同时拖曳鼠标绘制图 2-23（c）中的矩形 c。

(a) 矩形a　　　　　　(b) 矩形b　　　　　　(c) 矩形c

图 2-23　不同样式的矩形

⑤ 选择"矩形工具组"中的"基本矩形工具"选项,在属性面板中设置"笔触颜色"为"红色","填充颜色"为"蓝色","笔触"大小为 2,"边角半径"值设为 0,绘制图 2-24(a)中的基本矩形 a。

⑥ 选中基本矩形 a,按住 Alt 键拖曳复制出一个基本矩形 b,选择工具箱中的"选择工具",在"属性"面板中设置"锁定边角控件"状态为 🔗,向内拖曳矩形 b 任意边角的控制点,将基本矩形修改为如图 2-24(b)所示。

⑦ 选中基本矩形 b,按住 Alt 键拖曳复制出一个基本矩形 c,单击"属性"面板中的"重置"按钮,使该基本矩形回到初始状态。

⑧ 设置"属性"面板中 "锁定边角控件"状态为 🔓,使用"选择工具"分别拖曳该矩形的右下角控制点和左上角控制点,修改后的基本矩形如图 2-24(c)所示。

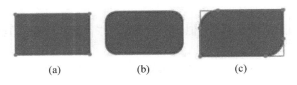

(a)　　　　　　　(b)　　　　　　　(c)

图 2-24　不同样式的基本矩形

2.1.5　椭圆工具组

"椭圆工具组"包含"椭圆工具"和"基本椭圆工具"两种。在工具箱中选择"椭圆工具组"

图 2-25　"椭圆工具组"下拉框

按钮 🔗,打开如图 2-25 所示下拉列表,可在此选择所需工具。

1. 椭圆工具

"椭圆工具"可用于绘制椭圆或正圆。选择工具箱中的"椭圆工具",在舞台上绘制椭圆或正圆可使用如下方法。

(1) 单击并拖曳鼠标左键,即可绘制出一个椭圆。

(2) 按 Shift 键同时拖曳鼠标,即可绘制一个正圆。

(3) 按 Alt 键同时拖曳鼠标,从鼠标单击点开始向四周绘制椭圆。

(4) 按 Alt＋Shift 组合键同时拖曳鼠标,从鼠标单击点开始向四周绘制正圆。

"椭圆工具"的"属性"面板如图 2-26 所示,可以设置椭圆的笔触及填充颜色、笔触大小、样式等,其各选项及设置方法与前述工具相同。在此"属性"面板中的"椭圆选项"下也可设置椭圆的开始角度、结束角度等,其各属性项及其作用如下所述。

（1）"开始角度"：设置椭圆的"开始角度"。

（2）"结束角度"：设置椭圆的"结束角度"。

（3）"内径"：设置椭圆的内径，可用于绘制同心圆。

（4）"闭合路径"：取消选择该选项，同时配合设置"开始角度"或"结束角度"将不会产生闭合路径，无填充颜色显示。

（5）"重置"：重置"椭圆选项"各属性为默认值。

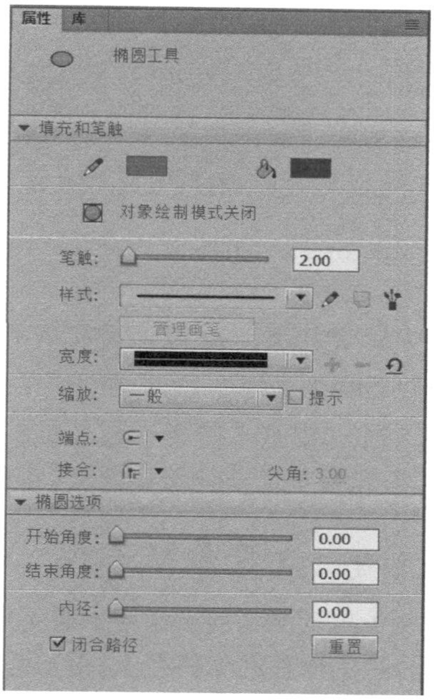

2. 基本椭圆工具

"基本椭圆工具"与"基本矩形工具"类似，使用"基本椭圆工具"所绘制的椭圆，拥有可调节的控制点，使用"选择工具"或"部分选取工具"均可对其控制点进行调整，可以轻松地绘制扇形、同心圆等图形。

【**案例 2.5**】 绘制不同样式的椭圆及基本椭圆。

① 执行"文件"→"新建"命令打开"新建文档"对话框，并切换到"角色动画"分类。在预设列表中选择"标准（640×480）"，最后单击"确定"按钮创建 Animate 文档。

图 2-26 椭圆工具的"属性"面板

② 选择"椭圆工具组"中的"椭圆工具"选项，在属性面板中设置"笔触颜色"为"黑色"，"填充颜色"为"红色"，设置"笔触"大小为 2，按住 Shift 键绘制图 2-27(a)中的正圆。

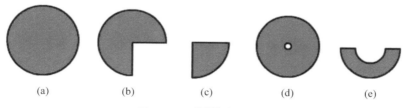

| (a) | (b) | (c) | (d) | (e) |

图 2-27 不同样式的椭圆

③ 保持步骤②中设置不变，同时设置"椭圆选项"中的"开始角度"为 90，按住 Shift 键绘制图 2-27(b)中的扇形。

④ 修改"开始角度"为 0，"结束角度"为 90，按住 Shift 键绘制图 2-27(c)中的扇形。

⑤ 单击"属性"面板"椭圆选项的"重置"按钮后，设置"内径"为 10，按住 Shift 键绘制图 2-27(d)中的同心圆。

⑥ 重新设置"开始角度"为 0，"结束角度"为 180，"内径"为 50，按住 Shift 键绘制图 2-27(e)中的同心圆。

⑦ 选择"椭圆工具组"中的"基本椭圆工具"选项，在属性面板中设置"笔触颜色"为"红色"，"填充颜色"为"蓝色"，"笔触"大小为 2，单击"椭圆选项"的"重置"按钮，恢复默认值，按 Alt＋Shift 组合键绘制图 2-28(a)中的基本椭圆。

⑧ 选中基本椭圆 a，按住 Alt 键拖曳复制出一个 b，选择工具箱中的"选择工具"，拖曳"基本椭圆"的中心控制点，将基本椭圆调整为如图 2-28(b)所示。

31

32

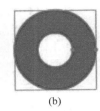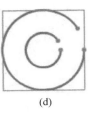

(a)　　　　　　(b)　　　　　　(c)　　　　　　(d)

图 2-28　不同样式的基本椭圆

⑨ 选中基本椭圆 b,按住 Alt 键拖曳复制出一个 c,向上拖曳 c 中的外部控制点,将基本椭圆调整为如图 2-28(c)所示。

⑩ 选中基本椭圆 c,按住 Alt 键拖曳复制出一个 d,单击"属性"面板中"椭圆选项"下的"闭合路径",取消选择该选项,则基本椭圆 d 被调整为如图 2-28(d)所示。

2.1.6　多角星形工具

多角星形工具可用来绘制不同样式的多边形和星形。选择工具箱中的"多角星形工具",将鼠标移动到舞台上,单击并向某个方向拖曳,即可绘制出一个默认效果的多边形。如果要绘制不同边数的多边形或者多角星形,可通过图 2-29 所示"属性"面板设置。

在"多角星形工具"的"属性"面板中,其大部分选项及设置方法与前述工具相同。单击此"属性"面板中的"工具设置"下的"选项"按钮,将弹出如图 2-30 所示的"工具设置"对话框,其各选项及作用如下所述。

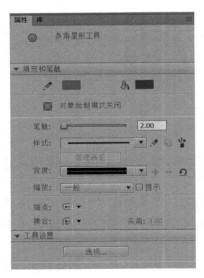

图 2-29　"多角星形工具"属性面板　　　图 2-30　"工具设置"对话框

(1) 样式:设置所绘制图形的形状,在该下拉列表中有"多边形"和"星形"两个选项。

(2) 边数:设置多边形的边数或星形的顶点数,允许设置范围为 3～32,若输入小于 3 的值,则默认处理为 3;若输入大于 32,则默认处理为 32。

(3) 星形顶点大小:设置星形顶点的深度,允许设置范围为 0～1。其值越小,则星形顶角越尖锐；其值越大，则星形顶角越平滑。此选项的设置仅对绘制星形有效，对多边形的绘制无效。

【案例2.6】 绘制不同样式的多边形及星形。

① 执行"文件"→"新建"命令打开"新建文档"对话框，并切换到"角色动画"分类。在预设列表中选择"标准(640×480)"，最后单击"确定"按钮创建 Animate 文档。

② 执行"多角星形工具"，在其属性面板中设置"笔触颜色"为"黑色"，"填充颜色"为"红色"，设置"笔触"大小为2，单击"选项"按钮，按照图2-30中的默认值设置，样式为"多边形"，边数为5，单击"确定"按钮后，在舞台上绘制图2-31(a)中的五边形。

③ 修改"属性"面板中的"样式"为"斑马线"，单击"选项"按钮，在弹出的"工具设置"对话框中保持"样式"为"多边形"，修改"边数"为8，单击"确定"按钮后，在舞台上绘制图2-31(b)中的八边形。

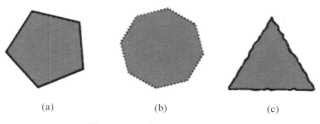

(a)   (b)   (c)

图 2-31　不同样式的多边形

④ 修改"属性"面板中的"样式"为"锯齿线"，单击"样式"后的"编辑笔触样式"按钮，设置"笔触样式"对话框中波高为"剧烈起伏"；单击"确定"按钮后，继续单击"属性"面板中的"选项"按钮，在弹出的"工具设置"对话框中保持"样式"为"多边形"，修改"边数"为3，单击"确定"按钮，在舞台上绘制图2-31(c)中的三边形。

⑤ 在工具箱中选择"对象绘制"工具，修改为"对象绘制"模式。

⑥ 修改"属性"面板中的"笔触颜色"为"红色"，"填充颜色"为"蓝色"，"样式"为"点刻线"。单击"选项"按钮，在弹出的"工具设置"对话框中修改"样式"为"星形"，设置"边数"为5，"星形顶点大小"为0，单击"确定"按钮后，在舞台上绘制图2-32(a)中的五角星形。

(a)   (b)   (c)

图 2-32　不同样式的多角星形

⑦ 修改"工具设置"对话框中的"星形顶点大小"分别为 0.5 和 1，在舞台上绘制图2-32(b)和(c)中的五角星形。

2.1.7　画笔工具

在 Animate 的工具箱中"画笔工具"有两个，可用于自由绘制图形。"画笔工具"的

34

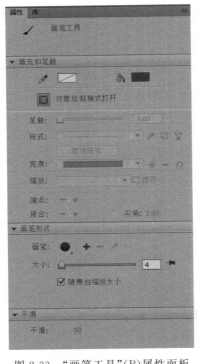

图 2-33 "画笔工具"(B)属性面板

使用与"铅笔工具"相似,都是以拖曳鼠标的方式进行自由手绘,但使用"铅笔工具"绘制的是无填充颜色的线条,而使用"画笔工具"既可绘制线条,又可将线条绘制为填充色,可以填充不同的纯色、渐变色和位图。

相对于第二个"画笔工具(B)"，第一个"画笔工具(Y)"更像一个简化版的画笔,下面先从画笔工具(B)开始。画笔工具后括号中的 B 或 Y 表示快速切换至这两种画笔工具的快捷键,一个使用快捷键 B 进行快速切换,另一个则使用快捷键 Y。

"画笔工具(B)"的"属性"面板如图 2-33 所示,在"填充和笔触"中,其"笔触"的"颜色""样式""大小""宽度"等属性均是不可设置的,仅能设置画笔的"填充颜色"。在"画笔形状"中,可对其"画笔形状"和"画笔大小"进行设置。

在"画笔工具(B)"属性面板中"画笔形状"各选项的功能及设置方法如下所述。

(1) 画笔:用于设置画笔的"形状",可使用系统提供的画笔形状,也可自定义画笔。

① ●:画笔形状,单击此选项出现如图 2-34 所示的下拉列表框,为系统提供的画笔形状以满足用户的绘画需求。

② ✚:添加画笔形状,用于创建用户自定义画笔,单击此选项,可打开如图 2-35 所示的"笔尖选项"对话框,用户可根据需要选择笔尖的形状、指定笔尖角度及平直度的百分比,单击"确定"按钮后即可创建一个自定义的画笔形状。

图 2-34 画笔形状

图 2-35 "笔尖选项"对话框

③ ▬:删除自定义画笔类型,此选项仅在用户已添加自定义画笔形状后可用。在前面的"画笔形状"●处选择要删除的自定义画笔形状,单击此"删除"按钮,在弹出的如图 2-36 所示的"删除自定义画笔"对话框中选择"确定"按钮,即可完成删除。

④ ✎:编辑自定义画笔形状,此选项仅在用户已添加自定义画笔形状后可用。在"画

笔形状"处选择要修改的自定义画笔形状,单击此按钮,在打开的"笔尖选项"对话框中修改形状、角度、平直度等属性后,单击"确定"按钮即可完成编辑。

（2）大小：用于设置画笔的大小,拖曳滑块即可设置大小,同时可在滑块后方预览。

（3）将当前大小固定为预设大小 ◄◄：单击此按钮,按钮即更改为 ◄,同时将此时所设置的画笔大小设为预设值,同时该属性面板的"画笔形状"选项区即如图 2-37 所示。

图 2-36 "删除自定义画笔"对话框

图 2-37 "画笔工具"属性——画笔形状选项区

（4）随舞台缩放大小：默认选中此选项,当舞台缩放时画笔大小也随之调整。若取消选中,则即使舞台缩放,画笔大小依然保持不变。

在选择"画笔工具（B）"后,工具箱的底部会出现"画笔工具"的关联选项,如图 2-38 所示。其选项依次为"对象绘制""锁定填充""画笔模式""画笔大小""画笔形状"。

（5）对象绘制 ◙：切换"对象绘制模式"或"合并绘制模式"来绘制图形。

（6）锁定填充 ◙：一种针对渐变色或位图填充色彩填充模式,其具体设置将在颜料桶工具中介绍。

（7）画笔模式 ◙：用于设置画笔的模式,单击此选项,将出现如图 2-39 所示的下拉列表框,用户可选择其中一种画笔模式进行图形绘制。

图 2-38 "画笔工具"选项

图 2-39 "画笔模式"选项

① 标准绘画：画笔可以选定颜色在舞台中任何区域进行绘制,所绘制图形将会覆盖所有经过的线条和填充颜色。

② 颜料填充：以此模式绘制,在已有图形区域,画笔只会影响原有的颜色填充区域,但不会影响原有的线条颜色。

③ 后面绘画：以此模式绘制,画笔不会影响已有图形区域,即画笔的颜色只会出现在已有图形的后面。

④ 颜料选择：在此模式下,画笔只能在已有选区中进行绘制,选区以外不受影响。

⑤ 内部绘画：在此模式下,若画笔的第一笔出现在空白区域,则所绘制图形只影响空白区域,不影响已有图形;若画笔的第一笔出现在已有封闭图形内,则画笔只能在该图形内部绘制,且绘制不影响线条。

图2-40　画笔大小

（8）画笔大小 ◖：用于设置画笔的大小，单击此选项，将出现如图 2-40 所示的下拉列表框，用户可选择其中一种画笔大小进行图形绘制。在实际绘制过程中，经常会使用键盘上的中括号键来快速调节画笔大小，"["左括号为缩小画笔大小，"]"右括号为增大画笔大小。

（9）画笔形状 ◉：用于设置画笔的形状，单击此选项，出现的下拉列表框与图 2-34 相同，用户可选择其中一种画笔形状进行图形绘制，根据所选画笔形状，可分别模拟刷子、毛笔等。

【案例 2.7】　使用画笔工具学习画笔模式。

① 执行"文件"→"新建"命令打开"新建文档"对话框，并切换到"角色动画"分类。在预设列表中选择"标准(640×480)"，最后单击"确定"按钮创建 Animate 文档。

② 选择"矩形工具"，设置"笔触"颜色为"红色"，"填充"颜色为"白色"，笔触大小为5，绘制如图 2-41(a)所示的原图，并将该矩形复制 5 份。

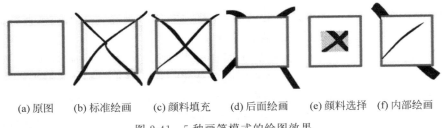

(a) 原图　　(b) 标准绘画　　(c) 颜料填充　　(d) 后面绘画　　(e) 颜料选择　　(f) 内部绘画

图 2-41　5 种画笔模式的绘图效果

③ 选择工具箱中的"画笔工具"，设置"画笔模式"为"标准绘画"，"画笔大小"为 2 号，"画笔形状"为形状 1，由左上至右下，右上至左下绘制两条对角线，如图 2-41(b)所示。

④ 修改"画笔模式"选项为"颜料填充"，"画笔大小"为 4 号，"画笔形状"为形状 3，为矩形绘制两条对角线，如图 2-41(c)所示。

⑤ 设置"画笔式"选项为"后面绘画"，"画笔大小"为 5，"画笔形状"为 4，为矩形绘制两条对角线，如图 2-41(d)所示。

⑥ 使用"套索工具组"中的"多边形工具" ✍，在矩形内部绘制一个矩形选区。

⑦ 使用"画笔工具"，修改"画笔模式"选项为"颜料选择"，"画笔大小"为 6，"画笔形状"为 6，为⑥中的矩形绘制两条对角线，其显示如图 2-41(e)所示。

⑧ 修改"画笔模式"选项为"内部绘画"，"画笔大小"为 8，"画笔形状"为 8，分别从某矩形外部和内部为该矩形绘制两条对角线，如图 2-41(f)所示。

"画笔工具(Y)" ✎ 的"属性"面板如图 2-42 所示，与"铅笔工具"的属性面板极其相似，仅在最下方多了一

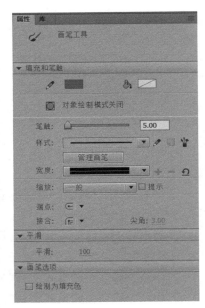

图 2-42　"画笔工具"(Y)属性面板

个"画笔选项"的设置。在"填充和笔触"中,均可设置"笔触"的"颜色""样式""大小"及"宽度"等属性,仅画笔的"填充颜色"不可设置。"画笔工具(Y)"的学习可参考"铅笔工具"。

（10）"绘制为填充色"：当选中"画笔选项"中的"绘制为填充色"时,绘制出的线条为填充色,即可对其进行纯色填充,也可对其设置渐变色及位图的填充,还可以使用"部分选取"工具,拖曳线条锚点修改线条形状。

2.1.8 文本工具

游戏动画中既离不开基础图形的绘制也离不开文本的使用,Animate 具有强大的文字处理功能,使用工具箱中的"文本工具" 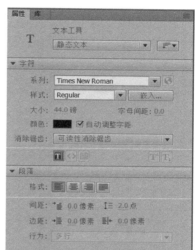 ,不仅可用来创作和编辑静态文本,也可用来制作交互式的文本及文字动画效果。当选中工具箱中的"文本工具"后,其属性面板如图 2-43 所示,可先在属性面板中对字体做初步设置后,在舞台中创建文本。

图 2-43 静态文本"属性"面板

1. 创建文本

Animate 具有 3 种文本类型：静态文本、动态文本和输入文本。其中,静态文本是 Animate 的默认文本类型,在动画创作时设计并制作完成,发布后则固定不可更改；动态文本的内容由程序控制,可以被改变；输入文本提供一个文本输入框,由用户向程序输入文字内容。动态文本与输入文本将在第 7 章中详细介绍,此处仅以"静态文本"为例介绍文本的创建方法,在"文本工具"属性面板中有如下选项。

（1）：用于设置所创建文本的"文本类型"。

（2）：用于改变文本方向,Animate 提供了"水平""垂直""垂直,从左往右"三种文本方向,默认为"水平"显示。

选择前两项后,即可使用如下方法在舞台中创建文本。

（3）在舞台中直接单击鼠标,出现如图 2-44(a)所示的文本框即"文本标签",可在"文本标签"中直接输入文本,此时输入的文本默认不会自动换行,可按 Enter 键手动换行或拖曳文本框的控制柄调节文本框大小。

（4）在舞台中单击并拖曳鼠标,释放鼠标后出现如图 2-44(b)所示的文本框即"文本框",可在"文本框"中直接输入文本,当输入文字较多超出边框长度时,文字将自动换行显示,如图 2-44(c)所示。如若输入文字较少,如图 2-44(d)所示,此时如果要调节该输入框使之匹配文字长度,可直接拖曳右下角的方形控制柄,或直接双击右上角的空心方形手柄,此时输入框的大小会自动匹配文字长度,同时右上角的控制柄将会变成空心圆形,如图 2-44(e)所示。

（5）当确认文字的输入后,使用"选择工具"选择文字,则文字呈现如图 2-44(f)所示的蓝色控制点,拖曳控制点也可直接调节输入框的大小。

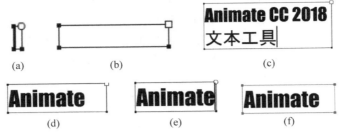

(a)   (b)   (c)

Animate   Animate   Animate
(d)   (e)   (f)

图 2-44　文本输入

2. 位置和大小

选择"文本工具"，在舞台上单击后，其"属性"面板会变化成如图 2-45 所示。此"属性"面板为"静态文本"属性面板，以下即为该"属性"面板中各选项的功能和设置方法。

图 2-45　静态文本"属性"面板

位置和大小用于精确设置文本在场景中的位置，包括 X 轴和 Y 轴位置，宽和高的设置。通常文本的输入位置可在输入文本后，由"选择工具"直接在舞台中拖曳即可。宽、高前的图标按钮表示是否将宽度值和高度值锁定在一起。当按钮为 时，表示不锁定，即只能调节宽度，而高度不可调；当按钮为 时，表示宽、高锁定，调节宽度，则高度等比例进行缩放。

3. 字符格式

在游戏动画中创建的文本，需根据场景设置不同的字体、样式、颜色、大小或段落格式等属性。对文本的格式设置可通过文本"属性"面板完成。

（1）系列：用于设置字体系列。下拉列表框中显示所有本地计算机中的可用字体。

（2）设置 Web 字体 ：当新建的 Animate 文档为 HTML 5 Canvas 文档时，可以用 Typetic 和 Google Fonts 两种来实现，可分别用于添加 Typetic 字体和 Google 字体。选择 Google Fonts 所打开的 Google fonts 对话框，如图 2-46 所示。

（3）样式：用于设置字体样式。默认为 Regular 常规，另有 Italic 倾斜、Bold 加粗和 Italic Bold 加粗并倾斜。

（4）嵌入：用于设置字体嵌入选项。当在动态创建文本时，即使用"动态文本"或"输入文本"类型时，为了正常显示文本经常使用嵌入字体，单击此按钮，在打开的如图 2-47 所示的"字体嵌入"对话框中进行相应设置即可。

（5）大小：用于设置字体大小点值。

（6）字母间距：用于设置字符与字符之间的距离，允许输入范围为 −60～60，默认为 0，单位为点。

（7）颜色：用于设置字体颜色。

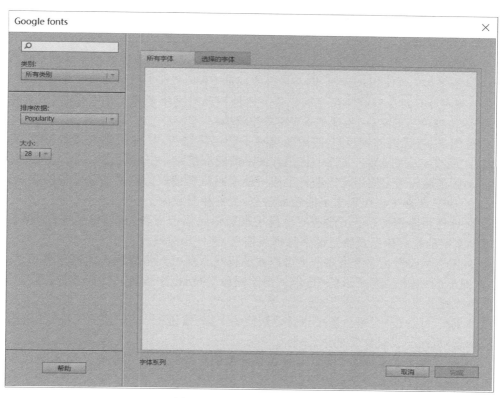

图 2-46　Google fonts 对话框

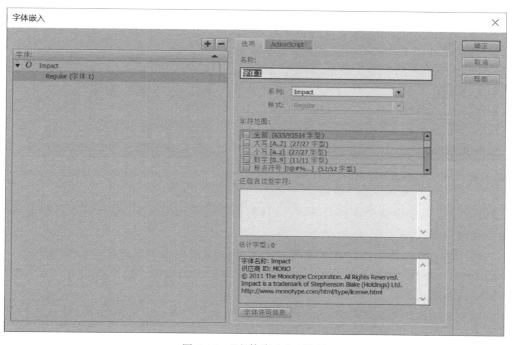

图 2-47　"字体嵌入"对话框

（8）自动调整字距：若选中此选项，则激活所选字体的内置字距调整选项，要求所选字体必须包含字距调整信息。

（9）消除锯齿：用于设置字体的呈现方法，Animate 提供了下述 5 种字体的呈现方法。

① 设备字体：若使用此选项，则在最终生成的 SWF 文件中将包含文字的属性信息，并且将在浏览者计算机上查找与指定的设备字体最相近的字体来显示文字信息，适合于文字较多、字体比较单一的文件，生成的 SWF 文件较小。

② 位图文本（无消除锯齿）：使用此选项不会消除锯齿，具有明显的文本边缘，看起来较模糊，在最终生成的 SWF 文件中将包含文字的轮廓信息，文件较大。

③ 动画消除锯齿：使用此选项将生成可使动画流畅播放的适度消除锯齿的文本，在最终生成的 SWF 文件中将包含文字的轮廓信息，文件相对较大。

④ 可读性消除锯齿：使用此选项将使用高级消除锯齿引擎，在最终生成的 SWF 文件中将包含文字的轮廓信息及特定的消除锯齿信息，文件相对最大。

⑤ 自定义消除锯齿：使用此选项可以在编辑状态观察到消除锯齿的操作效果，选择该选项，在弹出的如图 2-48 所示的"自定义消除锯齿"对话框中设置其相应参数，即可产生对应的字体外观。

（10）**T**：可选按钮，单击该按钮时，"切换为上标"按钮**T**与"切换为下标"按钮**T**即处于激活状态，可用于设置文字的上、下标。

（11）**<>**：将文本呈现为 HTML，仅当文本类型为"动态文本"或"输入文本"时有效。

（12）**▣**：在文本周围显示边框，仅当文本类型为"动态文本"或"输入文本"时有效。

4．段落格式

"静态文本"的段落格式设置，可在其"属性"面板中展开如图 2-49 所示的"段落"选项组，其各选项功能及设置方法如下所述。

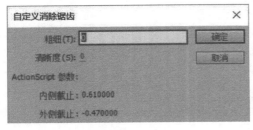

图 2-48 "自定义消除锯齿"对话框　　　　　图 2-49 段落格式

（1）格式：用于设置文本的对齐方式，其对齐方式按钮依次为"左对齐""居中对齐""右对齐""分散对齐"。

（2）间距：**⁺≣**按钮用于设置文本的首行缩进；**≣**按钮用于设置文本的行间距。

（3）边距：**⁺≣**按钮用于设置文本与输入边框间的左侧边距；**≣⁺**按钮用于设置文本与输入边框间的右侧边距。

（4）行为：用于设置行类型，Animate 提供了"单行""多行""多行不换行"这 3 种类型，仅当文本类型为"动态文本"或"输入文本"时有效。

5．文本超链接

为文本增加超链接效果，可增加动画或游戏的互动性。Animate 中文本超链接的设置位于"属性"面板的"选项"组中，如图 2-50 所示，其各选项功能及设置方法如下所述。

（1）链接：为文字设置超链接，可在此文本框中直接输入所选文字要链接到的网址路径。

图 2-50　文本超链接

（2）目标：设置超链接的打开目标，仅当在"链接"文本框中输入网址后可用。Animate 提供了四种不同的打开目标。

① _blank：链接页在新页面中打开。

② _parent：链接页在父框架中打开。

③ _self：链接页在当前框架中打开。

④ _top：链接页在顶部框架中打开。

6. 辅助功能

此部分功能仅当文字为"动态文本"或"输入文本"时可用，主要用于确定文本对象是否可访问以及设置文本字段实例以在可访问的 SWF 文件中提供智能 Tab 键切换控制能力或为其设置可快速访问的快捷键，其在"动态文本"和"输入文本"的属性如图 2-51 和图 2-52 所示。

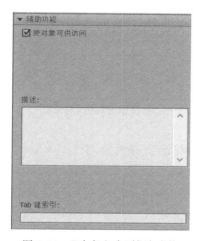

图 2-51　"动态文本"辅助功能

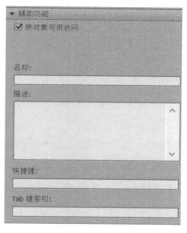

图 2-52　"输入文本"辅助功能

7. 文本滤镜

为文本添加滤镜效果可丰富文字的显示效果，单击"属性"面板下"滤镜"组中的 ✚▾ 按钮，打开如图 2-53 所示的下拉列表框，为 Animate 提供文字滤镜效果。可选择其中一种或多种效果，如图 2-54 所示为添加了"发光"和"模糊"效果的"滤镜属性"。

选中某个已添加的文字滤镜效果，单击 ▬ 按钮，即可删除该效果。单击 ✿▾ 按钮，可打开如图 2-55 所示的下拉列表框，可复制或重置滤镜，若选中"另存为预设"命令，则可打开如图 2-56 所示的"将预设另存为"对话框，保存预设后，将激活"编辑预设"命令。

【案例 2.8】　使用文本工具制作中国风日历。

① 执行"文件"→"新建"命令打开"新建文档"对话框，并切换到"角色动画"分类。在预设列表中选择"标准（640×480）"，最后单击"确定"按钮创建 Animate 文档。

41

图 2-53 "滤镜"下拉列表框

图 2-54 "滤镜"属性

图 2-55 文本"滤镜"选项

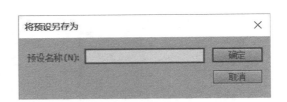

图 2-56 "将预设另存为"对话框

② 选择"文件"→"导入"→"导入到舞台"选项,将准备好的素材 2-8bg.jpg 导入舞台中,选中图片,在其"属性"面板中设置宽为 450、高为 800。

③ 在"时间轴"面板中新建图层,在新图层中使用"多角星形工具",在工具箱的"选项区"中选择"对象绘制"模式,在"属性"面板中设置"笔触颜色"为"♯663300","填充颜色"为"无","笔触大小"为"5","样式"为"实线","宽度"为第 2 项 ，单击"工具设置"中的"选项"按钮,设置多边形"边数"为"6",按住 Shift 键拖曳鼠标在舞台中绘制一个六边形,位置参考最终效果图。

④ 新建图层,选择"文本工具"选项,设置"颜色"为"♯383838",分三行输入星期、日期和年月,设置段落"格式"为"居中对齐","行距"为"8 点";选择前两行,设置"系列"为 Comic Sans MS,"大小"为"25 磅","字母间距"为"3";选择第三行,设置"系列"为 Times New Roman,"大小"为"20 磅","字母间距"为"0";使用"选择工具"移动文字位置到六边形中心。

⑤ 新建图层,选择"文本工具"选项,"改变文本方向"为"垂直" ，"系列"为"楷体","大小"为"20 磅","字母间距"为"3";设置段落"格式"为"居中对齐","行距"为"8 点",参考效果图输入诗词文本。

⑥ 新建图层,选择"文本工具"选项,输入文字"山园小梅",换行后输入"宋 林逋";选中

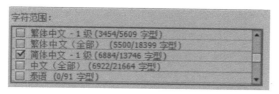

图 2-57 "字体嵌入"对话框-"字符范围"设置

第一行文字,修改字体"大小"为"30 磅",选中第二行,修改字体"大小"为"18 磅";单击"样式"后的"嵌入"按钮,在打开的"字体嵌入"对话框中设置右侧的"字符范围",如图 2-57 所示。设置"消除锯齿"为"可读性消除锯齿"。

⑦ 使用"选择工具"选项,选择日期文字,在"属性"面板"滤镜"中单击加号按钮 ➕▾,添加"投影"效果;选择右上方诗名及作者,同样添加"投影"效果,并修改所添加"投影"中的"距离"为"8 像素",阴影"颜色"为"#666666"。

⑧ 保存文件,按下 Ctrl+Enter 组合键测试影片,效果图如图 2-58 所示。

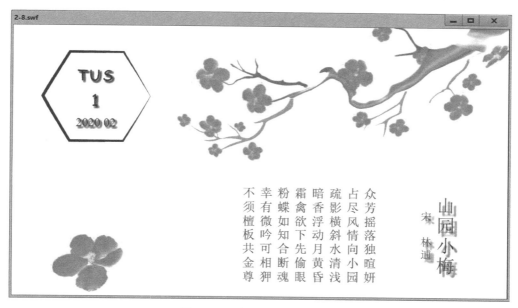

图 2-58 "中国风日历"效果图

说明:要使用更多个性化字体,可通过网络下载字体库,将所下载字库文件直接复制到 C:\Windows\Fonts 文件夹中,或双击字库文件,单击"安装"按钮,进行字体安装,安装完成后,即可在"文本工具"属性面板"系列"下拉列表框中查看并使用该字体。

2.2 Animate 辅助工具

在 Animate 工具箱的"辅助区"中包含 3 个常用工具:"手形工具" 🖐 和"缩放工具" 🔍 以及一个新增的"摄像头"工具 🎥 。辅助工具区的工具与工作区中的工具不同,它们不能直接绘制或编辑图形或对象,但可以改变场景的查看或显示方式,是常用的 Animate 辅助工具。

2.2.1　手形工具

手形工具主要用于移动场景的可视区域。单击"手形工具" ,此时鼠标指针为手形 ,拖曳鼠标即可移动场景的显示区域,但并不影响最终动画的生成效果。

在 Animate 中,无论当前使用的是何种工具,只要按 Space 键即可临时切换为"手形工具"。

2.2.2　缩放工具

缩放工具主要用于改变场景的显示比例,即放大或缩小场景画面。单击选择"缩放工具" 或使用快捷键 Z 选中该"缩放工具",此时工具箱下方的"选项区"为 ,两个按钮分别为"放大"和"缩小"按钮。

(1)放大:选中"缩放工具"时的默认选项按钮,鼠标指针为一带有加号的放大镜形状,此时在场景任意位置单击,即放大显示该场景画面。

(2)缩小:鼠标指针为一带有减号的放大镜形状,此时在场景任意位置单击,即缩小显示该场景画面。

当选中"缩放工具"且为"放大"模式时,按 Alt 键即可临时切换为"缩小"模式;当释放 Alt 键时,再次切换为"放大"模式。无论场景处于放大模式还是缩小模式,仅影响场景的显示比例,并不影响最终动画的生成效果。

在 Animate 中,无论当前使用的是何种工具,均可使用 Ctrl+ + 组合键实现放大效果;使用 Ctrl+ − 组合键实现缩小效果。

2.2.3　摄像头工具

图 2-59 "时间轴"的"摄像头" 图层效果

Animate 中的摄像头允许动画制作人员模拟真实的摄像机。在摄像头视图下查看作品时,看到的图层会像正透过摄像头来看一样,可通过缩放、旋转和平移来增强其效果。单击工具箱中的"摄像头"工具 ,即可添加摄像头,如图 2-59 所示。也可以直接单击"时间轴"面板上的"添加/删除摄像头"按钮 来实现添加或删除摄像头。

为文件添加完摄像头后,鼠标在舞台上即呈现摄像头形状指针,可直接拖曳实现摄像头下的平移操作。同时在场景下方会出现一个可控制摄像头进行"旋转"和"缩放"的控制条,如图 2-60 所示。当选择控制条前边的"旋转"按钮 时,即可拖曳控制条实现旋转操作;当选择控制条前边的"缩放"按钮 时,即可拖曳控制条实现缩放操作。

图 2-60 摄像头"旋转""缩放"控制条

旋转、缩放操作也可在如图 2-61 所示的"摄像头"属性面板的"摄像头属性"区的各选项控制实现。其各选项功能如下所述。

　　(1) 位置：控制摄像头随帧主题平移。

　　(2) 缩放：可放大感兴趣的对象以获得逼真效果或缩小帧，使查看者可以看到更大范围的图片。

　　(3) 旋转：实现旋转摄像头操作。

　　"摄像头"属性面板的"摄像头色彩效果"区的各选项功能如下所述。

　　(1) 色调：单击 ◉ 按钮，可调整"色调"的红、绿、蓝各通道值，将设置色调应用至摄像头；单击 ↺ 按钮，可重置摄像头色调。

　　(2) 调整颜色：单击 ◉ 按钮，可调整颜色的亮度、对比度、饱和度及色相，应用颜色滤镜至摄像头；单击 ↺ 按钮，可重置摄像头颜色滤镜。

【案例 2.9】　使用摄像头工具制作动画。

① 执行"文件"→"新建"命令打开"新建文档"对话框，并切换到"角色动画"分类。在预设列表中选择"标准(640×480)"，最后单击"确定"按钮创建 Animate 文档。

② 打开已有的动画文件 2-9-camera.fla，如图 2-62 所示。

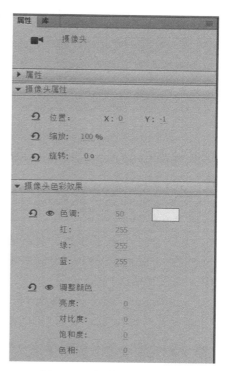

图 2-61　"摄像头"属性面板

图 2-62　案例 2.9 效果图 1

③ 单击工具箱中的"摄像头"工具,添加摄像头图层,此时时间轴面板如图 2-63 所示。

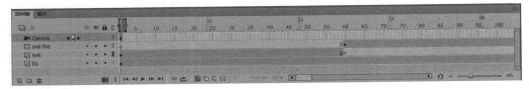

图 2-63 案例 2.9"时间轴"面板

④ 选择 Camera 图层,在第 30 帧处右击选择"插入关键帧"选项,同样在 60 帧处插入关键帧。

⑤ 在 Camera 图层 60 帧处,当鼠标呈摄像头状时单击舞台,在"属性"面板中设置摄像头属性,"位置"X 为 600,Y 为 450,或自行平移至合适位置。然后在时间轴面板 Camera 图层 30 至 60 帧中间任意位置处右击选择"创建传统补间"选项。

⑥ 在 Camera 图层 90 帧处,右击选择"插入关键帧"选项,在"摄像头"属性面板中设置摄像头色彩效果,调整颜色的"亮度"为 -60,对比度为 30。

⑦ 在 Camera 图层 200 帧处,右击选择"插入帧"选项。

⑧ 另存文件为 2-9,按下 Ctrl+Enter 组合键测试影片,效果图如图 2-64 所示。

图 2-64 案例 2.9效果图 2

2.3 Animate 色彩基础

色彩是图形、动画或游戏创作的一个重要组成部分,它可以直观地反映作品风格、表现作品情感,良好的色彩设计和运用可以使作品更加生动活泼,角色更加鲜明灵动,为整个作品呈现更佳的艺术效果。

2.3.1　色彩模式

色彩模式是数字世界中记录图形颜色的一种方法。在 Animate 中，系统为用户提供了 RGB 和 HSB 两种色彩模式。

1. RGB 色彩模式

RGB 分别代表红、绿、蓝三原色。RGB 模式是显示器的物理色彩模式，这就意味着图像无论在设计时采用何种色彩模式，只要最终是在显示器上显示的，都会被转换成 RGB 模式。

RGB 的值表示亮度，其红、绿、蓝 3 种颜色的亮度都有 256 个等级(0~255)。其值越小，表示亮度越小；其值越大，表示亮度越大。

RGB 颜色值也可使用十六进制表示。例如，十六进制的颜色数值 00FFCC，共 6 位，每两位对应一个颜色通道，00 代表红色通道 R，FF 代表绿色通道 G，CC 代表蓝色通道 B。

2. HSB 色彩模式

在 HSB 色彩模式中，H(Hues)表示色相，S(Saturation)表示饱和度，B(Brightness)表示明度。HSB 色彩模式对应的显示媒介是人眼。由于人眼在分辨颜色时不会将色光分解为单色，而是按其色相、纯度和明度进行判断，因此，在选取颜色时，使用 HSB 模式比 RGB 模式更为直观。

在选取颜色时，通常是先确定其色相 H，然后再确定其饱和度 S 和亮度 B。色相是按 0°~360°标准色轮上的位置进行度量的，代表了颜色的名称，如红色、绿色等。饱和度也就是颜色的纯度，饱和度越高，颜色越艳丽，饱和度越低，颜色越接近灰色，当饱和度为 0 时，即为灰色。亮度是色彩的明亮程度，亮度值越高，色彩越明亮，亮度值越低，色彩越暗淡，当亮度值为 0 时，就是黑色。

2.3.2　颜色区工具

在 Animate 工具箱的颜色区中，有 4 种工具 ，主要用于设置图形的笔触颜色和填充颜色。各工具名称及功能如下所述。

(1) 笔触颜色：为所绘制图形设置笔触颜色。

(2) 填充颜色：为所绘制图形设置填充颜色。

(3) 黑白：将笔触颜色和填充颜色设置为系统的默认颜色，笔触颜色为黑色、填充颜色为白色。

(4) 交换颜色：将笔触颜色和填充颜色进行交换。

单击"笔触颜色"或"填充颜色"工具，均可打开如图 2-65 所示色板，在默认色板中的"纯色区"和"渐变色区"中为系统提供的已设置颜色，可直接选择色板中颜色设置所绘图形。用户可在"自定义颜色区"中自行设定所需的颜色。

"自定义颜色区"各按钮功能如下所述。

(1) #D6D6D6 ：所选颜色的预览色块，其后显示为所选颜色的 RGB 值，也可以直接输入 RGB 值或在数值上拖曳鼠标完成颜色的设置。

(2) Alpha：设置色彩透明度，可直接更改其后的数值或在数值上拖曳鼠标完成透明度设置。

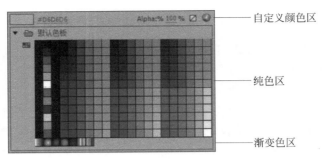

自定义颜色区

纯色区

渐变色区

图 2-65　色板

（3）：将笔触颜色或填充色块设置为无颜色。

（4）：颜色选择按钮，单击此按钮，可打开如图 2-66 所示的"颜色选择器"对话框，默认为 RGB 显示模式。

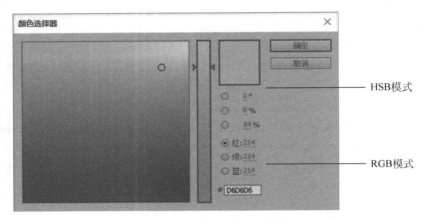

HSB模式

RGB模式

图 2-66　"颜色选择器"对话框

（5）RGB 模式：可首先选择一个"红"、"绿"或"蓝"选项，然后通过左侧颜色选择面板选择颜色，拖曳中间的滑块修改所选颜色通道值，或直接修改各颜色通道后的数值完成 RGB 颜色设置。

（6）HSB 模式：可单击选择 HSB 模式的某一项，切换至 HSB 模式。如选择色相 H，此时可先拖曳中间滑块设置"色相"，再在左侧面板中选择"饱和度"和"明度"，或直接修改 HSB 后的对应数值完成颜色设置。

2.3.3　颜色面板

颜色面板是 Animate 的常用面板之一，单击面板区中的"颜色"图标 ，或执行"窗口"→"颜色"命令，均可打开如图 2-67 所示"颜色"面板，可以为图形设置不同类型的笔触颜色及填充颜色，可设置颜色类型如图 2-67 右侧所示下拉列表框中的"无""纯色""线性渐变""径向渐变""位图填充"。

1. 纯色

打开"颜色"面板时，系统默认为自定义"纯色"类型，如图 2-67 所示。面板各按钮分别

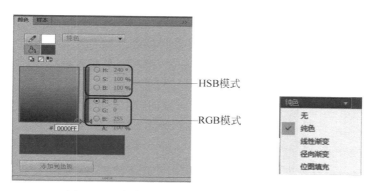

图 2-67 "颜色"面板及"颜色"类型下拉列表框

为"笔触颜色"按钮、"填充颜色"按钮、"黑白"按钮、"无色"按钮、"交换颜色"按钮、"H、S、B"模式选项、"R、G、B"模式选项和用于设置颜色透明度的 Alpha 选项"A",面板下方的长形色条为所选颜色预览区,可根据用户设置显示相应颜色。

2. 线性渐变

线性渐变是在两种或多种颜色之间沿一根轴线从一种颜色平稳过渡到另一种颜色的模式。单击"颜色"面板中的"颜色类型"下拉列表框,选择"线性渐变"选项,此时"颜色"面板如图 2-68(a)所示,面板下方是一个渐变色带,系统默认提供一个从白到黑的渐变,用户可以在此自定义修改线性渐变色。

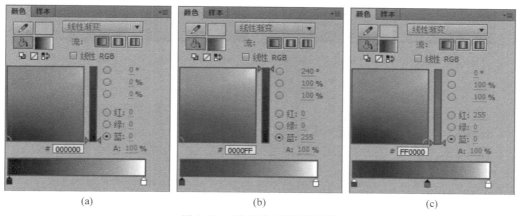

(a) (b) (c)

图 2-68 "线性渐变"颜色面板

在渐变色带的下方是代表颜色的色标,图 2-68(a)中有两个色标,色标 1 ▇ 和色标 2 ▇,每个色标都由一个三角形和一个正方形组成,三角形为黑色代表该"色标"处于选中状态;三角形下的正方形颜色即为此渐变色带处的颜色。

自定义"线性渐变"的操作如下所述。

(1) 修改颜色:双击"渐变色带"上的"色标",在弹出的"色板"中选择要修改的颜色,如选择"色标 1"修改为"蓝色",修改后的"渐变色带"如图 2-68(b)所示。

(2) 添加过渡色:鼠标移向"渐变色带",当鼠标呈现带加号的箭头 ▶₊ 时单击,添加一个新的"色标";修改"色标"颜色,即在"渐变色带"上添加一个新的过渡色,如图 2-68(c)中的红色"色标"所示。

（3）删除过渡色：鼠标移向要删除的过渡色的"色标"，直接将其向下拖曳离开"渐变色带"，该"色标"即被删除，其所对应过渡色也同时被删除。

（4）修改透明度：选择要修改透明度的"色标"，修改"渐变色带"上方的 Alpha 属性"A"的值，即可修改此"色标"处的透明度。

图2-69 "流"选项

在"线性渐变"颜色面板的"颜色类型"下拉列表框的下方是"流"按钮，如图2-69所示，各按钮分别是"扩展颜色""反射颜色"和"重复颜色"，用于设置当颜色填充区域大于渐变色的填充范围时，颜色将如何应用于超出部分。

（1）扩展颜色：将渐变色的"起始色"和"结束色"分别向外侧扩展，用于填充超出渐变的区域。

（2）反射颜色：将填充区域内的渐变色分别向外侧对称翻转，用于填充超出的渐变区域。

（3）重复颜色：将填充区域内的渐变色以重复的方式向外侧平铺，用于填充超出的渐变区域。

图2-70(a)展示出当渐变色与填充区域相同时的填充效果，其余各图则将渐变区域缩小，分别以不同流形式填充超出区域。若选择"流"选项下的"线性RGB"选项，则将创建与SVG兼容的渐变。

(a) 等区域填充　　(b) 扩展颜色填充　　(c) 反射颜色填充　　(d) 重复颜色填充

图2-70 "线性渐变"填充类型

3. 径向渐变

径向渐变是从一个点发散而出的渐变。单击"颜色"面板中的"颜色类型"下拉列表框，选择"径向渐变"选项，此时"颜色"面板与"线性渐变"相似，如图2-71所示。用户可同样改变"渐变色带"的颜色，从而设置自定义径向渐变色。

当"径向渐变"溢出填充区域时，同样根据不同的"流"选项设置，显示不同的填充类型，如图2-72所示。

4. 位图填充

位图填充用于将所选位图平铺于填充区域。单击"颜色"面板中的"颜色类型"下拉列表框，选择"位图填充"选项，此时会弹出"导入到库"对话框，用户可将所选位图导入，此时的"颜色"面板如图2-73所示，

图2-71 "径向渐变"颜色面板

所选位图显示于"颜色"面板左下部的预览区。可使用该位图填充图形，图2-74即为选择"位图填充"后所绘制的矩形，可用于平铺背景图案。

(a)等区域填充　　　(b)扩展颜色填充　　　(c)反射颜色填充　　　(d)重复颜色填充

图 2-72　"径向渐变"填充类型

图 2-73　"位图填充"颜色面板

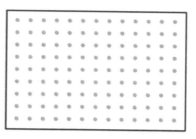

图 2-74　"位图填充"矩形

2.4　Animate 选择编辑工具

　　Animate 工具箱的第一组工具如图 2-75 所示,可用于选择、编辑图形,主要用于对图形进行选择、缩放、旋转、变形等操作。其各工具顺序为"选择工具""部分选取工具""任意变形工具组""3D 旋转工具组""套索工具组"。

2.4.1　选择工具

　　选择工具用于选取和移动舞台上的对象,也可用于改变图形和线条的形状。单击"选择工具" ,在工具箱的"选项区"中将会关联出现如图 2-76 所示的"贴紧至对象""平滑""伸直"选项按钮,仅当在舞台上选中某个对象时,该组按钮才被激活,各按钮功能如下所述。

图 2-75　选择编辑工具

图 2-76　"选择工具"选项

　　(1)贴紧至对象:当选择该按钮并移动一个图形到另一个图形时,其中心比较容易吸附在对象边缘上,用于更好地对齐舞台上的对象,可快速、准确地定位对象,也可用于将对象贴紧到网格上;在制作引导层动画时,该功能可快速将关键帧中的被引导对象的中心点贴紧至引导线上。

　　(2)平滑:用于柔化所选曲线。

　　(3)伸直:用于将所选曲线伸直。

　　使用"选择工具",可实现选择对象、移动、复制对象、调整矢量线条和图形的形状、改变

51

端点位置等功能。

1. 选择对象

使用"选择工具"选择对象,可在单击"选择工具"后,使用如下操作完成。

(1) 在舞台中单击某线条、图形或元件,可选择相连的同一对象。

(2) 在舞台中双击某线条、图形或元件,可选择相连的不同内容。

(3) 按住 Shift 键不放,单击不同线条、图形或元件,可选择多个对象。

(4) 拖曳鼠标绘制矩形选区,可得到矩形选区中的所有对象。

2. 移动和复制对象

(1) 选中对象后,直接拖曳对象,即可将其移动到新的位置。

(2) 选中对象后,按住 Alt 键并拖曳所选对象,即可将其复制并移动到新的位置。

3. 调整曲线

当鼠标指针指向矢量线条或填充图形,且鼠标右下角呈现圆弧形状时,拖曳线条即可修改该线条或图形的形状。

4. 调整端点

当鼠标指针指向矢量线条或填充图形的端点,且鼠标右下角呈现 ∟ 直角形状时,拖曳该线条或图形即可调整其端点位置。

【案例 2.10】 制作篮球和外星人。

① 执行"文件"→"新建"命令打开"新建文档"对话框,并切换到"角色动画"分类。在预设列表中选择"标准(640×480)",最后单击"确定"按钮创建 Animate 文档。

② 选择"椭圆工具",设置"笔触颜色"为"黑色","填充颜色"为"♯CC3300","笔触大小"为"3",在舞台中绘制一个圆形,如图 2-77(a)所示。

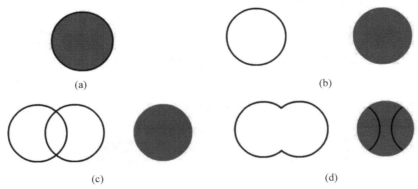

(a)　　　　　　　　　　　　　(b)

(c)　　　　　　　　　　　　　(d)

图 2-77　绘制篮球

③ 单击"选择工具",在圆形的填充区单击并拖曳鼠标,将其向右移动,如图 2-77(b)所示。

④ 单击圆形线条,按住 Alt 键同时拖曳鼠标,复制一个圆形与第一个圆形相交,如图 2-77(c)左侧所示。

⑤ 分别单击选择两条相交的弧线,将其移动到圆形填充区中,即绘制如图 2-77(d)所示的篮球,双击选中左侧线条,按 Delete 键将其删除。

⑥ 将鼠标移至圆形填充区底端,当鼠标变为右下角带有圆弧形状的指针时,拖曳该圆形填充色块,可多次拖曳不同位置调节形状至如图 2-78(a)所示。

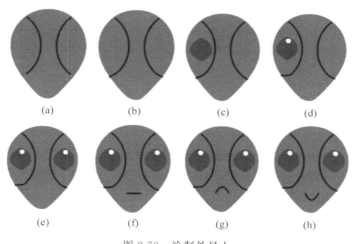

图 2-78 绘制外星人

⑦ 将鼠标移至圆内左侧弧线的下端,当鼠标变为右下角带有∟直角形状的指针时,拖曳该线条的底端至与圆形相接;同样调整右侧弧线至如图 2-78(b)所示。

⑧ 选择"椭圆工具",设置"笔触颜色"为"无","填充颜色"为"♯333333",绘制一个椭圆,并使用"选择工具"调整该椭圆色块,效果参考图 2-78(c)。

⑨ 选择"椭圆工具",设置"笔触颜色"为"无","填充颜色"为"白色",绘制一个正圆,调节至合适位置,效果参考图 2-78(d)。

⑩ 单击"选择工具",在黑色眼球区域双击,同时选中整个眼睛,按住 Alt 键拖曳鼠标复制并移动新的眼睛到合适位置,如图 2-78(e)所示。

⑪ 选择"线条工具",绘制一条短直线,完成外星人绘制,效果如图 2-78(f)所示。

⑫ 单击"选择工具",移动鼠标至直线处,当鼠标变为右下角带有圆弧形状的指针时拖曳直线,改变外星人嘴巴线条弧度,效果如图 2-78(g)所示。

⑬ 单击"选择工具",在舞台中拖曳以选择整个外星人区域,按住 Alt 键拖曳鼠标复制并移动到新的区域,再次修改外星人嘴巴弧度,绘制如图 2-78(h)所示的不同表情的外星人。

2.4.2 部分选取工具

部分选取工具主要用于调整线条或图形的锚点,从而对其形状进行变换,也可用于移动对象的位置。部分选取工具有 4 种常见状态:正常状态、选取和移动状态、锚点编辑状态和控制柄编辑状态。

1. 正常状态

单击工具箱中的"部分选取工具",将鼠标移动到舞台上,此时鼠标呈现一个空心的斜向箭头,此即为"部分选取工具"的正常状态。

2. 选择和移动状态

选中"部分选取工具"后,将鼠标靠近已有的线条或图形边缘,此时鼠标会呈现一个右下角为实心正方形的箭头。如图 2-79(a)所示,单击线条或图形,则该线条或图形处于被选中状态,并在对象上出现多个锚点,如图 2-79(b)所示。在此状态下可直接拖曳线条或图形边线将对象移动到其他位置。

图 2-79 "部分选取工具"的选择和移动状态

3. 锚点编辑状态

使用"部分选取工具"选中对象后,若将鼠标移动至锚点时,鼠标会呈现一个右下角为空心正方形的箭头 ，如图 2-80(a)所示,此时"部分选取工具"处于锚点编辑状态,用鼠标直接拖曳锚点即可修改线条或图形形状,如图 2-80(b)所示。

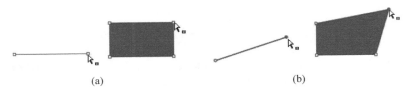

图 2-80 "部分选取工具"的锚点编辑状态

4. 控制柄编辑状态

在锚点编辑状态下,若按 Alt 键拖曳鼠标,即可将直线调整为曲线,此时"部分选取工具"即处于控制柄编辑状态。当鼠标指向控制柄的某一节点时,指针为黑色无柄状态▶ ,此时即可拖曳该控制柄调整曲线形状,如图 2-81 所示。

图 2-81 "部分选取工具"的控制柄编辑状态

使用"部分选取工具"选中对象后,配合不同的控制键使用,可简化操作,提高工作效率。

(1) Ctrl 键:在使用"部分选取工具"时,按下 Ctrl 键不放,将临时切换至"任意变形工具",此时可对所选对象进行缩放、旋转等变形操作;当释放 Ctrl 键后,再次切换回"部分选取工具"。

(2) Shift 键:在使用"部分选取工具"时,按下 Shift 键可选取多个对象,可同时对多个对象进行编辑,如进行移动、缩放等操作。按下 Shift 键也可选取一个对象的不同锚点或多个对象的不同锚点,此时在"部分选取工具"的锚点控制状态下拖曳鼠标,即可同时编辑多个锚点,改变锚点部分的图形形状。

(3) Alt 键:在使用"部分选取工具"时,若使用 Alt 键同时拖曳锚点,则可将直线调节为曲线;若使用 Alt 键同时拖曳非锚点部分,则可复制该对象到新的位置;若使用 Alt 键同时拖曳某一控制柄节点,可以单独调整该控制柄不会影响到另一条;若不使用 Alt 键,则拖曳某一控制柄时将同时调整两条相关控制柄。

（4）Delete 键：在使用"部分选取工具"选中某一锚点时，按下 Delete 键，可删除该锚点。

（5）方向键：在使用"部分选取工具"选中某一锚点后，使用方向键可控制该锚点位置，从而调整对象形状。

2.4.3　任意变形工具组

任意变形工具组包含任意变形工具和渐变变形工具两种。在工具箱中选择"任意变形工具组"按钮 ，打开如图 2-82 所示的下拉列表框，可在此选择所需的工具。

图 2-82　任意变形工具组

1. 任意变形工具

任意变形工具可用于对所选图形进行旋转、倾斜、缩放等变形操作。当选中对象，选择"任意变形工具"后，会出现如图 2-83(a)所示的周边控制点以及中心控制点，使用这些控制点并配合鼠标拖曳可实现如下变形效果。

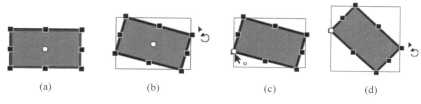

| (a) | (b) | (c) | (d) |

图 2-83　"旋转"图形

（1）旋转：将鼠标移动到 4 个角的控制点，且鼠标指针为一个带圆弧状箭头 时，可拖曳鼠标围绕中心控制点旋转图形，效果如图 2-83(b)所示。如果要围绕不同位置旋转，可先将鼠标移向中心控制点，当指针为一带圆形的箭头 时，移动控制点到所需的位置，如图 2-83(c)所示；再拖曳 4 个角的顶点进行图形旋转，效果如图 2-83(d)所示。

（2）倾斜：将鼠标移动到上下或左右的中间控制点两侧，且鼠标指针为一个平行双向箭头 时，可左右或上下拖曳指针，水平或垂直倾斜图形如图 2-84 所示。

（3）缩放：将鼠标移动到 4 个角的控制点，且鼠标指针为一个斜向双向箭头 时，可拖曳鼠标放大或缩小图形，效果如图 2-85 所示；若同时配合 Shift 键拖曳鼠标，则不改变纵横比对图形进行缩放。

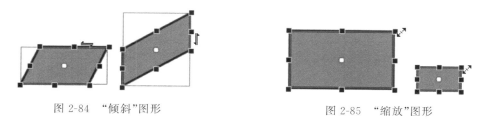

图 2-84　"倾斜"图形　　　　　　　　图 2-85　"缩放"图形

当选中对象，并选择"任意变形工具"后，在工具箱最下方的选项区中将显示如图 2-86 所示的选项按钮，各选项按钮分别为"贴紧至对象""旋转与倾斜""缩放""扭曲""封套"。除"贴紧至对象"按钮外，其余各按钮仅当使用"任意变形工具"且已选择要编辑对象后，才会被

图 2-86 "任意变形工具"选项

激活处于可用状态,其功能和使用方式如下所述。

(1)旋转与倾斜:仅可对所选对象进行旋转与倾斜,不可进行其他变形操作,操作结果将影响变形对象的 4 个顶点,操作方法与上述鼠标操作相同。

(2)缩放:仅可对所选对象进行等比例放大或缩小,不可进行其他变形操作,操作结果将影响变形对象的 4 个顶点,操作方法与上述鼠标操作相同。

(3)扭曲:仅对所绘制的形状或打散的图形有效,可局部修改形状对象的某一顶点位置,实现图形的扭曲,不可进行其他变形操作。单击该选项按钮后,将鼠标移向控制点,且鼠标指针为一个空心无柄箭头▷时,可拖曳鼠标,对图形进行"扭曲"变形,如图 2-87所示。

(4)封套:仅对所绘制的形状或打散的图形有效,单击该按钮后,形状对象周围会出现多个调节锚点,如图 2-88(a)所示。鼠标拖曳锚点则会出现曲线调整手柄实现变形效果,如图 2-88(b)所示,选中此模式时不可进行其他变形操作。

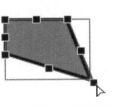

图 2-87 "扭曲"图形

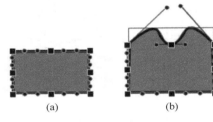

(a)   (b)

图 2-88 "封套"图形

说明:对所选对象进行"旋转""缩放""扭曲"等变形操作还可选择"修改"→"变形"选项实现,也可通过"变形"面板实现。

2. 渐变变形工具

当图形的填充色为"渐变填充"或"位图填充"时,使用该工具可改变图形中所填充的渐变色或位图的填充效果。

当图形对象的填充色为"线性渐变"时,选中该对象,并选择"任意变形工具"后,会出现如图 2-89(a)所示的 3 个控制点和两条平行线,使用这些控制点并配合鼠标拖曳可对渐变色进行"缩放""旋转""移动"操作。

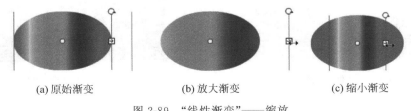

(a) 原始渐变   (b) 放大渐变   (c) 缩小渐变

图 2-89 "线性渐变"——缩放

(1)缩放:将鼠标移动到右侧"方形控制点",且鼠标指针为一个双向箭头 ↔ 时,向外拖曳鼠标放大渐变色填充范围,效果如图 2-89(b)所示;向内拖曳鼠标缩小渐变色填充范围,超出渐变填充范围的部分,按照"流"选项设置进行"扩展颜色""反射颜色""重复颜色"的填充,图2-89(c)中展示了"缩小渐变"后的"扩展颜色"填充效果。

(2)旋转:将鼠标移动到右上角的"环形控制点",且鼠标指针为一个带圆弧状箭头时,可拖曳鼠标围绕中心控制点旋转渐变色的填充,效果如图2-90所示。

(3)移动:将鼠标移动到中心的"圆形控制点",当鼠标指针为一交叉双向箭头时,移动控制点到所需位置,此时渐变效果如图2-91所示。当再次旋转该渐变填充时,将围绕新的中心点进行旋转。

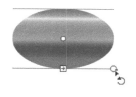
图2-90 "线性渐变"——旋转

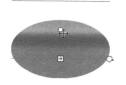
图2-91 "线性渐变"——移动

当图形对象的填充色为"径向渐变"时,选中该对象,并选择"任意变形工具"后,会出现如图2-92(a)所示的4个控制点、一条中心线和一个圆形外框,使用这些控制点并配合鼠标拖曳可对渐变色进行"缩放""旋转""移动"操作。

(a)原始渐变

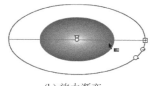
(b)放大渐变

(c)等比例缩小渐变

图2-92 "径向渐变"——缩放

(1)缩放:将鼠标移动到右侧"方形控制点",可实现对渐变填充的缩放操作,操作方法与"线性渐变"的缩放操作相同,图2-92(b)为对"径向渐变"的缩放,此操作可能会改变原始渐变色的填充比例。

(2)等比例缩放:将鼠标移动到右侧带斜向箭头的"圆形控制点",且鼠标指针为带有控制点形状的箭头时,向外拖曳鼠标可等比例放大渐变色填充范围;向内拖曳鼠标可等比例缩小渐变色填充范围,超出渐变填充范围的部分,仍然按照"流"选项设置进行填充,图2-92(c)为等比例缩小"径向渐变"后的"扩展颜色"效果。

(3)旋转:将鼠标移动到右侧"带三角的环形控制点",且鼠标指针为一个带圆弧状箭头时,可拖曳鼠标围绕中心控制点旋转渐变色的填充,效果如图2-93(b)所示。

(4)移动:将鼠标移动到中心"带三角的圆形控制点",当指针为一交叉双向箭头时,移动控制点到所需位置,此时渐变效果如图2-93(c)所示。

当图形对象的填充为"位图填充"时,选中该对象,并选择"任意变形工具"后,会出现如图2-94(a)所示的7个控制点和一个蓝色外框线,其操作与"线性渐变"和"径向渐变"相似,操作及功能如下所述:

(1)缩放:拖曳左侧和下方"带箭头方形",可实现"缩放"渐变色功能。

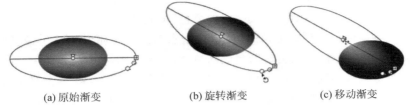

(a)原始渐变　　　　　(b)旋转渐变　　　　　(c)移动渐变

图 2-93　"径向渐变"——旋转和移动

（2）等比例缩放：拖曳左下方"带箭头圆形"控制点，可实现"等比例缩放"渐变色功能，效果如图 2-94(b)所示。

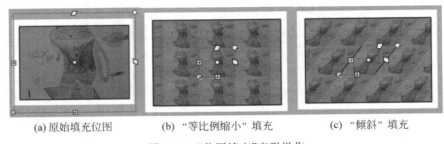

(a)原始填充位图　　　(b)"等比例缩小"填充　　　(c)"倾斜"填充

图 2-94　"位图填充"变形操作

（3）旋转：拖曳右上方"带三角圆形"控制点，可实现"旋转"渐变色功能。

（4）移动：拖曳中间"圆形"控制点，可"移动"渐变色的中心点。

（5）倾斜：拖曳上方和右侧"菱形"控制点，可对渐变进行"倾斜"操作，效果如图 2-94(c)所示。

2.4.4　3D旋转工具组

视频讲解

3D 旋转工具组包含 3D 旋转工具和 3D 平移工具两种。在工具箱中选择"3D 旋转工具组"按钮 ![按钮]，打开如图 2-95 所示的下拉列表框，选择所需工具在3D 空间为 2D 对象创建动画。

图 2-95　3D旋转工具组

1. 3D旋转工具

3D 旋转工具仅可应用于影片剪辑，可对所选影片剪辑围绕 x轴、y 轴和 z 轴进行 3D 旋转动画制作。当选中对象，并选择"3D 旋转工具"后，会出现如图 2-96(a)所示的红、绿、蓝、黄 4 条控制线以及一个中心控制点，使用鼠标拖曳各控制线即可实现 3D 旋转效果。

（1）红色为 x 轴控制线，将鼠标移向红色控制线，当鼠标为带 x 的箭头 ![箭头] 时，拖曳红色控制线，此处顺时针旋转约 45°，效果如图 2-96(b)所示。

（2）绿色为 y 轴控制线，将鼠标移向绿色控制线，当鼠标为带 y 的箭头 ![箭头] 时，拖曳绿色控制线，此处顺时针旋转约 45°，效果如图 2-96(c)所示。

（3）蓝色为 z 轴控制线，将鼠标移向蓝色控制线，当鼠标为带 z 的箭头 ![箭头] 时，拖曳蓝色控制线，此处顺时针旋转约 45°，效果如图 2-96(d)所示。

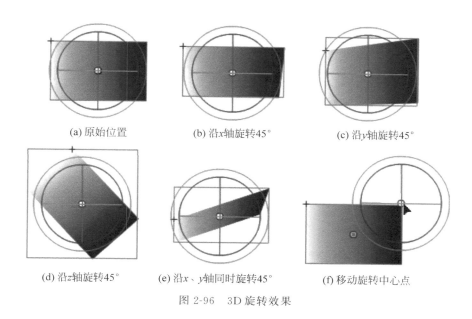

(a) 原始位置 　　　 (b) 沿x轴旋转45° 　　　 (c) 沿y轴旋转45°

(d) 沿z轴旋转45° 　　 (e) 沿x、y轴同时旋转45° 　　 (f) 移动旋转中心点

图 2-96　3D 旋转效果

（4）黄色为同时控制 x 轴和 y 轴的旋转控制线，将鼠标移向黄色控制线，当鼠标为无柄箭头▶时，拖曳黄色控制线，此处顺时针旋转约 45°，效果如图 2-96（e）所示。

（5）中心控制点为旋转的中心点，将鼠标移向中心圆形控制点，当鼠标为▶时，拖曳鼠标，移动旋转的中心位置，效果如图 2-96（f）所示。

说明：对所选影片剪辑沿 x、y、z 不同轴线进行"3D 旋转"操作，也可通过"变形"面板实现。

2. 3D 平移工具

3D 平移工具仅可应用于影片剪辑，可对所选影片剪辑沿 x 轴、y 轴和 z 轴进行 3D 平移动画制作。当选中对象，并选择"3D 平移工具"后，会出现如图 2-97（a）所示的红色、绿色两个控制箭头以及一个黑色中心控制点，使用鼠标拖曳即可实现 3D 平移效果。

（1）红色为 x 轴控制箭头，将鼠标移向红色控制箭头，当鼠标为带 x 的箭头▶x 时，拖曳红色控制箭头，即可沿 x 轴水平平移对象。

（2）绿色为 y 轴控制箭头，将鼠标移向绿色控制箭头，当鼠标为带 y 的箭头▶y 时，拖曳绿色控制箭头，即可沿 y 轴垂直平移对象。

（3）黑色圆点为 z 轴控制点，将鼠标移向黑色控制点，当鼠标为带 z 的箭头▶z 时，拖曳黑色控制点，向下移动即靠近我们的视线，效果如图 2-97（b）所示；向上移动即远离我们的视线，效果如图 2-97（c）所示。

当选中影片剪辑对象后，还可在其"属性"面板中设置"3D 定位和视图"的相应属性值来定义对象的 x、y、z 轴的位置、宽、高、透视角度及消失点位置，如图 2-98 所示。

（1）▣：透视角度，控制影片剪辑在场景中的外观视角，透视角度越大越接近视线，透视角度越小越远离视线；默认值为 55，可输入范围为 1～180。

（2）▣：消失点，控制影片剪辑在场景中的 z 轴方向，Animate 文件中所有影片剪辑的

(a) 原始位置   (b) 靠近视线   (c) 远离视线

图 2-97   3D 平移效果——z 轴

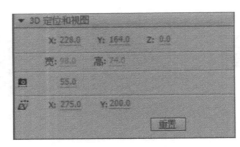

图 2-98   3D 定位和视图

z 轴都是朝着消失点位置方向后退的。

说明：透视角度的设置和消失点的设置，都会影响文件中所有使用了 3D 旋转或 3D 平移的影片剪辑。

2.4.5 套索工具组

套索工具组包含套索工具、多边形工具和魔术棒这 3 种，用于自由选取图形区域。在工具箱中选择"套索工具组"按钮 ，打开如图 2-99 所示的下拉列表框，选择所需工具可为图形建立规则或不规则选区。

图 2-99   套索工具组

1. 套索工具

套索工具可用于自由绘制选区。使用"套索工具组"中各工具为图形建立选区，要求对象必须是分离的图形，对于使用"对象绘制"所绘制的图形对象或"导入"的位图，必须先将其分离为图形。分离图形的方法如下所述。

(1) 选中对象，使用 Ctrl+B 组合键，可多次使用该组合键，直到对象为分离图形。

(2) 选中对象，执行"修改"→"分离"命令，直到所选对象为分离图形。

选择"套索工具"，按下鼠标左键开始在图形上自由绘制，释放鼠标即形成一个封闭的选区，效果如图 2-100(a)所示。

2. 多边形工具

多边形工具可用于绘制规则选区，也可用于精确绘制所需的选区。

选择"多边形工具"，在分离图形上单击鼠标，确定第一个定位点，释放鼠标后继续移动鼠标即出现一条直线，移动到所需位置再次单击确定第二个定位点，继续使用相同方法直到绘制出所需选区，双击鼠标，即形成封闭选区，效果如图 2-100(b)所示。

(a)使用"套索工具"建立选区

(b)使用"多边形工具"建立选区

图 2-100　"套索工具组"建立选区

3. 魔术棒

魔术棒可选取颜色相近的图形区域,通常用于对分离位图的操作。

选择"魔术棒"工具,将鼠标移动到已分离的位图上,单击要选区的颜色区域,效果如图 2-101 所示。如果要扩大或缩小所选取的相近颜色区域,可在如图 2-102 所示的"魔术棒"工具的"属性"面板上进行相应属性设置,各属性的功能及使用方法如下所述。

图 2-101　使用"魔术棒"建立选区

图 2-102　"魔术棒"属性面板

(1)阈值:可输入 0～200 的数值,代表可选取颜色的近似程度。数值越大,所选取的颜色近似范围越大;数值越小,近似范围越小;若值为 0,则仅选取和单击点颜色完全一致的色彩范围。

(2)平滑:设置选取选区时边缘的平滑程度,在该下拉列表中有"像素""粗略""一般""平滑"4 项可供选择。

【案例 2.11】　综合使用各工具制作动画场景。

① 执行"文件"→"新建"命令打开"新建文档"对话框,并切换到"角色动画"分类。在预设列表中选择"标准(640×480)",最后单击"确定"按钮创建 Animate 文档。

② 在"时间轴"面板中,重命名"图层 1"为"背景"。

③ 单击"矩形工具",设置"笔触颜色"为"无",打开"颜色"面板,设置其"填充颜色"为"线性渐变",渐变色为从"白"到"蓝","颜色"面板设置如图 2-103 所示,在场景中绘制与舞台相同大小的矩形。

④ 选择"渐变变形工具",对矩形渐变色进行旋转、缩小至如图 2-104 所示。

⑤ 单击"时间轴"面板下方的"新建图层"按钮，并重命名"图层 2"为"草地"。

图 2-103　"颜色"面板设置

图 2-104　"背景"图层

⑥ 选中"草地"图层,使用"钢笔工具"绘制图 2-105(a)中的草地;使用"选择工具"拖曳草地斜边为弧线,效果如图 2-105(b)所示。

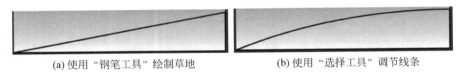

(a) 使用 "钢笔工具" 绘制草地　　　　　(b) 使用 "选择工具" 调节线条

图 2-105　绘制草地线条

⑦ 选择工具箱中的"颜料桶工具" <img>,在工具箱颜色区中设置"填充颜色"为"绿色",将鼠标移至步骤⑥中所绘制的草地区域中单击,为草地填充颜色效果如图 2-106(a)所示。

⑧ 使用"选择工具",在步骤⑥中所绘制的草地线条上双击鼠标,选中草地线条,按 Delete 键删除,效果如图 2-106(b)所示。

(a) 使用"颜料桶工具"填色　　　　　　(b) 删除草地线条

图 2-106　填充草地颜色

⑨ 参照步骤⑤,新建"图层 3"并重命名为"树懒";选择"文件"→"导入"→"导入到舞台",将素材"ani.jpg"导入到舞台。

⑩ 使用 Ctrl+K 组合键打开"对齐"面板,选中"与舞台对齐"选项,选择"对齐"项下的"水平中齐"按钮 <img> 和"垂直中齐"按钮 <img>,将所导入的图片对齐到舞台中心,使用 Ctrl+B 组合键分离导入的图像,单击如图 2-107 所示的"时间轴"上"背景"图层和"草地"图层右侧的"锁定"图标,锁定该图层。

图 2-107　时间轴"图层"设置

⑪ 使用"套索工具"先后选取树懒两侧物品,如图 2-108(a)所示。按 Delete 键将其删除;选择"魔术棒",设置"阈值"为

⑮，"平滑"模式（可尝试不同的属性值设置），多次单击图像不同位置的白色区域，按 Delete 键将其删除；使用"多边形工具"选取超出舞台部分图像，按 Delete 键将其删除；使用"缩放工具"  放大图像，使用"手形工具" 移动图像位置，重复使用"套索工具组"中各工具直至将树懒外图像完全删除，效果如图 2-108（b）所示。

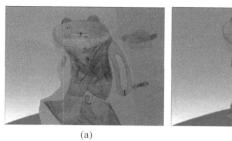

(a)   (b)

图 2-108   使用"套索工具组"抠图

⑫ 选择"任意变形工具"，单击树懒，按住 Shift 键拖曳控制柄，对其进行等比例缩放；使用"选择工具"将其移动到合适位置完成绘制，最终效果如图 2-109 所示。

图 2-109   最终效果图

2.5   Animate 骨骼及其他编辑工具

在 Animate 工具箱的工具区中，第三组工具包含了骨骼工具及其他一些编辑工具，如图 2-110 所示。它主要用于制作骨骼动画、设置填充颜色、描边、擦除等其他编辑工具。其中，各工具顺序为"骨骼工具组""颜料桶工具""墨水瓶工具""滴管工

图 2-110   骨骼及其他工具

具""橡皮擦工具""宽度工具"。

2.5.1 骨骼工具组

骨骼工具组包含骨骼工具和绑定工具两种。选择工具箱中的"骨骼工具组"按钮 ，在

图 2-111 骨骼工具组

打开的图 2-111 所示的下拉列表框中选择相应的工具,进行骨骼动画的制作。所谓骨骼动画,就是使用"骨骼工具"将对象的各部分连接起来,从而实现对象运动的动画。

骨骼工具用于绘制对象间的反向运动骨架,即 IK 骨架,从而简化如人和动物的肢体动画的制作过程。骨骼动画的制作一般分为两种:元件实例的骨骼动画制作和矢量图像的骨骼动画制作。

1. 骨骼工具制作元件动画

元件骨骼动画是指参与运动的物体的各部分都是已创建好的元件的实例,各实例间通过"骨骼工具"绘制的 IK 骨骼及关节相连,骨骼带动链接好的实例链进行协同运动。此类制作适合于带有关节的对象运动动画的制作,如人和动物的肢体运动及某些具有关节功能的机械的运动。

(1) 使用"骨骼工具"绘制 IK 骨骼步骤如下所述。

① 选择"骨骼工具",在如图 2-112(a)所示的具有 3 个元件实例的舞台中,默认鼠标指针为一带有空心骨骼形状的十字 。

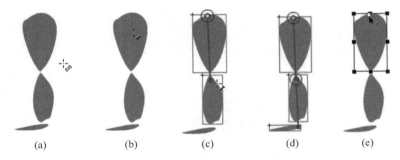

图 2-112 绘制"元件实例"骨骼

② 将鼠标移向一实例,鼠标指针如图 2-112(b)所示为一带有实心骨骼形状的十字 ,单击鼠标并拖曳到另一元件实例,释放鼠标,产生如图 2-112(c)所示的骨骼,鼠标初始单击处为一关节点,释放鼠标处为另一关节点。

③ 重复步骤②,从第二实例关节点处单击鼠标并拖向第三实例,产生如图 2-112(d)所示的骨骼。

④ 如果有更多实例需添加入所绘骨骼链,继续重复上述绘制步骤完成骨骼绘制。

在绘制骨骼时,在"时间轴"面板上,会自动创建一个名为"骨架_X"的新图层,并将所有已被骨架相连的元件实例都移至此图层。如果某一实例中的关节点位置设置不合适,可使用"任意变形工具"选择该实例,拖曳"任意变形工具"中的中心点即可,如图 2-112(e)所示。

当所有骨骼绘制完毕后,单击"选择工具",即可拖曳对象进行运动,如图 2-113 为拖曳骨架链的最末端实例的运动图像。

（2）如果想要对骨骼进行旋转、平移等的约束限制，则可使用"选择工具"选择所绘制骨骼，在如图 2-114 所示的"IK 骨骼"属性面板中可进行相应约束设置。

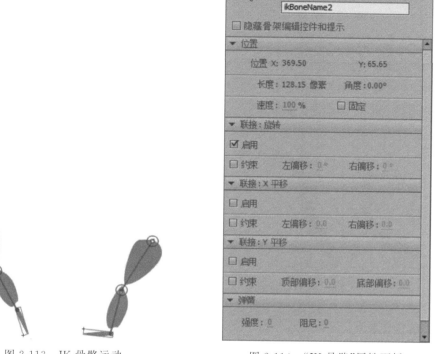

图 2-113　IK 骨骼运动　　　　　图 2-114　"IK 骨骼"属性面板

① ：切换骨骼按钮，当选中某一骨骼后，即可通过该组按钮切换至其他骨骼。各按钮顺序为"上一个同级""下一个同级""子级""父级"按钮，可单击按钮选择相应级别骨骼。

② 速度：表示骨骼的运动反应能力，值越高，反应速度越快。

③ 固定：若选中此项，则将所选骨骼的尾部固定到舞台。

④ 连接："旋转"默认为"启用"，若取消"启用"，则该骨骼不可围绕关节点旋转；选中"约束"，可限制环绕连接点旋转的角度范围，避免出现违反运动学规律的动作；"X 平移"和"Y 平移"默认为"启用"，若取消"启用"，则不可沿相应轴线平移；选中"约束"，可限制沿 X 轴和 Y 轴平移的偏移量。

⑤ 弹簧：拥有"强度"和"阻尼"两个属性值，可将弹簧属性添加到 IK 骨骼中，快速地创建更逼真的动画效果。强度值越高，弹簧效果越强；阻尼值越高，弹簧效果衰减越快。

2. 骨骼工具制作矢量图形动画

矢量图形骨骼动画是指直接在所绘制的矢量图形内部绘制骨骼制作动画。此类制作可用于人和动物等带有关节的对象运动，也可用于制作绳子、蛇、尾巴等无关节对象以及一些有弹性的物品的运动动画。

66

选择"骨骼工具",将鼠标移至如图 2-115(a)所示的矢量图形中,单击并拖曳鼠标,释放鼠标后产生如图 2-115(b)所示的骨骼;重复上述步骤,从第一段骨骼末端单击鼠标并拖曳,继续绘制骨骼至完成,如图 2-115(c)所示。

(a)　　　　　　　　　　(b)　　　　　　　　　　(c)

图 2-115　绘制"矢量图形"骨骼

骨骼绘制完毕后,即可使用"选择工具"拖曳对象进行运动,如图 2-116 所示。使用此种方法绘制的骨骼,如果要编辑骨骼连接点位置,须使用"部分选取工具"移动连接点。选取骨骼后的"属性"面板,如图 2-117 所示。

图 2-116　"矢量图形"骨骼运动　　　　　　　图 2-117　选取骨骼后的"属性"面板

3. 绑定工具

绑定工具仅适用于矢量图形骨骼动画。在为矢量图形绘制完骨骼后,系统会自动将图形边缘的锚点关联到相应骨骼上,选择"绑定工具",在对象或骨骼上单击,该段骨骼及其相关联锚点会被选中,其中锚点显示为黄色三角形或黄色方形,如图 2-118 所示。

如果锚点的自动关联出错,可直接拖曳出错锚点到要绑定的骨骼上即可。若要添加控制锚点,可使用"部分选取工具",在图形的边缘单击;若要删除控制锚点,使用"部分选取工具",选择锚点,按 Delete 键即可将其删除。

图 2-118　绑定锚点

2.5.2　颜料桶工具

颜料桶工具用于更改矢量图形或选区的填充效果。如果要设置填充区域为位图,需先将其转换为矢量图形。使用"颜料桶工具"设置或修改填充色的步骤如下。

(1) 在工具箱中选择"颜料桶工具"，此时鼠标指针为带颜料桶的箭头。

(2) 在工具箱的"颜色区"中设置"填充颜色"，也可在"颜料桶工具"的"属性"面板中设置"填充颜色"。

(3) 将鼠标移至要更改填充色的对象内部并单击,即可为所选对象设置或更改填充颜色,如图 2-119(a)所示;也可先使用"套索工具组"选取矢量图形的部分区域,再使用"颜料桶工具"为其设置填充色,如图 2-119(b)所示。

图 2-119　颜料桶工具

在使用"铅笔工具"或"钢笔工具"绘制的图形填充颜色时,有时会出现颜色无法填充现象,原因可能是在绘制图形时有小的空隙造成图形未能完全闭合,此时若要设置图形的填充色,须使用"颜料桶工具"的关联选项设置。

单击"颜料桶工具",在工具箱的最下部选项区中有"间隔大小"按钮 和"锁定填充"按钮 。单击"间隔大小"按钮 ,出现如图 2-120 所示的下拉列表框。

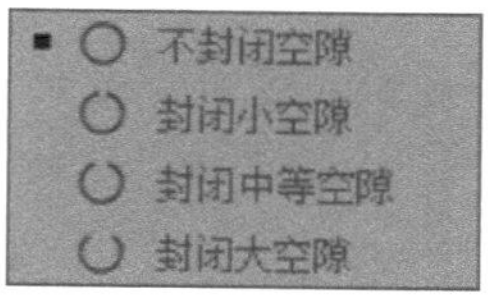

（1）不封闭空隙:要求所绘制图形是一个完全闭合的区域才可为其填充颜色。

（2）封闭小空隙:允许所绘制图形有小的空隙时即可为其填充颜色,此时的空隙或许是用户难以察觉的空隙大小。

图 2-120　"间隔大小"下拉列表框

（3）封闭中等空隙与封闭大空隙:允许出现的空隙略大,具体空隙大小由系统设定决定。

"颜料桶工具"关联选项中的"锁定填充" 是针对填充色是渐变色或位图填充而设定的不同填充模式。

（4）激活"锁定填充"按钮,则填充的渐变色或位图是以整个舞台为参考对象的,每个填充对象根据其在舞台上位置的不同所填充的颜色不同,如图 2-121(a)所示。

（5）取消选择"锁定填充",则每一个填充对象均是一个整体,所填充的都是所设定的整个渐变色或位图,效果如图 2-121(b)所示。

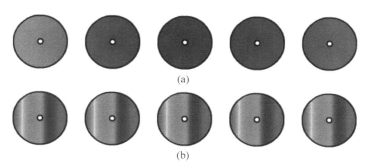

图 2-121　"锁定填充"效果对比

说明:使用"颜料桶工具",颜色的填充仅影响填充区域,不会影响笔触颜色,如需使用"颜料桶工具"为线条填充颜色效果,可通过执行"修改"→"形状"→"将线条转换为填充"命令先将线条转换为填充。

67

2.5.3　墨水瓶工具

墨水瓶工具用于修改或设置矢量图形的外边框线样式。使用"墨水瓶工具"设置或修改外框线的步骤如下所述。

（1）在工具箱中选择"墨水瓶工具" ，鼠标指针为带墨水瓶工具样式的箭头 。

（2）在墨水瓶工具"属性"面板中设置相应的"笔触颜色""笔触大小""样式"等，如图 2-122 所示。

（3）将鼠标移至要修改或设置外框线的矢量图形中任意位置处，单击鼠标即可，外框线设置效果如图 2-123 所示。

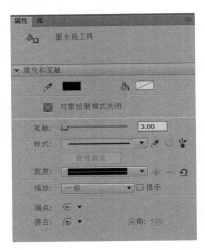

图 2-122 "墨水瓶工具"属性面板

图 2-123 "墨水瓶工具"添加边框线

2.5.4 滴管工具

滴管工具具有采样功能，可用于获取对象的填充色和笔触设置，也可用于获取位图图样及文字属性设置。使用"滴管工具"进行采样，首先在工具箱中选择"滴管工具" ，此时鼠标指针在舞台空白处呈现滴管状 ，即表示做好采样准备。

1. 采样笔触线条

选择"滴管工具"，将鼠标移至要采样对象的"笔触线条"上，鼠标呈现带白色方形的滴管状 ，如图 2-124（a）所示；此时单击鼠标，即可完成对笔触线条的采样，同时自动切换至"墨水瓶工具"，将鼠标移至新的应用对象上单击，即可完成笔触线条的应用，如图 2-124（b）所示。

2. 采样填充色

选择"滴管工具"，将鼠标移至要采样对象的"填充色"上时，鼠标呈现带黑方形的滴管状 ，如图 2-124（c）所示；此时单击鼠标，即可完成对"填充色"的采样，同时自动切换至"颜料桶工具"，将鼠标移至新的应用对象上单击，即可完成填充色的应用，如图 2-124（d）所示。

3. 采样位图

使用"滴管工具"对位图进行采样，有两种采样状态。一种是直接导入的位图，位图为组合状态，此时采样单击点的颜色；另一种是分离的位图，图像为分离的图形，此时对整个位图进行采样。

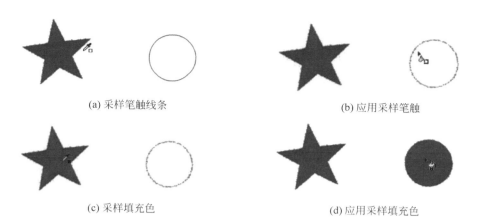

(a) 采样笔触线条   (b) 应用采样笔触

(c) 采样填充色   (d) 应用采样填充色

图 2-124 "墨水瓶工具"

将鼠标移至未分离的导入位图上时,鼠标为带黑色方形的滴管状 ✎,此时单击鼠标,如图 2-125(a)所示,即可完成对单击点颜色的采样,同时自动切换至"颜料桶工具",将鼠标移至新的应用对象上单击,即可完成采样颜色的填充,如图 2-125(b)所示。

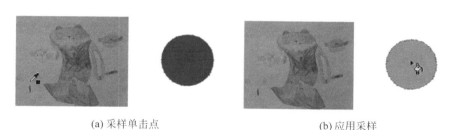

(a) 采样单击点   (b) 应用采样

图 2-125 "墨水瓶工具"采样未分离位图

使用 Ctrl+B 组合键将位图分离,然后使用"滴管工具",将鼠标移至分离图形上单击鼠标,即可完成对整个位图的采样,如图 2-126(a)所示;此时自动切换至"颜料桶工具",且自动选中"锁定填充"选项,工具箱中的"填充颜色"呈现采样位图,如图 2-126(b)所示;单击新的应用对象,即可完成填充,如图 2-126(c)所示。

若取消选择"锁定填充"选项,再次单击应用对象完成填充,其填充效果如图 2-126(d)所示;选择"渐变变形工具" ▣,在填充后的对象上单击,拖曳缩放填充手柄,调整位图填充比例,将填充等比例缩小后的填充效果如图 2-126(e)所示。

4. 采样文字属性

选择"滴管工具",将鼠标移至要采样的源文字上,鼠标呈现带 T 的滴管状 ✑,此时单击鼠标,即可完成对源文字各属性的采样,同时自动切换至"文本工具",即可将所采样文字的属性应用于新文本中。

2.5.5 橡皮擦工具

橡皮擦工具用于擦除舞台中的图形,既可以擦除全部图形,又可以选择仅擦除线条或仅擦除填充色等。单击选择"橡皮擦工具" ✐,在工具箱的"选项区"会出现如图 2-127 所示的按

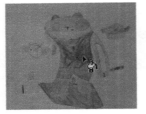 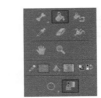

(a) 采样单击点 (b) 采样后的工具箱设置

(c) "锁定填充" (d) 未 "锁定填充" (e) 缩小 "位图填充"

图 2-126 "墨水瓶工具"采样分离位图

图 2-127 "橡皮擦工具"选项

钮组,各按钮依次为"橡皮擦模式""水龙头""橡皮擦形状"。

(1) 橡皮擦模式:系统提供"标准擦除""擦除填色""擦除线条""擦除所选填充""内部擦除"5 种模式,意义可参考"画笔工具"。

(2) 水龙头:用于一次性擦除轮廓或填充色。

(3) 橡皮擦形状:用于设置橡皮擦的形状和大小。

【案例 2.12】 使用橡皮擦工具擦除图形。

① 选择矩形工具,设置"笔触"颜色为"红色","填充"颜色为"蓝色",笔触大小为 5,绘制如图 2-128(a)所示的矩行,并将该矩形复制 5 份。

(a)原图 (b) 标准擦除 (c) 擦除填充色 (d) 擦除线条

(e) 擦除所选填充 (f) 内部擦除 (g) 水龙头擦除线条和填充色

图 2-128 橡皮擦工具

② 选择工具箱中的"橡皮擦工具",选择"橡皮擦模式"为"标准擦除","橡皮擦形状"为默认形状,由上至下擦除矩形如图 2-128(b)所示。

③ 修改"橡皮擦模式"为"擦除填充色",由上至下擦除矩形如图 2-128(c)所示。

④ 修改"橡皮擦模式"为"擦除线条",由上至下擦除矩形如图 2-128(d)所示。

⑤ 使用"套索工具",在矩形内部绘制一个选区。

⑥ 设置"橡皮擦模式"为"擦除所选填充",由上至下擦除矩形如图 2-128(e)所示。

⑦ 修改"橡皮擦模式"为"擦除线条",分别从矩形外部和内部向下擦除,效果如图 2-128(f)所示。

⑧ 选中"橡皮擦工具"的"水龙头"选项,此时鼠标在舞台上呈带水龙头的指针状 ，将鼠标移至矩形的笔触线条上,单击即擦除整个线条;将鼠标移至矩形的填充色上,单击即擦除整个填充色,效果如图 2-128(g)所示。

2.5.6 宽度工具

宽度工具可以改变笔触的粗细度,用于修饰笔触线条,还可将自定义的笔触线条保存成宽度配置文件,应用至其他笔触文件。

使用"宽度工具"调节笔触,首先在工具箱中选择"宽度工具" ，此时鼠标指针在舞台空白处呈现带～的箭头 ，将鼠标移至笔触线条上,当鼠标呈现带加号的箭头 时,在笔触线条上显示出蓝色的宽度线及可添加的宽度点,如图 2-129(a)所示;单击并拖曳该宽度点,产生一条垂直于宽度线的宽度手柄如图 2-129(b)所示,此时笔触线条粗细也随之更改,效果如图 2-129(c)所示。

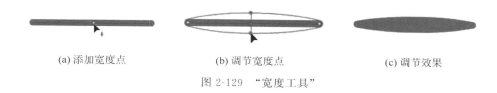

(a) 添加宽度点　　　　　(b) 调节宽度点　　　　　(c) 调节效果

图 2-129　"宽度工具"

选择"宽度工具"调节笔触线条,可对"宽度点"执行添加、移动、复制、编辑和删除操作,操作方法如下所述。

(1) 添加:将鼠标移至非宽度点处,鼠标呈现带加号的箭头 ，单击并拖曳鼠标,即可添加新的宽度点。

(2) 移动:鼠标拖曳宽度点或宽度手柄到新的位置,实现宽度点的移动。

(3) 复制:按住 Alt 键,同时拖曳宽度点或宽度手柄到新的位置,实现宽度点的复制。

(4) 编辑:拖曳宽度手柄两端的控制点,可同时修改笔触两侧的宽度;若要修改单侧笔触宽度,按住 Alt 键并拖曳该侧的宽度手柄,即可实现单侧的宽度编辑。

(5) 删除:将鼠标移至已有宽度点处,宽度点由空心圆形变成实心圆形,单击并按 Delete 键删除该宽度点。

【案例 2.13】 绘制攀岩海报。

① 执行"文件"→"新建"命令打开"新建文档"对话框,并切换到"角色动画"分类。在预设列表中选择"标准(640×480)",最后单击"确定"按钮创建 Animate 文档。

② 选择"线条工具","笔触大小"为 1,"样式"为"实线"。在舞台中绘制一直线。

③ 选择"宽度工具",将鼠标移至所绘直线上,单击并拖曳修改笔触宽度,如图 2-130(a)所示。

④ 在如图 2-130(b)所示位置,添加宽度点。

⑤ 移动右侧宽度点到中间宽度点处,效果如图 2-130(c)所示。

⑥ 单击"选择工具",选中修改后的笔触,在其"属性"面板中的"宽度"处显示如图 2-131所示,可将该笔触添加为配置文件。

视频讲解

71

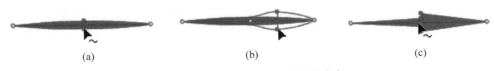

(a)　　　　　　　　　　　(b)　　　　　　　　　　　(c)

图 2-130　"宽度工具"设置笔触线条

图 2-131　"宽度"属性

⑦ 单击"宽度"后的加号按钮 ，在弹出的"可变宽度配置文件"对话框中输入配置文件名称，如图 2-132 所示，单击"确定"按钮完成配置文件的添加。

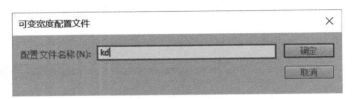

图 2-132　"可变宽度配置文件"对话框

⑧ 删除舞台中的笔触线条，选中"矩形工具"，设置"笔触颜色"为"红色"，"填充颜色"为"无"，在其"属性"面板中设置"笔触大小"为 10，样式为"实线"，"宽度"为新配置的宽度文件，在舞台中绘制矩形，效果如图 2-133(a)所示。

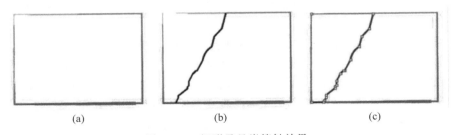

(a)　　　　　　　　　　　(b)　　　　　　　　　　　(c)

图 2-133　矩形及悬崖笔触效果

⑨ 修改"图层 1"为 bg；新建"图层 2"，修改为 cliff；选择"铅笔工具"，设置"笔触颜色"为"黑色"，在选项区中设置"铅笔模式"为"伸直"，在"属性"面板中设置"宽度"为"均匀"(第一个)，绘制悬崖一边，效果如图 2-133(b)所示。

⑩ 选择"钢笔工具"，沿矩形边缘绘制直线边缘，效果如图 2-133(c)所示。

⑪ 选择"颜料桶工具"，设置"填充色"为"黑色"，完成填充。使用"选择工具"双击笔触，按 Delete 键删除，将该图层移至 bg 图层下方，效果如图 2-134(a)所示。

⑫ 新建"图层 3"，重命名为 man；执行"文件"→"导入"→"导入到库"命令，导入素材man.png。

⑬ 打开"库"面板，将 man.png 拖曳至 man 图层的第 1 帧，使用"任意变形工具"，修改大小，并移动至舞台合适位置，效果如图 2-134(b)所示。

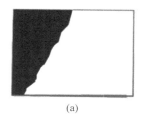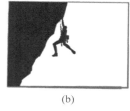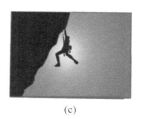

(a)　　　　　　　　(b)　　　　　　　　(c)

图 2-134　悬崖、人物及渐变效果

　　⑭ 新建"图层 4"，重命名为 bg2；选择"矩形工具"，"笔触颜色"为"无"，打开"颜色"面板，设置"填充色"为"径向渐变"，渐变色为从"白色"到"橘红色"渐变，在 bg2 图层中绘制矩形，使用"任意变形工具"调整大小和位置，与 bg 图层中的矩形框一致，将 bg2 图层拖至图层最下方，效果如图 2-134(c)所示。

　　⑮ 在图层最上方新建"图层 5"，重命名为 sun；选择"椭圆工具"，"笔触颜色"为"无"，"填充色"为"白色"，绘制一圆形；将该图层移至 cliff 和 man 图层下方，调整圆形位置，效果如图 2-135(a)所示。

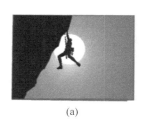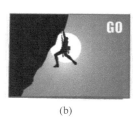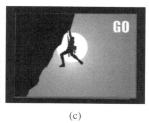

(a)　　　　　　　　(b)　　　　　　　　(c)

图 2-135　太阳、文字及最终效果

　　⑯ 在图层最上方新建"图层 6"，重命名为 text；选择"文本工具"，在"属性"面板中设置"字符系列"为 Impact，"大小"为"60 磅"，"颜色"为"白色"，在舞台上输入文字 GO，效果如图 2-135(b)所示。

　　⑰ 使用"选择工具"，在舞台空白处单击，在"属性"面板中修改"舞台"背景色为"黑色"，最终效果如图 2-135(c)所示。

习题

　　1. 使用钢笔工具绘制一个图形标志。

　　2. 使用不同的绘制模式制作一些简单的舞台对象，如某国国旗、银行标志、公司 Logo 等。

　　3. 制作一个五彩渐变的文字特效。

　　4. 利用 Animate 的绘图工具绘制一个场景，用不同的颜色和填充方式表现出道路、树丛、蓝天、白云和太阳。

　　5. 综合使用各工具围绕一个主题制作一张节日卡片。

　　6. 使用骨骼工具制作一个人物或动物的 IK 骨骼。

元件是可反复在舞台上使用的对象，是 Animate 动画设计中非常重要的部分。库是所有舞台对象的存储场所，相当于剧组的后台空间。所有元件（即与制作有关的道具、演员等）都在未参与舞台表现时存放在库里面。本章主要讲解创建元件，将舞台上的动画转换为影片剪辑元件，编辑元件和使用库项目等内容。

3.1　元件与"库"面板

元件是指可在整个文档或其他文档中重复使用的内容，元件存储在一个被称为"库"的地方并可在需要的时候使用。实例是指存在于舞台上的元件的副本，它参与阐述动画的主题。

使用元件可以显著地减小文件的大小，使用元件还可以加快 SWF 文件的播放速度，因为元件只需下载一次。

3.1.1　元件的类型

元件的类型主要有图形元件、按钮元件和影片剪辑元件，可在整个文档或其他文档中重复使用。设计者创建的任何元件都会自动地成为当前文档的库的一部分。

每个元件都有自己的时间轴、图层和舞台，并可以将帧、关键帧和图层等添加到其时间轴上，就像主时间轴（顶层动画舞台的时间轴）一样。

1. 图形元件

图形元件 表示静态图像（画面），可用于创建连接到主时间轴的可重复使用的动画片段。图形元件与主时间轴同步运行。交互式控件和声音在图形元件的动画序列中不起作用。图形元件本身没有时间轴，仅描述静态画面，因此图形元件在 FLA 文件中的尺寸小于按钮和影片剪辑。

2. 按钮元件

按钮元件 用于实现与用户的交互，可以响应鼠标单击、滑过或其他操作，也可以定义与各种按钮状态关联的图形，然后将动作指定给按钮实例。当用户有特定操作时，通常需要完成某种功能，必须结合 ActionScript 3.0 脚本才能实现，因此需要先掌握与脚本编写相关的知识。

3. 影片剪辑元件

影片剪辑元件 用于可以重复使用的动画片段，它拥有自身独立于主时间轴的多帧时间轴。影片剪辑的多帧时间轴可看作是嵌套在主时间轴内，其中包含交互式控件、声音甚至其他影片剪辑实例的元件。如果将影片剪辑的实例放在按钮元件的时间轴内，即可创建具有动画效果的按钮。

说明：3种类型的元件在"库"面板中分别以不同的图标来指示，用户可以很方便地识别和选用。

3.1.2　创建图形元件

图形元件用于表示静止的画面(如房屋、家具等)，图形元件的时间轴与主时间轴同步，图形元件中的声音与交互在主时间轴上不起作用。

创建图形元件的基本过程是先绘制元件的内容，然后将其转换为图形元件。

动画的设计与制作通常需要一定的美术基础，制作元件也不例外。对于没有美术基础的读者而言，为了增加制作效果，不妨使用现成的图片作为辅助。

【案例3.1】　制作古钱币元件。

视频讲解

① 新建一个"角色动画"类型预设为"标准(640×480)"的 Animate 文档，然后将该文档保存为"案例3.1.fla"。

② 执行"视图"→"标尺"命令，打开"标尺"，然后通过标尺拖出水平、垂直参考线各一条，并使参考线相交于舞台中央的位置。

③ 修改"图层1"的名称为"钱币"，然后在该图层中绘制钱币的轮廓，如图3-1(a)所示。

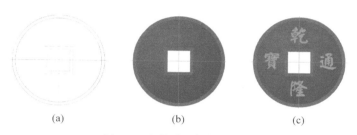

(a)　　　　　　(b)　　　　　　(c)

图 3-1　古钱币元件制作过程

④ 打开"颜色"面板并将填充颜色类型调整为"径向渐变"，并设置渐变的起始颜色和终止颜色，如图3-2所示。钱币的内外边条颜色是(♯999966，♯999900)，钱币主体颜色是(♯999900，♯996600)，利用"颜料桶"工具为钱币的不同区域填充颜色，效果如图3-1(b)所示，完成后锁定该图层。

⑤ 添加一个新图层并命名为"文字"，然后利用文本工具添加文字"乾隆通宝"，此处用到的字体为"颜体"(没有的话可使用别的字体)，字体颜色为 ♯FFCC00，文字大小根据具体情况进行调整；接着按 Ctrl＋B 组合键将文字"分离"为4个独立的汉字，并重新调整文字的位置，完成后的效果如图3-1(c)所示。

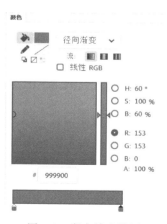

图 3-2　渐变填充设置

⑥ 解锁所有图层，并选择所有舞台对象，然后执行"修改"→"转换为元件"命令，将所选内容定义为"图形"元件，名称为"古钱币"，如图3-3所示。

图 3-3　转换为元件

新创建的图形元件可以在"库"面板中找到。

3.1.3 创建按钮元件

按钮元件用于实现与用户的交互,需要编写 ActionScript 3.0 脚本才能完成功能,在未介绍脚本知识之前,先带领读者学习按钮元件的制作方法。

创建新元件,除了可以先在舞台上制作好后将其转换为元件以外,还可以直接创建空元件并以从零开始的方式完成制作,按钮元件的制作就是如此。

创建按钮元件应遵循以下基本步骤。

1. 选择最适合自己需求的按钮类型

按钮有普通按钮元件和影片剪辑按钮元件两类。

大部分人会选择普通按钮元件类型,因为此类型按钮更具灵活性。普通按钮元件包含自己特有的内部时间轴用于表示按钮的状态,这些状态分别是"弹起""指针经过""按下""点击"。通过为这 4 种状态创建不同的视觉效果,可以制作出非常丰富的特效。

使用影片剪辑按钮元件可以创建更复杂的、包含动画效果的按钮。这种按钮有一个缺点,那就是影片剪辑按钮元件比普通按钮元件要占用更大的存储空间。

2. 定义按钮状态

普通按钮元件有"弹起""指针经过""按下""点击" 4 种状态,需要设计者逐一设置。

(1)"弹起"帧:当用户没有与按钮进行交互时显示的外观。

(2)"指针经过"帧:当鼠标指针移动到按钮上方时显示的外观。

(3)"按下"帧:当用户单击按钮时显示的外观。

(4)"点击"帧:对用户的单击有响应的区域。是否定义"点击"帧是可选的,如果按钮比较小,或者其图形区域不是连续的,定义此帧会非常有用。"点击"帧具有以下特点。

① 在播放期间,"点击"帧的内容在舞台上不可见。

② "点击"帧的图形是一个实心区域,它的大小通常完全覆盖"弹起""按下""指针经过"帧的所有图形元素。如果想制作响应舞台的特定区域的按钮,则可以将"点击"帧图形放在一个不覆盖其他按钮帧图形的位置上。

③ 如果没有指定"点击"帧,则使用"弹起"状态的图像。

3. 将操作与按钮关联

如果要使用户选中一个按钮时触发某事件,可以在时间轴上添加 ActionScript 代码,将 ActionScript 代码放入与按钮相同的帧中。在"代码片段"面板中有针对许多常见的按钮用途预编写的 ActionScript 3.0 代码。

【案例 3.2】 制作按钮元件。

① 新建一个采用 ActionScript 3.0 脚本技术的常规 Animate 文档,然后保存该文档为"案例 3.2.fla"。

② 执行"插入"→"新建元件"命令,在打开的"创建新元件"对话框中输入名称为"按钮 1"并调整类型为"按钮",然后单击"确定"按钮完成新元件的创建。

③ 在"时间轴"面板双击"图层 1"文字并将文字改为"图形",然后单击"时间轴"面板左下方的"新建图层"按钮 创建一个新图层,并将图层说明文字"图层 2"改为"箭头",完成后的结果可参考图 3-4。

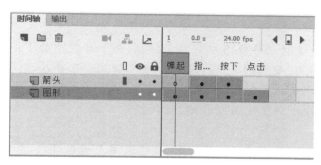

图 3-4 "时间轴"面板状态

④ 以相同的填充效果、不同的颜色制作"图形"层上的"弹起""指针经过""按下""点击" 4 个帧上的"圆"形状。以相同的填充效果、不同的颜色制作"箭头"层上的"指针经过""按下"两个帧上的"三角"形状。完成后的效果可参考图 3-5(a)~(d)。

(a) "弹起" 帧　　　(b) "指针经过" 帧　　　(c) "按下" 帧　　　(d) "点击" 帧

图 3-5 按钮元件的 4 个帧

⑤ 单击舞台上方的"编辑栏"左侧的 按钮返回主场景舞台,然后打开"库"面板,将"按钮 1"元件拖到舞台上,并测试影片观察按钮的交互效果。

【案例 3.3】 利用图片素材制作按钮元件。

制作按钮元件不一定非要全手工绘制,如果有合适的图片素材可以用来制作按钮元件。本案例就是使用现有的图片来制作按钮元件,各图片如图 3-6(a)~(d)所示。

① 新建一个采用 ActionScript 3.0 脚本技术的常规 Animate 文档,然后保存该文档为"案例 3.3.fla"。

② 执行"插入"→"新建元件"命令,在打开的"创建新元件"对话框中输入名称为 faceButton 并调整类型为"按钮",然后单击"确定"按钮完成新元件的创建。

第3章 元件和库

(a)图片1　　　　(b)图片2　　　　(c)图片3　　　　(d)图片4

图 3-6　制作按钮元件的图片素材

③ 选中按钮元件时间轴的"弹起"帧,然后执行"文件"→"导入"→"导入到舞台"命令,通过"导入"对话框找到并选中相应的素材文件(例如 Face4.png),单击"打开"按钮完成素材的导入。

说明:如果多个素材文件命名中有编号特征(例如此例中的 Face4.png、Face5.png、Face6.png 等),Animate 会询问是否一同导入,如果决定一同导入,则相应的多个图片素材会被导入连续的多个帧上,每个帧上放置一个图片素材。

④ 重复步骤③并分别在按钮元件的"指针经过""按下""点击"帧上放置相应的图片素材。

⑤ 单击舞台上方的"编辑栏"左侧的 ⇦ 按钮返回主场景舞台,然后打开"库"面板,将faceButton 元件拖到舞台上,并测试影片观察按钮的交互效果。

3.1.4　创建影片剪辑元件

影片剪辑元件同样可以从库中取出并反复使用,特别之处在于其自身包含动画效果,可以不依赖主时间轴而自动播放。

影片剪辑元件的制作与普通 Animate 动画的制作几乎完全相同,唯一的区别是它可以很方便地重复使用。

视频讲解

【案例 3.4】　制作旋转的雪花。

① 新建一个采用 ActionScript 3.0 脚本技术的常规 Animate 文档,然后保存该文档为"案例 3.4.fla"。

② 在舞台上制作"雪花"的图案(见图 3-7(d)),制作过程如下所述。

ⓐ 通过文档"属性"面板调整"舞台"的背景颜色为蓝色(♯0000FF)。

ⓑ 在工具箱中选择"多角星形工具" ⬡,设置笔触颜色为白色且无填充,"笔触"的粗细适当。调整"选项"为六边形后绘制一个六边形。

ⓒ 执行"视图"→"贴紧"→"贴紧到对象"命令,开启该贴紧功能,然后使用"线条工具" ╲绘制 3 条对角线及一条从中心到一边中点的线,完成后如图 3-7(a)所示。

ⓓ 选择"选择工具" ▶,向内调整边的中心点,然后复制并调整相应线条制作出"雪花"的一瓣,完成后如图 3-7(b)所示。

ⓔ 使用"选择工具" ▶删除六边形的其余 5 条边并选中需要复制的"雪花"的一瓣,然后使用"任意变形工具" ▦调整变形中心的位置到六边形的中心处,完成后如图 3-7(c)所示。

ⓕ 打开"变形"面板,调整"旋转"角度为 60°,然后单击"重制选区和变形"按钮 ⊡直到"雪花"的形状完整,最终效果如图 3-7(d)所示。

(a) 绘制线条　　(b) 制作"雪花"的一瓣　　(c) 删除并调整　　(d) 旋转复制

图 3-7　"雪花"图形的制作过程

③ 使用"选择工具"选中"雪花"形状,然后执行"修改"→"转换为元件"命令,在"转换为元件"对话框中输入元件的"名称"为 Snow,选择元件的"类型"为图形,单击"确定"按钮创建元件。

④ 执行"插入"→"新建元件"命令,在"创建新元件"对话框中输入元件的"名称"为 rSnow,选择"类型"为影片剪辑,单击"确定"按钮创建影片剪辑元件。

⑤ 在影片剪辑的第 1 帧上放置图形元件 Snow,在第 2、第 3 帧上放置图形元件 Snow 并分别旋转 20°、40°。

⑥ 单击舞台上方的"编辑栏"左侧的 按钮返回主场景舞台,然后打开"库"面板,将 rSnow 影片剪辑元件拖到舞台上,并测试影片观察动画效果。

3.1.5　转换元件

元件可以从无到有地创建,也可以根据现有的内容转换得到。将现有内容转换为元件的具体过程如下所述。

(1) 在舞台上选择一个或多个元素,然后执行下列操作之一。

① 执行"修改"→"转换为元件"命令。案例 3.4 中的步骤③使用的就是这种方法。

② 将选中的内容拖曳到"库"面板上。

③ 在选中的内容上右击,然后在弹出的快捷菜单中执行"转换为元件"命令。

(2) 在"转换为元件"对话框中输入元件名称并选择元件类型。

(3) 在"对齐"右侧的注册网格中单击,以便调整元件的注册点。

(4) 单击"确定"按钮。

Animate 会将该元件添加到库中,同时舞台上原先选定的元素变成该元件的一个实例。在创建元件后,仍可以通过执行"编辑"→"编辑元件"命令在元件编辑模式下编辑该元件,也可以通过执行"编辑"→"在当前位置编辑"命令在舞台的当前位置编辑该元件。

3.1.6　"库"面板的组成

"库"是存放所有动画资源的地方,"库"面板则是管理这些资源的应用窗口。资源始终保存在 fla 文件中,所以库又分为内置库(当前文件)和外部库(其他文件)两种。图 3-8 所示为打开"案例 3.3"后"库"面板的界面截图。

"库"面板从上到下共有 4 个区域。

最上方是文件列表框,其中列出了所有打开的 Animate 文档,通过该列表框可以很方便地选用各 Animate 文档中的元件或素材。文件列表框右侧有一个"固定当前库" 按

图 3-8 "库"面板

钮,可以将库面板中的内容固定,使其不随文档的切换而改变,方便将资源用于其他文档。旁边还有一个"新建库面板"按钮,通过该按钮可以同时打开多个"库"面板窗口,这在分类汇总动画资源时非常实用。

文件列表框的下方为资源预览区,选中的资源在此处显示其预览信息。资源预览区下方有一个搜索框,可依据资源名称在库中查找素材。搜索框下方是资源列表框,在文件列表框中选中的 Animate 文档中的所有资源都会列在这里,单击相应资源会看到资源的预览,双击资源会进入资源编辑窗口或者显示资源的描述信息。

"库"面板的左下方有 4 个按钮,其中,"新建元件"按钮 实现创建新元件的功能,"新建文件夹"按钮 实现资源分组的功能,"属性"按钮 实现资源描述信息的查看与修改,"删除"按钮 用于删除库中不再需要的资源。

3.1.7 动画资源的共享

Animate 中的资源都存储在库中,每个 Animate 文档的资源都存储在自己的内置库中。在打开多个 Animate 文档后,这些文档中的资源可以共用,这是最基本的资源共享方式。

【案例 3.5】 在案例 3.3 和案例 3.4 之间共享资源。

① 在 Animate 中打开"案例 3.3.fla"和"案例 3.4.fla"。

② 切换到"案例 3.4"文档窗口并打开"库"面板,在"库"面板上方的文件列表框中选择"案例 3.3",则在"库"面板下方的资源列表中会看到"案例 3.3"的所有资源。

③ 从"库"面板(图 3-8 所示)中拖曳 faceButton 到舞台上并用"任意变形工具"调整舞台上对象的位置和大小,图 3-9 可供参考。

说明:拖曳操作会使另一文件库中的资源被复制到当前文件的库中(如图 3-10 所示),同时会在舞台上创建对象的一个实例。

④ 将 Animate 文档另存为"案例 3.5.fla",测试影片观察效果。

图 3-9　在 Animate 文档间共享资源

图 3-10　"案例 3.4"的内置库

Animate 文档自己库中的资源可以称为内置库,设计者还可以建立自己的外部"库文件"。外部库其实就是一个普通的 FLA 文件,该文件也有自己的库资源,只需要将其与项目中的其他文件放置在一起,即可与其他动画文件共享资源。

设计者可以将自己制作或收集的资源放置在外部库文件中,可以随身携带,同时也方便使用。

3.2　实例的创建与应用

创建元件之后,可以在文档中的任何地方(包括在其他元件内)创建该元件的实例。当用户修改元件时,Animate 会更新元件的所有实例。

用户可以在"属性"面板中为实例提供名称。在 ActionScript 中使用实例名称引用实例。若要用 ActionScript 控制实例,需要为单个时间轴内的每个实例提供唯一的名称。

除非另外指定,否则实例的行为与元件的行为相同。另外,所做的任何更改只影响实例,并不影响元件。

3.2.1　建立实例

创建元件实例的步骤如下所述。

(1) 在时间轴上选择某一个层。Animate 只允许将实例放在关键帧中,并且总在当前选中的图层上。如果没有选择关键帧,Animate 会将实例添加到当前帧左侧的第一个关键帧上。

(2) 执行"窗口"→"库"命令,打开"库"面板,以便从中选取元件等资源。如果该资源存在于其他库中,则需要通过"库"面板上方的文件列表框改变文件,或执行"窗口"→"公用库"命令。

(3) 将元件从库中拖到舞台上。拖曳"库"面板中的元件到舞台上是最便捷的操作方法,当然也可以通过在"库"面板中复制并在舞台上粘贴的传统方法完成元件实例的创建。

读者可以使用本章前面的几个案例来练习元件实例的创建过程。

3.2.2　转换实例的类型

若要在 Animate 应用程序中重新定义实例的行为,应更改实例的类型。例如,如果一个图形实例包含用户想要独立于主时间轴播放的动画,则可以将该图形实例重新定义为影片剪辑实例。下面介绍两种改变实例类型的方法。

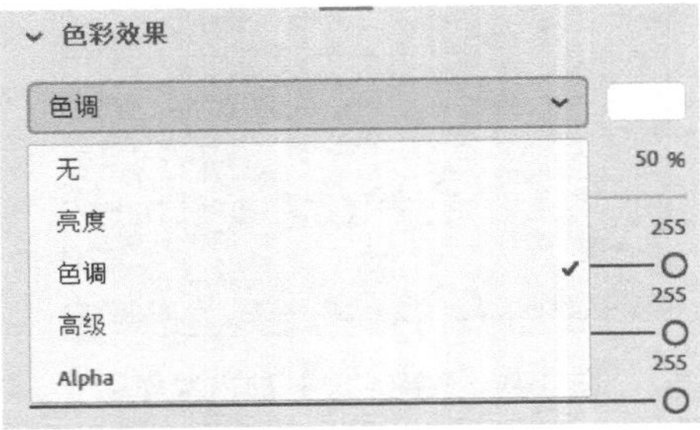

1. 打开"属性"面板

在舞台上选择实例,然后执行"窗口"→"属性"命令打开"属性"面板,如果该面板已经在软件界面中,则单击切换到该面板即可。

2. 改变实例类型

通过"属性"面板上方的"实例行为"类型列表选择"图形""按钮"或"影片剪辑",如图 3-11 所示。

图 3-11　改变实例类型

3.2.3　改变实例的颜色和透明效果

每个元件实例都可以有自己不同的色彩效果。使用"属性"面板可以设置实例的颜色和透明度选项,这些设置也会影响放置在元件内的位图。

当在某关键帧中改变一个实例的颜色和透明度时,改变的结果会在该关键帧上立刻体现出来。通过在不同关键帧上设置不同的颜色和透明度选项,再结合使用补间动画就可以实现实例的渐变效果动画。

说明:如果对包含多帧的影片剪辑元件应用色彩效果,Animate 会将该效果应用于该影片剪辑元件中的每一帧。

设置实例颜色和透明效果的过程如下所述。

(1) 在舞台上选择实例并打开"属性"面板。如果"属性"面板未出现在软件界面中,则可执行"窗口"→"属性"命令打开"属性"面板。

(2) 在"属性"面板的"色彩效果"区的"样式"下拉菜单中选择下列选项之一,如图 3-12 所示。

① 亮度:调节图像的相对亮度或暗度,度量范围是从黑(-100%)到白(100%)。若要调整亮度,可以单击并拖曳三角形滑块,也可以在对应的框中输入数值来完成。

② 色调:用相同的色相为实例着色。若要设置色调百分比(从 0% 完全透明到 100% 完全饱和),使用"属性"面板中的色调滑块。若要调整色调,单击此三角形并拖曳滑块,或者在框中输入一个值。若要选择颜色,在各自的框中输入红、绿和蓝色的值,或者单击"着色"控件(图 3-12 右上方的色块),然后从"颜色选择器"中选择一种颜色。

③ Alpha:调节实例的透明度,调节范围是从完全透明(0%)到完全饱和(100%)。若要调整 Alpha 值,单击此三角形并拖曳滑块,或者在框中输入一个值。

④ 高级:分别调节实例的红色、绿色、蓝色和透明度值(如图 3-13 所示)。对于在位图这样的对象上创建和制作具有微妙色彩效果的动画,此选项非常有用。左侧的控件用户可以按指定的百分比降低颜色或透明度的值;右侧的控件用户可以按常数值降低或者增大颜色或者透明度的值。

在"高级"选项中,当前的红、绿、蓝和 Alpha 的值都乘以百分比值,然后加上右列中的常数值,产生新的颜色值。例如,当前的红色值是 100,若将左侧的滑块设置为 50% 并将右侧滑块设置为 101,如图 3-13 所示,则会产生一个新的红色值 151(计算方法是 $100 \times 50\% + 101 = 151$)。

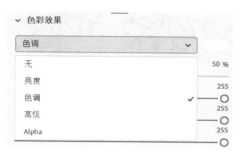

图 3-12　"色彩效果"选项

图 3-13　色彩效果的"高级"选项

说明:"样式"中的"高级"设置执行函数 $(a * y + b) = x$,其中,a 是框左侧设置中指定的百分比,y 是原始位图的颜色,b 是框右侧设置中指定的值,x 是生成的效果(RGB 介于 0~255,Alpha 透明度介于 0~100)。

【案例 3.6】　制作渐隐的雪花飘落效果。

① 新建一个 Animate 文档,调整舞台背景为蓝色(♯0000FF),然后将文档保存为"案例 3.6.fla"。

② 执行"文件"→"导入"→"打开外部库"命令,通过"作为库打开"窗口找到"案例 3.4.fla"文件,并将其作为外部库导入。

③ 选中时间轴的"图层 1"的第 1 帧,将"库-案例 3.4"面板的"旋转雪花"元件拖到舞台上,即创建一个雪花实例,然后移动雪花实例至舞台上方某处并通过"任意变形工具"调整雪花的大小。

④ 选中时间轴的"图层 1"的第 60 帧,执行"插入"→"时间轴"→"关键帧"命令(该命令的快捷键为 F6),然后在该关键帧上调整雪花的位置到舞台的下方某处并调小雪花的大小。

⑤ 选中第 60 帧上的雪花实例,在"属性"面板的"色彩效果"区中调整"样式"为 Alpha,并将其值调整为 0,如图 3-14 所示。

⑥ 右击时间轴的第 1 帧,并在快捷菜单中选择"创建传统补间"命令。

⑦ 保存并测试影片,观察雪花旋转着飘落并逐渐消失的动画效果。

图 3-14　调整雪花的 Alpha 值

3.3　对象的变形与操作

对象添加到舞台后,可以通过工具箱中的"任意变形工具"对其进行变形操作。使用"任意变形工具"选中某个对象后,在对象上会出现变形控制框,如图 3-15(a)所示。变形操作主要包括以下 3 种,如图 3-15(b)~(d)所示。

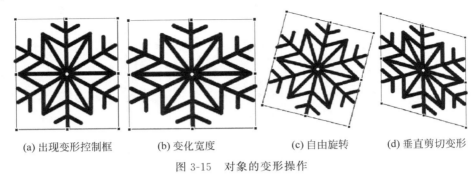

| (a) 出现变形控制框 | (b) 变化宽度 | (c) 自由旋转 | (d) 垂直剪切变形 |

图 3-15　对象的变形操作

1. 缩放变形

对象的四周有 8 个变形控制点,通过 4 条边中点的控制点可以改变对象的宽度或高度,通过 4 个角的控制点可以自由变换对象的宽度和高度。将鼠标靠近这些控制点时鼠标指针会变成 ┿、┳ 或 ┳ 等指示形状,图 3-15(b)为宽度变化后的雪花形状。

说明:在变形过程中,按住 Alt 键可以改变变形的参考点。变形参考点主要有对象的中心点和对边(角)两种。在拖曳 4 个角的控制点缩放时,按住 Shift 键可以确保缩放后的高宽比不发生变化。

2. 旋转变形

当从外部靠近对象的 4 个角时会出现类似 ┌ 的鼠标指针提示,此时单击并拖曳鼠标可以实现对象旋转变形的效果。

对象的中心有一个白色的控制点,该控制点是对象旋转变形的默认旋转中心。若要改变旋转中心,只需在旋转前调整该控制点的位置即可。图 3-15(c)为自由旋转后的结果。

说明:在旋转变形的过程中,按住 Alt 键可以改变旋转的中心点。变形参考点主要有对象的中心点和对角点两种。在旋转的过程中按住 Shift 键可以确保旋转 45°、90° 及 135° 等特殊的角度。

3. 剪切变形

当鼠标从外部靠近控制框的 4 条边时,鼠标指针会变成类似 ‖ 或 ═ 的形状,这就是剪切变形的提示指针。此时单击并拖曳鼠标即可实现剪切变形的操作,图 3-15(d)即为执行完垂直剪切变形后的效果。

3.4　对象的修饰

在对象绘制到舞台上以后,还可以使用不同的工具进行修改和调整,主要的工具有"选择工具" �\、"部分选取工具" ▸、"颜料桶工具" 🪣、"墨水瓶工具" 🖋 和"封套工具"。

1. 选择工具和部分选取工具

选择工具可以很方便地调整对象的笔触和填充,部分选取工具则可以较精细地调整对象的外形轮廓。通过前面章节的内容及案例,读者应当对它们有了较深的了解。

图 3-16 即是使用"选择工具"在两个圆形状的基础上制作的"元宝"形状,整个过程仅是在不断调整圆的笔触线形状。

部分选取工具和选择工具的主要区别是其只能对笔触轮廓进行修改,通过修改轮廓上的控制点位置及其曲率方向和大小可以精细地调整轮廓的形状。

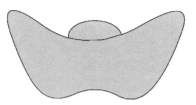

图 3-16　用"选择工具"修饰对象

2. 颜料桶工具和墨水瓶工具

颜料桶工具用于控制对象内部的填充特征,可以用纯色、渐变或位图填充的方式影响对象的填充部分。墨水瓶工具用于控制对象的笔触轮廓特征,同样可以用纯色、渐变或位图填充的方式影响对象的轮廓线特征。

图 3-17　"文本工具"选项

视频讲解

【案例 3.7】　制作描边和填充的文字内容。

文字添加到舞台上后默认是一个整体对象,无法独立控制其中细部的动画效果。如果需要独立控制,则需要将文字分离使其变成类似合并绘制类的形状,之后就可以改变其笔触的线条和填充的效果了。

① 新建一个 Animate 文档并将其保存为"案例 3.7.fla"。

② 选择工具箱中的"文本工具" **T**,参考图 3-17 调整工具的各选项,然后在舞台上添加文字内容(例如"绚丽的彩虹文字"),添加后的文本如图 3-18(a)所示。

说明:舞台上的文本对象被选中后,可通过"属性"面板对其各个选项进行调整。

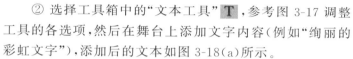

(a) 添加文本　　　　　　　　　　　(b) 分离文本

图 3-18　最初的文本对象

③ 使用"选择工具"选中舞台上的文本对象,然后两次执行"修改"→"分离"命令,得到类似合并绘制形式的文字形状,如图 3-18(b)所示。

④ 在工具箱中选择"墨水瓶工具" 并调整笔触为红色(≠FF0000),然后在文字或其笔画的外边缘单击为其添加红色的描边效果(见图 3-19(a)),注意不要忽略任何的内外部的笔画轮廓。

⑤ 换用"颜料桶工具" 并通过"样本"面板调整填充颜色为彩虹渐变色 ,然后将其填充在文字形状的内部,完成后的效果如图 3-19(b)所示。

(a) 添加描边效果　　　　　　　　　　(b) 最终效果

图 3-19　描边并填充文本形状

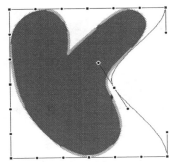

图 3-20　使用"封套工具"调整

3. 封套工具

封套工具需要通过执行"修改"→"变形"→"封套"命令打开。该工具与"部分选取工具"在调整方法上是非常相似的,它也是调整控制点的位置及其曲率的方向与大小。不同之处是封套工具针对的是对象所覆盖的矩形区域,而部分选取工具针对的是对象的轮廓线。

图 3-20 所示即在使用"封套工具"调整过程中的状态,其中方点为形状控制点,圆点为曲率控制点。

3.5　"对齐"面板与"变形"面板的使用

在制作舞台对象时,经常需要舞台上的多个对象按某种方式排列整齐,或者使其大小按某种方式保持一致,这就需要使用"对齐"面板,如图 3-21(a)所示。

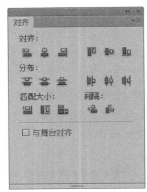

(a)"对齐"面板

(b)"变形"面板

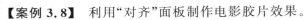

图 3-21　"对齐"和"变形"面板

与 3.3 节使用"任意变形工具" ▧ 改变对象的形状类似,对象的变形操作也可以借助"变形"面板来实现,如图 3-21(b)所示。使用"变形"面板除了能实现普通的变形之外,还可以实现对象的 3D 旋转,从而能以平面的方式描述 3D 投影的效果。

【案例 3.8】　利用"对齐"面板制作电影胶片效果。

① 新建一个 Animate 文档,设置舞台背景为黑色并将文档保存为"案例 3.8.fla"。

② 选中"图层 1"在时间轴上的第 1 帧,选择"基本矩形工具" ▢ 并调整笔触为黑色、填充为白色,然后在舞台的左上角绘制一个正方形。

③ 换用"选择工具"选中该正方形,复制并粘贴 10 次(注意粘贴的所有形状都叠放在舞台的中央)。

④ 拖曳舞台中央的一个正方形至舞台的右上角位置,然后选中舞台上所有的正方形,并打开"对齐"面板,依次单击其中的"顶对齐"按钮 ▥ 和"水平居中分布"按钮 ▥,完成后的效果如图 3-22(a)所示。

(a) 对齐上方正方形

(b) 对齐下方正方形

(c) 测试效果

图 3-22　制作电影胶片效果

⑤ 选中制作好的 11 个正方形复制并粘贴 1 次,然后将新得到的 11 个正方形整体移动到与另一组正方形上下对称并左对齐的位置上,完成后的效果如图 3-22(b)所示。

⑥ 新建一个图层并选中"图层 2"时间轴的第 1 帧,然后导入一幅图像到舞台上,移动图像的位置至舞台的右外侧。

⑦ 在两个图层的第 60 帧插入关键帧,然后移动第 60 帧上图像的位置至舞台的左外侧,并在"图层 2"中创建传统补间动画。

⑧ 保存并测试动画效果,图 3-22(c)为测试中某时刻的画面,可供读者在制作时参考。

【案例 3.9】　利用"变形"面板绘制向日葵的花朵。

① 新建一个 Animate 文档并将文档保存为"案例 3.9.fla"。

② 选择"椭圆工具" 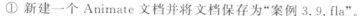并调整笔触为无 ，然后通过"颜色"面板调整填充颜色为"线性渐变"并设置起始色为＃A63300,终止色为＃FFFF66,在舞台上绘制一个椭圆形的花瓣,如图 3-23(a)所示。

视频讲解

(a) 绘制花瓣　　　　　　　　(b) 复制花瓣　　　　　　　　(c) 最终效果

图 3-23　制作向日葵花朵

③ 选择"任意变形工具" 并选中舞台上的花瓣,然后向下调整花瓣的旋转中心点的位置(对象中的"句号"形状),调整后的结果可参考图 3-23(a)。

④ 打开"变形"面板,然后调整面板中的旋转角度 为 15°并立即单击"重制选区和变形"按钮 ,直到花瓣布满一周为止。旋转变形中的状态及最终效果如图 3-23(b)和(c)所示。

3.6　外部素材的导入

Animate 动画制作所需要的素材并非全部由设计者全新制作得到,如果有合适的图像、声音、视频或者 Animate 文档等现成的素材可用,那么将它们以外部素材导入是最经济、高效的方式。

外部素材的导入需要执行"文件"→"导入"命令,该命令有4种导入方式,简要说明如下所述。

(1)导入到舞台:通过"导入"对话框导入外部素材到当前文档的"库"中,同时会在舞台上为每个素材创建各自的实例。如果一次导入的是多个外部素材,则Animate在创建舞台实例时会将每个实例放置在连续相邻的多个关键帧上。

(2)导入到库:通过"导入到库"对话框导入外部素材到当前文档的"库"中,设计者可以在以后需要的时候再手动在舞台上创建其实例。

(3)打开外部库:关于"外部库"的说明可参考3.1.7节。如果需要将现有的FLA文档作为外部库来使用,可以使用此方式将其导入。

(4)导入视频:通过"导入视频"对话框导入外部视频文档到当前文档的"库"中,设计者可以在需要的时候使用它们。

3.6.1　导入图片

【**案例3.10**】　制作金陵十二钗动画效果。

① 新建一个Animate文档并将其保存为"案例3.10.fla"。

② 执行"文件"→"导入"→"导入到库"命令,将"金陵十二钗"图片导入库中。

③ 根据图片的大小调整舞台大小为"600×450像素",并调整帧频为1fps。

④ 将12张图片逐一放置到第1~12帧的舞台上,期间需要执行"插入"→"时间轴"→"空白关键帧"命令,因为只有"空白关键帧"和"关键帧"才能在舞台上添加对象。

⑤ 在每一帧中将图片对齐到舞台的中央。方法是选中舞台上的图片,然后单击"对齐"面板中的"水平中齐"按钮　和"垂直中齐"按钮　(注意,先选中"与舞台对齐"复选框)。

⑥ 单击"时间轴"面板中的"新建图层"按钮　创建"图层2",然后在"图层2"的第1帧上将"库"中的"高山流水"素材放置到舞台上,并设置该帧的同步选项为"开始",重复为"1"。

⑦ 保存并测试影片,观察播放的效果。

3.6.2　导入声音

声音可以用作动画短片的背景音乐,也可以用作动画中的配音效果。声音素材可以通过录制、剪辑的方式得到,也可以通过网络获得。

执行"文件"→"导入"→"导入到库"命令可以将声音素材导入库中,之后可以在需要时将声音添加到时间轴上。声音与其他舞台对象一样需要放置到独立的层上。

【**案例3.11**】　制作小车碰撞动画。

① 新建一个Animate文档并将其保存为"案例3.11.fla"。

② 分别制作"地面及障碍""小车"和"货物"3个影片剪辑元件,具体形状可参考图3-24(a)~(c)。

③ 创建3个图层,分别将图层重命名为"地面""小车""货物",并将3个元件分别放置到对应层的舞台上,调整它们在舞台上的位置,如图3-25所示。

(a) 地面及障碍　　　　　　(b) 小车　　　　　　(c) 货物

图 3-24　制作动画元件

图 3-25　动画的初始状态

④ 在"地面"层的第 67 帧插入"帧",并以此确定整个动画的时长。

⑤ 定义"小车"层上的动画效果。在"小车"层的第 40 帧处插入"关键帧",调整该帧上小车的位置以及与障碍物碰撞接触的状态。最后右击"小车"层的第 1 帧并创建传统补间添加小车的平移动画。

⑥ 定义"货物"层上的动画效果。选择工具箱中的"任意变形工具"并调整"货物"对象的变形中心点至其右下角的位置。在"货物"层的第 40 帧插入"关键帧",调整货物的位置（注意保持与小车的相对位置不变）；在"货物"层的第 48 帧插入"关键帧"并用"任意变形工具"向右旋转"货物"将其平放；在"货物"层的第 60 帧插入"关键帧"并移动货物至与障碍物碰撞接触的位置。最后分别右击"货物"层的第 1 帧、第 40 帧和第 48 帧并创建传统补间为货物创建动画效果。

⑦ 为碰撞效果配音。执行"文件"→"导入"→"导入到库"命令,将事先准备好的"碰撞"和"摩擦"声音导入库中。然后新建一个图层并将其重命名为"声音",在"声音"层的第 40 帧、第 48 帧和第 60 帧的舞台上分别添加"碰撞""摩擦""碰撞"声音,并在声音的"属性"面板中设置效果为"淡出",同步为"事件",重复为"1"。

⑧ 保存并测试影片,观察播放的效果。

3.7　Animate 动画的分发

Animate 动画作品制作完成后的成果,可以通过两种方式与他人分享,一种称为导出,另一种称为发布。

3.7.1　导　出

Animate 动画导出的目的是制作可以再利用的资源,通过执行"文件"→"导出"命令,可以制作图像、影片和视频 3 种类型的资源。

1. 导出图像

执行"文件"→"导出"→"导出图像"命令,可以将播放头所在时刻的舞台画面保存为一幅图像,图像格式可以是 JPEG 图像、GIF 图像、PNG 图像或者 SVG 图像。不同格式的图像有不同的格式参数,设置好图像参数并单击"确定"按钮即可。

2. 导出影片

执行"文件"→"导出"→"导出影片"命令,可以将整个 Animate 动画导出为 SWF 影片、GIF 动画以及 JPEG 序列、GIF 序列和 PNG 序列。

SWF 影片可以在网站制作时使用,也可用于其他目的;GIF 动画的应用场景也非常广泛,最典型的应用就是软件聊天时的动画表情;3 种图像序列则在影视后期合成时有广泛的应用。

3. 导出视频

执行"文件"→"导出"→"导出视频"命令,可以将 Animate 动画导出为 QuickTime(.mov)格式的传统视频,这个过程需要用到 Adobe Media Encoder 这一编码工具。

图 3-26 展示了导出时的选项设置。

(a) 导出图像   (b) 导出图像序列   (c) 导出视频

图 3-26   导出时的选项设置

3.7.2 发布

Animate 动画发布的主要目的是生成以网页形式查看的动态内容,通常是一个 SWF 影片和一个 HTML 网页文件。将发布的文件全部复制到网站的某个位置,然后添加超链接即可被网站用户访问,非常方便。

1. 发布设置

Animate 动画发布之前通常要检查或调整相关的发布选项,可以通过执行"文件"→"发布设置"命令来完成。"发布设置"的各项设置如图 3-27 所示,其中最重要的就是 Flash(.swf)的设置和 HTML 包装器的设置。

(1) Flash(.swf)的设置:与 SWF 影片相关的发布选项,主要包括品质、压缩、安全和硬件加速等内容。

(2) HTML 包装器的设置:主要设置 SWF 影片在网页中播放的相关选项,主要包括画面大小、播放控制、品质以及缩放对齐等内容。

2. 发布命令

在检查完"发布设置"选项后,就可以发布 Animate 动画了。执行"文件"→"发布"命令即可将结果发布到指定的文件夹下。当然,也可以在调整好"发布设置"选项后,直接单击"发布设置"窗口下方的"发布"按钮,完成 Animate 动画的发布。注意还必须将发布的结果放置到网站的某个位置并添加超链接,才可以在网站中被用户访问。

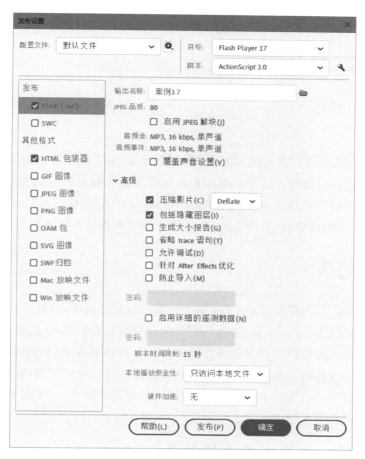

图 3-27　发布设置

习题

1. 创建一个图形元件,根据自己的实际能力,可以完全手绘也可以依靠现有的素材。

2. 创建一个按钮元件,熟悉按钮元件的特点,然后在舞台上使用该元件并观察按钮的效果。

3. 创建一个影片剪辑,例如蜻蜓、齿轮、弹跳的对象、开关的动画等。

4. 创建一个相对复杂的动画,在动画中使用"库"中的各种素材、元件展示一个动画主题,练习"库"面板的使用与管理。

第4章 基本动画制作

Animate 可制作出丰富多彩的动画效果,通过更改连续帧中的内容及状态,使对象运动、改变大小、颜色和位置等。这些动画效果在制作者精心构思创意的基础上,采用一种或结合几种动画类型制作完成。本章主要介绍 Animate 中的基本动画类型,包括逐帧动画、传统补间动画、补间形状动画、补间动画,此外还介绍动画预设方面的内容。

4.1 逐帧动画

逐帧动画的制作原理很简单,在连续的关键帧中分解动画动作,即将连续变化的不同图片放置在不同关键帧上,是一种常见的动画形式。制作时,在时间轴上逐个建立关键帧,在每个关键帧中创建不同的图片并保持图片连续变化。在快速播放过程中,原先的一组静态图片就会形成连续变化的动画效果。逐帧动画需要绘制每一帧的内容,制作工作量很大,但表现的动画内容和形式也更加细腻,因此逐帧动画的应用范围很广,很多大型的作品都使用逐帧动画来表现对象和人物的运动。

4.1.1 外部导入方式创建逐帧动画

在 Animate 中,可以通过导入已经创建好的连续的图片序列直接创建逐帧动画。序列中的图片文件在同一个文件夹中,且文件名依次以"…1、…2、…3……"的方式命名。在导入图片序列时,只需选中序列的第一个图片,就可将整个图片序列导入到舞台中,从而创建逐帧动画。

视频讲解

【案例 4.1】 人物行走动画。

① 新建空白 Animate 文档,执行"修改"→"文档"命令,打开"文档设置"对话框,设置舞台大小为 650×650 像素,帧频为 6fps。执行"文件"→"导入"→"导入到舞台"命令,选择背景素材"ch04\素材\田园.jpg"导入舞台中,并调整大小与舞台对齐。

② 将"图层 1"重命名为"背景",在第 8 帧右击,在弹出的快捷菜单中选择"插入帧"命令,或者选择该帧后按快捷键 F5 插入帧,如图 4-1 所示。

③ 新建一个图层,命名为"人物",选择第 1 帧,执行"文件"→"导入"→"导入到舞台"命令。在弹出的"导入"对话框中选择要导入的图片"ch04\素材\walk01",单击"打开"按钮,弹出如图 4-2 所示提示框,提示是否导入序列中的所有图像。

④ 单击"是"按钮,将所有图片序列导入到舞台中,同时库里将会增加所导入的图片,如图 4-3 所示。此时时间轴上出现连续关键帧,如图 4-4 所示。

图 4-1　导入背景素材

图 4-2　提示框

图 4-3　导入素材后的库

图 4-4　导入图像序列后的时间轴

第4章　基本动画制作 ◀◀◀

⑤ 调整人物位置。锁定"背景"图层,选择"人物"图层,单击时间轴面板上方的"编辑多个帧"按钮 🔳,然后单击"修改标记"按钮 🔳,在弹出的菜单中选择"标记所有范围"选项,执行"编辑"→"全选"命令,将图片拖至适当位置,此时所有帧中的图片都被移动至相应位置。

⑥ 测试影片,发现人物动起来了,但只是在原地运动。为了真正实现人物行走的动画效果,在"人物"图层,从第 1 关键帧开始,通过键盘的方向键依次使人物向左平移。在平移过程中,通过"绘图纸外观轮廓"按钮 🔳 和"绘图纸外观"按钮 🔳 可以清晰地查看对象的移动轨迹和相对位置,如图 4-5 所示。

图 4-5 人物行走动态轨迹

⑦ 保存文档,按 Ctrl+Enter 组合键测试影片。

提示:导入的图形一般情况下要求是透明背景,如果不是,可以选中图形,执行"修改"→"分离"命令,将位图分离成矢量图,单击"魔术棒工具",选择多余部分并删除。

4.1.2 在 Animate 中制作逐帧动画

在 Animate 中,也可以在关键帧中绘制图像。添加多个关键帧,在每个关键帧中绘制动作或者情节连续的图像,实现比较精美的动画效果。

【案例 4.2】 飞翔的小鸟。

① 新建空白文档,将图层 1 命名为"小鸟"。按快捷键 F6 设置第 1、第 5、第 10、第 15、

视频讲解

第 20、第 25、第 30 和第 35 帧为关键帧，分别绘制小鸟飞翔的不同形态，如图 4-6 所示。并在每一关键帧中，依据小鸟飞行方向将其放置于不同位置，如图 4-7 所示。

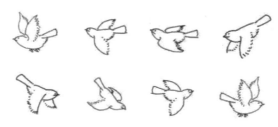

图 4-6　绘制关键帧内容

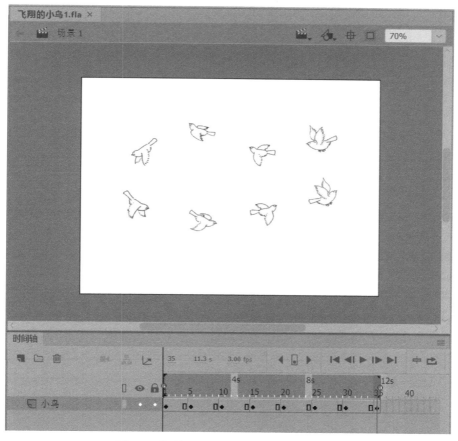

图 4-7　绘制后的时间轴及小鸟的动态变化

② 新建图层 2，命名为"背景"图层，将该图层拖到"小鸟"图层的下方，导入背景素材"ch04\素材\晨曦.jpg"到舞台中。

③ 保存文档，按 Ctrl＋Enter 组合键测试影片。

提示：为了达到更细致的动画效果，可以将"小鸟"图层的每一帧都设置为关键帧，如图 4-8 所示。将绘制的小鸟通过执行"修改"→"转换为元件"命令转换为图形元件放置于库面板中，需要时直接从库中拖放至关键帧中即可。

图 4-8　更细致的逐帧动画

【案例 4.3】　文字书写动画。

① 新建空白文档,调整舞台大小为 650×365 像素。将图层 1 重命名为"背景",导入背景素材"ch04\素材\月明.jpg"到舞台中,并调整大小与舞台对齐。

② 在"背景"图层上方新建一个图层,命名为"文字"。选择工具面板中的"文本工具",在属性面板中设置相应文本属性,如图 4-9 所示。

③ 在"文字"图层上输入"海上生明月",并拖至合适位置。选中文本框,执行两次"修改"→"分离"命令,即可将文字打散为像素结构。

④ 选择打散的文字,按 Ctrl＋C 组合键复制,然后选择工具面板中的"橡皮擦工具",除了第一个字的第一笔以外,其他的全部擦除,如图 4-10 所示。

视频讲解

图 4-9　设置"文本工具"属性

图 4-10　擦除除了第一笔的所有笔画

提示：为了提高擦除的速度，后面4个字可以直接选择文字，按Delete键删除。在使用"橡皮擦工具"擦除时，通过选择橡皮擦的大小形状以及放大舞台显示比例，达到更精确的效果。

⑤ 选择第3帧，按快捷键F7插入空白关键帧，并按Ctrl＋Shift＋V组合键将复制的完整文字原位粘贴到舞台上。再次使用"橡皮擦工具"擦除文字，留下第1笔和第2笔。

⑥ 重复上面的步骤，每次擦除文字时，都会多保留一笔。如果要使书写更加流畅，可以将一笔分成几段来处理。

⑦ 找到"文字"图层的最后一帧，在"背景"图层的相同位置按快捷键F5插入帧，使背景图片一直存在于整个动画过程。最终完成后的时间轴如图4-11所示。

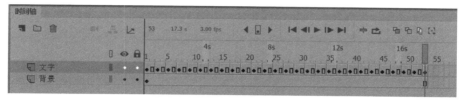

图4-11　完成后的时间轴

⑧ 保存文档，按Ctrl＋Enter组合键测试影片，效果如图4-12所示。

图4-12　测试影片效果

4.2　传统补间动画

在Animate中，传统补间动画可以改变对象的位置、大小、旋转、倾斜等运动状态，还可以创建滤镜及淡入、淡出等动画效果。制作者为对象指定开始帧和结束帧的位置和状态，然后创建传统补间动画，Animate会自动计算生成中间各个帧，从而实现动画的过渡，产生运动的效果。

【案例4.4】　篮球运动动画。

① 新建空白文档，执行"修改"→"文档"命令，设置舞台大小为900×400像素。

② 将图层1重命名为"背景"图层。在工具面板中选择"矩形工具",设置笔触颜色为无,填充颜色为灰色(♯666666),在舞台左侧绘制一矩形,如图4-13所示。在第125帧处按F5键插入帧,使背景画面一直延伸至此。

③ 执行"插入"→"新建元件"命令,创建图形元件,将其命名为"篮球",绘制如图4-14所示的篮球。

④ 新建影片剪辑元件,命名为"转动",将"篮球"图形元件拖入舞台中,设置第30帧为关键帧,在第1~30帧的任意处右击弹出快捷菜单,执行"创建传统补间"命令,如图4-15所示。此时从开始帧到结束帧之间会出现一个实线箭头,并且底色变为紫色,如图4-16所示。

图4-13　绘制背景

图4-14　"篮球"图形元件

图4-15　"创建传统补间"命令

图4-16　"转动"传统补间动画的时间轴

⑤ 选择传统补间动画中的任一帧,在属性面板中设置补间属性,此时设置旋转为"顺时针"1次,如图4-17所示。

⑥ 新建影片剪辑元件,命名为"垂直运动",将"转动"影片剪辑元件拖入舞台。分别在第15、第30、第45、第60、第75、第90、第105帧处插入关键帧,在每一关键帧将篮球拖放至适当位置,如图4-18所示。

⑦ 在每相邻两关键帧之间创建传统补间动画,时间轴显示如图4-19所示。在属性面板的补间属性中设置相邻两关键帧的"缓动"值,第1~15帧的缓动值为-100,第15~30帧缓动值为60,依次设置其余相邻关键帧之间的缓动值。

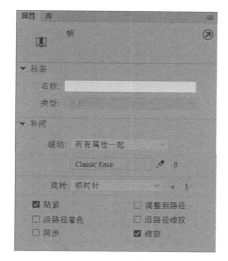

图 4-17　设置补间属性-旋转

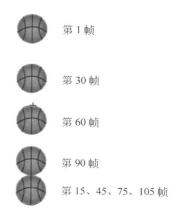

第 1 帧

第 30 帧

第 60 帧

第 90 帧

第 15、45、75、105 帧

图 4-18　篮球垂直运动状态变化

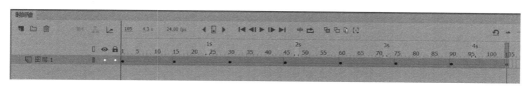

图 4-19　"垂直运动"传统补间动画的时间轴

提示：默认情况下,补间帧之间的变化速率是不变的。设置"缓动"可以调整补间帧之间的变化速率,以获得更为逼真的加速或减速效果。缓动值—1～—100 的为加速补间,变化速率从慢到快;缓动值 1～100 的为减速补间,变化速率从快到慢。

⑧ 返回"场景 1",新建"水平运动"图层。在第 1 关键帧拖入"转动"影片剪辑元件至起始位置,在第 20 帧插入关键帧,选择元件拖放至结束位置,在两帧之间创建传统补间动画,如图 4-20 所示。

⑨ 新建"抛物线运动"图层,在第 20 帧插入关键帧,将"垂直运动"影片剪辑元件拖入舞台至起始位置,在第 125 帧设置关键帧,移动元件至结束位置,在两帧之间创建传统补间动画,如图 4-21 所示。

图 4-20　"水平运动"层起始和结束帧

图 4-21　"抛物线运动"层起始和结束帧

⑩ 最终完成的时间轴如图 4-22 所示。保存文档,按 Ctrl＋Enter 组合键测试影片。

提示：为传统补间动画设置缓动值,还可以单击补间属性面板中的"编辑缓动"按钮 ,在打开的"自定义缓动"对话框中进行设置,如图 4-23 所示。其中,纵坐标表示各补间帧变化的大小,横坐标表示帧的编号。

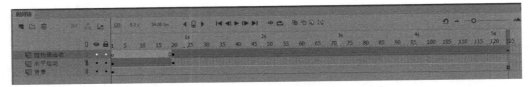

图 4-22　完成后的时间轴

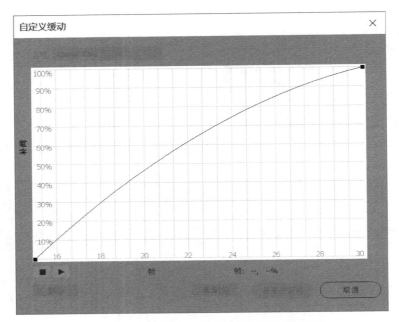

图 4-23　"自定义缓入/缓出"对话框设置缓动值

【案例 4.5】　乡间漫步,修改案例 4.1。

① 新建空白文档,设置舞台大小为 650×650 像素。将背景素材"ch04\素材\田园.jpg"导入舞台,调整大小与舞台对齐。将"图层 1"重命名为"背景"图层,选择第 80 帧,按快捷键 F5 插入帧。

② 新建影片剪辑元件,命名为"人物行走"。如案例 4.1 中所述,执行"文件"→"导入"→"导入到舞台"命令,将图片序列 walk01,walk02,…,walk08 导入库中,并生成逐帧动画,如图 4-24 所示。

③ 返回"场景 1",新建图层,重命名为"漫步"。选择第 1 帧,将影片剪辑元件"人物行走"拖曳到舞台中,按快捷键 F6 设置第 40 帧为关键帧,分别将人物拖至相应位置,如图 4-25 所示。

④ 在第 41 帧插入关键帧,执行"修改"→"变形"→"水平翻转"命令。设置第 80 帧为关键帧,放置人物至相应位置,并使用"任意变形工具"改变人物大小,如图 4-26 所示。

⑤ 在第 1 帧和第 40 帧之间的任意处右击,在弹出的快捷菜单中选择"创建传统补间",同样在第 41 帧和第 80 帧之间创建传统补间动画。时间轴显示如图 4-27 所示。

⑥ 保存文档,并测试影片效果。

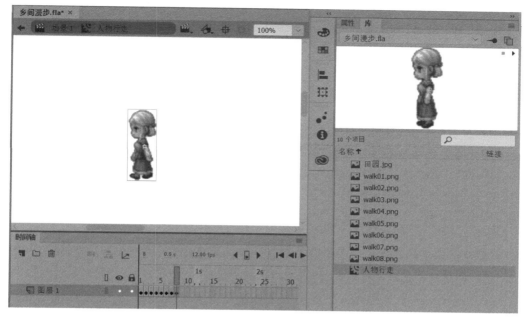

图 4-24　影片剪辑元件中创建逐帧动画

图 4-25　第 1 帧和第 40 帧起始与结束位置

图 4-26　第 41 帧和第 80 帧起始与结束位置

图 4-27　完成后的时间轴

第4章　基本动画制作

4.3　补间形状动画

补间形状动画适用于简单的形状图形,在一个关键帧中绘制一个矢量形状,在另一个关键帧中修改该形状,或者重新绘制另一个形状,Animate 会根据两帧之间的形状差异进行变形,自动生成从一个形状变形为另一个形状的动画效果。补间形状动画可以实现两个图形之间形状、位置、大小和颜色等的变化。

创建补间形状动画的具体方法是,在两个已经绘制好不同形状图形的关键帧之间选择任意一帧,执行"插入"→"创建补间形状"命令,或者右击,在快捷菜单中选择"创建补间形状"命令,此时从开始帧到结束帧之间出现一个实线箭头,并且时间轴底色变为土黄色,补间形状动画创建完成。

视频讲解

【案例 4.6】　水果变形。

① 新建空白文档,执行"修改"→"文档"命令,设置舞台大小为 800×400 像素。

② 在"图层 1"中,选择第 1 帧,在舞台左侧绘制如图 4-28 所示的苹果形状;在第 10 帧插入关键帧,接着在第 30 帧插入关键帧,在舞台右侧绘制如图 4-29 所示的西瓜形状。

图 4-28　苹果形状

图 4-29　西瓜形状

③ 第 10～30 帧,选择任意一帧右击弹出快捷菜单,执行"创建补间形状"命令,如图 4-30 所示。Animate 自动生成补间形状动画的过程如图 4-31 所示。

④ 在第 40 帧插入关键帧,接着在第 60 帧插入关键帧,在舞台中央输入文字"我最爱!!!",按两次 Ctrl+B 组合键将文字进行两次分离操作,将文字打散,如图 4-32 所示。

图 4-30　创建补间形状

图 4-31　生成补间形状动画

图 4-32　文字形状

⑤ 第 40～60 帧,选择任意一帧创建补间形状动画,在第 70 帧处插入帧。完成后的时间轴如图 4-33 所示。

图 4-33　完成后的时间轴

⑥ 保存文档,并测试影片效果。

提示:如果使用图形元件、按钮、文字,则必须先将其"打散"分离,才能创建补间形状动画。

【案例 4.7】　心动时刻。

① 新建空白文档,将"图层 1"命名为"背景"图层,导入背景素材"ch04\素材\聚光灯.jpg"并调整大小,在第 40 帧处插入帧。

② 新建图层,命名为"文字 1"图层,输入文字 LOADING,并在属性面板中设置其相关属性。

视频讲解

③ 新建影片剪辑元件"加载",切换至元件编辑状态。将"图层 1"命名为"边框",在工具面板中选择"基本矩形工具",于舞台中央绘制一圆角矩形(笔触颜色≠FF66CC,填充无色),在第 110 帧处插入帧。

④ 新建图层,命名为"百分比",选择第 1 帧,在舞台相应位置输入"0%",以后每 10 帧插入一关键帧,依次将数据更改为"10%""20%"……,在第 100 帧处插入关键帧,输入"100%"。

⑤ 新建图层,命名为"加载条",选择第 1 帧,绘制一小矩形(笔触无色,填充颜色≠FFFF00),选择"任意变形工具"修改矩形形状,使其紧贴边框,如图 4-34 所示。

⑥ 在第 100 帧处插入关键帧,拉长矩形,使其充满整个圆角矩形框,如图 4-35 所示。

图 4-34　第 1 帧加载状态　　　　　　　图 4-35　第 100 帧加载状态

"加载"影片剪辑元件的时间轴如图 4-36 所示。

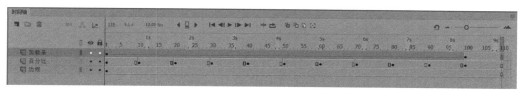

图 4-36　"加载"影片剪辑元件的时间轴

⑦ 返回"场景 1",新建图层"加载",将影片剪辑元件"加载"拖放至舞台适当位置。

⑧ 新建图层"文字 2",输入文字"心动时刻"并设置相关属性。执行两次"修改"→"分离"命令,然后执行"修改"→"时间轴"→"分散到图层"命令,将打散后的文字分散于不同的

第 4 章　基本动画制作

图层,此时分布于图层5～16。删除"文字2"图层。

⑨ 选择图层5的第10帧,插入关键帧,通过键盘的方向键移动文字对象的位置,在第40帧处插入关键帧,然后在第25帧处插入关键帧,再一次改变文字对象的位置。以同样的方法处理图层6～16。完成后的时间轴如图4-37所示。

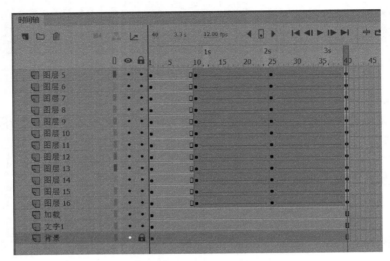

图 4-37　完成后的时间轴

⑩ 保存文档,测试影片效果,如图4-38所示。

图 4-38　影片效果

4.4　补间动画

补间动画通常是为不同帧中的对象属性设置不同的值而创建的。在制作动画时,需要先制作补间动画,再设置结束帧上的元件属性,包括位置、大小、颜色效果、透明度以及旋转等。和传统补间动画一样，补间动画只对元件起作用。

制作补间动画的步骤是，先选择起始帧，右击，在快捷菜单中选择"创建补间动画"，如果起始帧是第1帧，且其他图层无动画设置，则在时间轴上前24帧变为黄色底色(补间范围长度为每秒的帧数)，如图4-39所示。若起始帧不在第1帧，则从起始帧开始变为黄色。如果其他图层已经有动画设置，则动画长度自动和其他图层对齐，如图4-40所示。将鼠标指针放在最后一个黄色帧上，出现双向箭头，拖曳可改变补间动画长度。如果需要延伸补间动画的长度，也可以在延伸到的最后一帧上按F5键插入帧。补间动画可多次选择中间任意一帧，改变元件属性创建动画，被改变属性的关键帧上显示黑色菱形，如图4-41所示。

图 4-39　时间轴显示 1

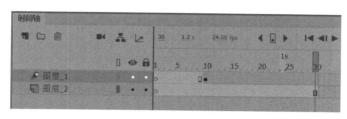

图 4-40　时间轴显示 2

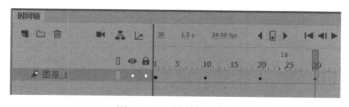

图 4-41　时间轴显示 3

【案例 4.8】　足球运动。

视频讲解

① 新建空白文档，设置舞台大小为 650×650 像素。执行"文件"→"导入"→"导入到库"命令，将背景素材"ch04\素材\田园.jpg"和足球素材"ch04\素材\足球.jpg"导入库中。

② 选择"图层1"，命名为"背景"图层，将背景图片拖至舞台，调整大小和位置，在第 60 帧处插入帧。

③ 新建图形元件"足球"，将足球素材图片拖至舞台中，并使用"任意变形工具"调整足球大小。

④ 新建影片剪辑元件"足球旋转"，切换至元件编辑状态。选择"图层1"，在第1帧处将"足球"元件拖放至舞台中央。选中第1帧，右击打开快捷菜单，执行"创建补间动画"命令，如图4-42所示。此时第1~24帧变为黄色底色，在第30帧处插入帧，补间动画延伸至第30帧。

105

106

⑤ 选择第 30 帧,在"属性"面板中设置旋转为"顺时针"1 次,如图 4-43 所示。"足球旋转"影片剪辑元件的时间轴如图 4-44 所示。

图 4-42　创建补间动画　　　　　　　　图 4-43　设置第 30 帧属性

图 4-44　"足球旋转"元件时间轴

⑥ 返回"场景 1",新建"图层 2",重命名为"足球运动",将元件"足球旋转"拖放至舞台相应位置。选择第 1 帧创建补间动画,此时补间动画延伸到第 60 帧。

⑦ 选择第 20 帧,将足球移动到适当位置,此时形成一条虚线运动轨迹,使用"选择工具"可以修改轨迹的弧度,如图 4-45 所示。

图 4-45　第 1～20 帧足球运动轨迹

⑧ 依次选择第 40、第 50、第 60 帧,分别将足球拖至相应位置,修改运动轨迹,并通过"任意变形工具"改变足球大小。最后足球生成的运动轨迹如图 4-46 所示,完成后的时间轴如图 4-47 所示。

图 4-46　足球运动轨迹

图 4-47　完成后的时间轴

⑨ 保存文档,测试影片,可以看到一个足球远去弹跳的动画效果。

【案例 4.9】　海底世界。

视频讲解

① 新建空白文档,将素材"ch04\素材\海洋.jpg""ch04\素材\海鱼 1.jpg""ch04\素材\海鱼 2.png"导入库中。

② 将背景素材"海洋.jpg"拖放到舞台上,调整位置和大小,并重命名"图层 1"为"背景"图层,在第 60 帧处插入帧。

③ 新建图形元件"气泡",转换为元件编辑状态,绘制如图 4-48 所示的气泡图形。

④ 新建影片剪辑元件"单飞气泡",进入元件编辑状态。将"气泡"图形元件拖放至舞台适当位置,选择"图层 1"的第 1 帧,右击,在快捷菜单中执行"创建补间动画"命令,在第 60 帧处插入帧,此时第 1～60 帧为黄色底色。

图 4-48　绘制气泡

⑤ 依次选择第20、第40、第60帧,分别将气泡拖至适当位置,使用"任意变形工具"逐步增大气泡,并使用"选择工具"调整气泡运动的轨迹,如图4-49所示。在第60帧处,选择气泡,在属性面板中设置色调,如图4-50所示。

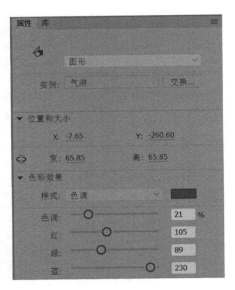

图 4-49　气泡运动轨迹　　　　　　　　　图 4-50　属性面板色调设置

⑥ 新建影片剪辑元件"群飞气泡",选择"图层1"的第1帧,将"单飞气泡"元件拖到舞台适当位置,在第60帧处插入帧;新建"图层2",在第20帧处插入空白关键帧,将"单飞气泡"元件拖到不同位置,在第80帧处插入帧;新建"图层3",同上操作。此元件的时间轴如图4-51所示。

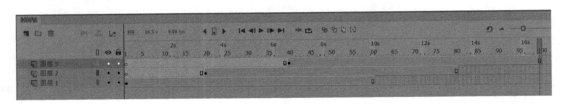

图 4-51　"群飞气泡"元件时间轴

⑦ 返回"场景1",新建"图层2",命名为"海鱼1"。将海鱼1素材从库中拖放至舞台右上方并调整大小,右击,在快捷菜单中执行"转换为元件"命令。选择第1帧创建补间动画,此时补间动画延伸到第60帧。

⑧ 依次选择第1、第30、第60帧,分别拖放海鱼1至适当位置并调整大小,同时设置Alpha值,相关属性设置如图4-52所示。为了使海鱼1的游动更加自然,调整显示的虚线运动轨迹。

⑨ 新建"图层3",命名为"海鱼2",参照步骤⑦和步骤⑧两步操作。最后生成的海鱼游动轨迹如图4-53所示。

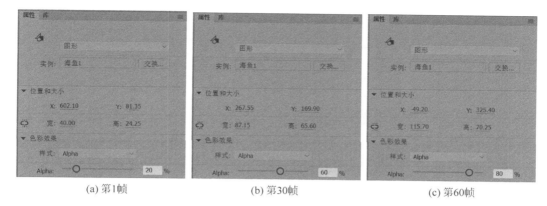

(a) 第1帧   (b) 第30帧   (c) 第60帧

图 4-52 "海鱼 1"属性设置

图 4-53 海鱼游动轨迹

⑩ 新建"图层 4",命名为"气泡上升"。将库中的"群飞气泡"元件多次放置到舞台中的不同位置。

动画完成后的时间轴如图 4-54 所示,影片测试效果如图 4-55 所示。

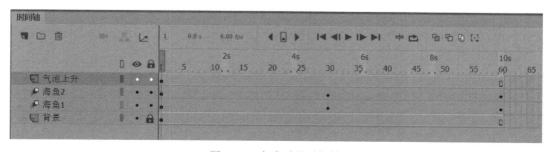

图 4-54 完成后的时间轴

图 4-55　影片测试效果

4.5　动画预设

动画预设是 Animate 中预先配置好的补间动画,是添加动画的快捷方法。用户无须重新设计,只须将预设动画应用于舞台上的对象,就可以实现指定的动画效果,提高工作效率。每个对象只能应用一个动画预设,如果将第二个动画预设应用于同一个对象,则第二个预设将替换第一个预设。

制作动画预设的方法是,选中待制作动画的元件,执行"窗口"→"动画预设"命令,打开"动画预设"面板,如图 4-56 所示,从该面板的列表中选择一个动画预设,即可在面板的顶部预览动画效果,然后单击"应用"按钮。在 Animate 中,提供了 30 种默认的预设动画效果,此外也可以将制作的补间动画自定义为动画预设。

视频讲解

【案例 4.10】　闪电侠。

① 新建空白文档,执行"修改"→"文档"命令,设置舞台大小为 800×400 像素,背景颜色为蓝色(♯0000FF)。选择素材"ch04\素材\闪电侠.png"导入库中。

② 执行"插入"→"新建元件"命令,建立影片剪辑元件"闪电侠",将库中图片素材拖至舞台适当位置并调整大小。

③ 返回"场景 1",将元件"闪电侠"拖至舞台左方并调整大小。

④ 选择"闪电侠"元件,执行"窗口"→"动画预设"命令,打开"动画预设"面板,选择"飞入后停顿再飞出",单击"应用"按钮,即可为"闪电侠"元件创建动画。此时在元件旁出现

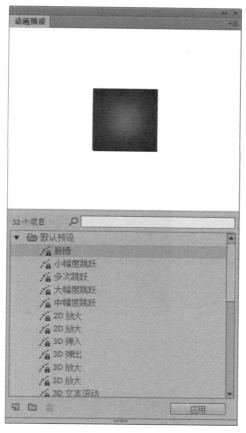

图 4-56　"动画预设"面板

一条带若干菱形方块的橙色线条,如图 4-57 所示。时间轴显示为补间动画,如图 4-58 所示。

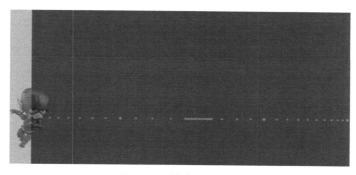

图 4-57　创建动画预设

⑤　在完成动画预设的基础上,可以进一步完善。选择第 20 帧,使用"任意变形工具"放大元件,并在"属性"窗口中设置相应的 Alpha 值和模糊度等,如图 4-59 所示。拖曳元件到舞台上方,如图 4-60 所示。

⑥　保存文档,测试影片效果。

图 4-58　创建动画预设的时间轴

图 4-59　元件属性设置

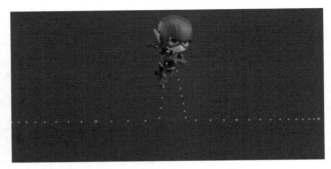

图 4-60　第 20 帧元件状态

习题

1. 创建一个逐帧动画,有完整的故事情节或动作,例如小人运动动画、植物生长动画等。

2. 利用传统补间创建一个动画,演示汽车行驶效果。注意,通过"缓动"功能来控制汽车的加速或者减速过程。

3. 使用形状补间创作一个动画,可以改变对象的形状、位置、大小和颜色等。

4. 利用补间动画制作一个影片,如雪花飞舞、树叶飘落等。

第5章 高级动画制作

高级动画具有较强的表现力,能够展现一些特殊的效果,是综合运用了 Animate 提供的各种方法和技巧制作出来的。高级动画类型包括引导层动画、遮罩动画、骨骼动画等。在基本动画基础上,结合各种高级动画技巧,经过巧妙的构思和精心的制作,最终完成一个精美的动画作品。

5.1 创建引导层动画

如果想使对象按设定曲线运动,并且运动轨迹看起来更加逼真,可以为对象添加运动引导层。在包含运动对象的图层上方添加运动引导层,在引导层中用绘图工具画出一条运动路径。在包含运动对象的图层中,起始帧时将对象拖放至路径的起始端点;结束帧时将对象移动到路径的结束端点,然后在两个关键帧之间创建传统补间动画。被控制的对象所在的图层称为被引导层,被引导层可以包含传统补间动画,但不包含补间动画。

【案例 5.1】 蝴蝶舞春。

① 新建空白文档,执行"文件"→"导入"→"导入到舞台"命令,选择背景素材"ch05\素材\花海.jpg"导入舞台中,并调整大小,在第 130 帧处按 F5 键插入帧。

② 执行"插入"→"新建元件"命令,创建图形元件,命名为"蝴蝶身体",绘制如图 5-1 所示的蝴蝶身体。

③ 新建图形元件"蝴蝶 1 左翅",绘制如图 5-2 所示的蝴蝶左翅膀。新建图形元件"蝴蝶 1 右翅",将蝴蝶 1 左翅图形复制过来,执行"修改"→"变形"→"水平翻转"命令。

视频讲解

图 5-1 蝴蝶身体

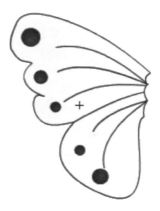

图 5-2 蝴蝶 1 左翅

④ 新建影片剪辑元件"蝴蝶1",切换至元件编辑状态。选择图层1,重命名为"身体",接着建立"左翅"和"右翅"两个图层,分别将"蝴蝶身体""蝴蝶1左翅""蝴蝶1右翅"图形元件拖放至相应图层的第1帧处,调整位置和大小。

⑤ 选择"身体"图层,在第20帧处插入帧。选择"左翅"图层,在第10帧和第20帧处按F6键插入关键帧;在第5帧和第15帧处插入关键帧,使用"任意变形工具"压缩图形,并当鼠标变为双向箭头时改变图形形状如图5-3和图5-4所示。选择"右翅"图层,按同样的方法完成。最终生成了蝴蝶扇动翅膀的动画效果,"蝴蝶1"影片剪辑元件的时间轴如图5-5所示。

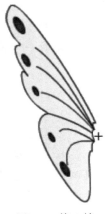 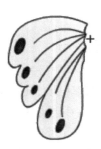 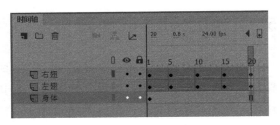

图 5-3　第 5 帧　　　　图 5-4　第 15 帧　　　　图 5-5　"蝴蝶1"元件的时间轴

⑥ 返回"场景1",新建图层2,重命名为"蝴蝶1飞舞"。选择该图层,右击,在快捷菜单中选择"添加传统运动引导层"选项,如图5-6所示。此时,在"蝴蝶1飞舞"图层的上方添加了一个引导层,"蝴蝶1飞舞"图层向内自动缩进,时间轴如图5-7所示。

图 5-6　创建引导层动画

图 5-7　添加引导层的时间轴

⑦ 选择引导层,使用"铅笔工具"绘制一条蝴蝶飞舞的曲线,如图5-8所示。

⑧ 在"蝴蝶1飞舞"图层中,选择第1帧,将"蝴蝶1"元件拖放到舞台,使蝴蝶中心对准曲线的起始端点,如图5-9所示;在第100帧处插入关键帧,拖曳蝴蝶使其中心对准曲线的

图 5-8　绘制飞舞曲线

结束端点,如图 5-10 所示。在第 1～100 帧创建传统补间动画。

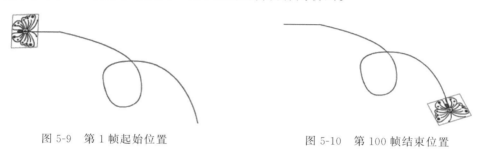

图 5-9　第 1 帧起始位置 　　　　　　图 5-10　第 100 帧结束位置

⑨ 测试影片,发现蝴蝶沿着设定的曲线运动,但是效果不自然,此时可以通过改变蝴蝶的大小、变形、透明度等属性来完善。选择"蝴蝶 1 飞舞"图层,在第 30、第 40、第 50 和第 70 帧处插入关键帧。在第 1～100 帧的每一个关键帧位置,通过"任意变形工具"使蝴蝶由小到大,设置 Alpha 属性值 0%～100%由小到大,并且通过旋转蝴蝶来调整飞行方向,实现蝴蝶由远及近飞舞的效果,如图 5-11 所示。

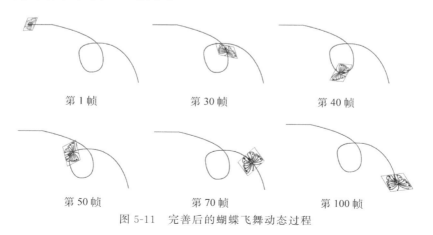

第 1 帧　　　　　　　第 30 帧　　　　　　　第 40 帧

第 50 帧　　　　　　　第 70 帧　　　　　　　第 100 帧

图 5-11　完善后的蝴蝶飞舞动态过程

⑩ 参照步骤③～⑨,完成蝴蝶 2 的飞舞效果。最终时间轴如图 5-12 所示。

提示:绘制蝴蝶 2 的左翅和右翅,只需将蝴蝶 1 的相应图形进行复制,使用"颜料桶工

116

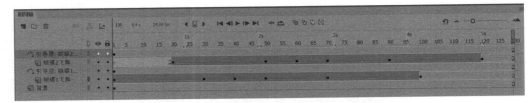

图 5-12　完成后的时间轴

具"填充不同的颜色即可。

　　按 Ctrl＋Enter 组合键,测试影片效果,如图 5-13 所示。

图 5-13　影片测试效果

5.2　创建遮罩动画

　　遮罩动画可以通过遮罩层有选择地显示位于其下方的被遮罩层中的内容。遮罩层是一个特殊的图层,在该层上创建一个任意形状的"窗口",遮罩层下方的对象可以通过该"窗口"显示出来,而"窗口"之外的对象将被隐藏。Animate 中的遮罩是指一个范围,可以是任意形状,也可以是文本对象或者元件等。

　　创建遮罩动画的具体步骤是,首先建立一个被遮罩层,在该图层中包含了需要在遮罩中显示的对象;接着在被遮罩层上方建立一个新的图层作为遮罩层,并在该层中确立遮罩的形状;最后在时间轴面板的遮罩层上右击,在弹出的快捷菜单中选择"遮罩层"命令。通常在遮罩层上设置适当的补间形状或补间动画,可以使遮罩动画效果更加多变,更富有层次感。

　　【案例 5.2】　卷轴动画。

　　① 新建空白文档,执行"修改"→"文档"命令,在打开的"文档设置"对话框中设置舞台大小为 1000×450 像素。

② 将图层 1 重命名为"矩形背景"。在工具面板中选择"矩形工具",设置笔触颜色为无,填充颜色为浅绿色(≠BBCDBA),在舞台中绘制一矩形,在第 60 帧处插入帧。

③ 新建图层 2,重命名为"诗词"。选择"文本工具",在属性面板中设置相应属性,如图 5-14 所示,在舞台中输入相应文字。执行"文件"→"导入"→"导入到舞台"命令,选择素材文件"ch05\素材\仕女.jpg"导入舞台适当位置并调整大小。在第 60 帧处插入帧。图层 1和图层 2 的舞台界面如图 5-15 所示。

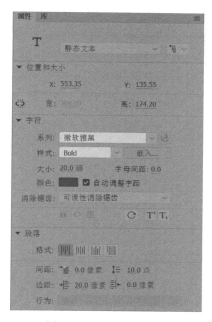

图 5-14　文本属性设置

图 5-15　图层 1 和图层 2 的舞台界面

④ 新建图层 3,重命名为"遮罩层"。选择"矩形工具",设置笔触颜色为无,填充颜色为灰色(≠666666),在舞台中绘制一矩形,要求覆盖"矩形背景"图层中的矩形,两个矩形大小相同。在"遮罩层"的第 60 帧处插入关键帧。

⑤ 选择第 1 帧,使用"任意变形工具"将矩形沿对称轴缩小,如图 5-16 所示。在第 1~60

帧的任意位置右击,在弹出的快捷菜单中执行"创建补间形状"命令。

图 5-16 沿对称轴缩小的矩形

⑥ 新建图形元件"画轴",进入元件编辑状态。设置 3 个图层绘制画轴,绘制过程如图 5-17 所示。

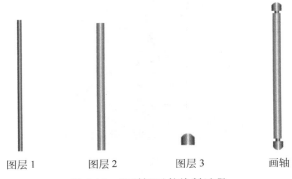

图层 1   图层 2   图层 3   画轴

图 5-17 "画轴"元件绘制过程

⑦ 返回"场景 1",新建图层 4,重命名为"左卷轴"。将"画轴"元件从库中拖曳至舞台,调整大小,并和"遮罩层"中第 1 帧缩小的矩形位置重合,如图 5-18 所示。在第 60 帧插入关键帧,将画轴水平向左移动至矩形背景的左边缘,如图 5-19 所示。在第 1～60 帧创建传统补间动画。

图 5-18 "左卷轴"图层第 1 帧

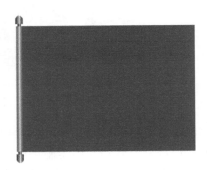

图 5-19 "左卷轴"图层第 60 帧

⑧ 新建图层5，重命名为"右卷轴"。参照步骤⑦完成右卷轴的动画过程。

⑨ 选择"遮罩层"，右击，在弹出的快捷菜单中选中"遮罩层"选项，如图5-20所示，此时"诗词"图层向内缩进。右击"矩形背景"图层，在弹出的快捷菜单中选择"属性"命令，打开"图层属性"对话框，在"类型"中选择"被遮罩"选项，如图5-21所示，单击"确定"按钮后可以看到"诗词"图层完成了向内缩进。

图 5-20　菜单设置遮罩层

图 5-21　"图层属性"对话框

⑩ 完成后的时间轴如图5-22所示。测试影片效果，如图5-23所示。

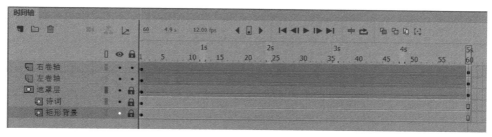

图 5-22　完成后的时间轴

【案例 5.3】　下午茶时光。

① 新建空白文档，执行"修改"→"文档"命令，在打开的"文档设置"对话框中设置舞台大小为800×270像素，背景色为浅粉色(♯FF99CC)，帧频为12fps。

② 执行"文件"→"导入"→"导入到库"命令，选择素材文件"ch05\素材\下午茶.jpg""ch05\素材\蛋糕.png""ch05\素材\水果.png""ch05\素材\咖啡.png"导入库中。将图层1重命名为"背景"图层，从库中选择"下午茶"背景图片拖曳至舞台，调整图片大小和舞台大小

图 5-23　影片测试效果

一致并重合。在第 150 帧处插入帧。

　　③ 新建图层 2,重命名为"文字"。在工具箱中选择"文本工具",在属性面板中设置其属性,如图 5-24 所示,在舞台中输入相应文字,将文字移至舞台最左边,如图 5-25 所示。在第 40帧处插入关键帧,将文字平移至舞台最右边,在第 1~40 帧创建传统补间动画。按 Shift 键选择第 41~150 帧,右击,在快捷菜单中选择"删除帧"命令。

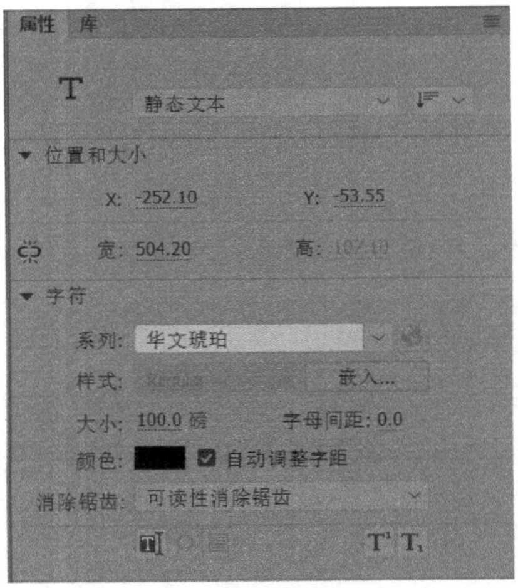

图 5-24　设置文本属性

图 5-25　第 1 帧文字位置

④ 右击"文字"图层,在快捷菜单中选择"遮罩层"选项,将该图层设置为遮罩层,时间轴如图 5-26 所示。

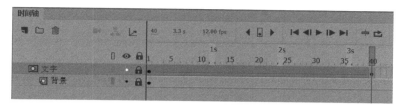

图 5-26 "文字"图层动画设置

⑤ 新建影片剪辑元件"圆形放大",进入元件编辑状态。选择"椭圆工具",设置笔触颜色为无色,填充色为蓝色,在第 1 帧处绘制一圆形,如图 5-27 所示,在第 30 帧处插入关键帧,使图形延伸至此帧。选择第 1 帧,使用"任意变形工具"将圆形缩小至一圆点,在第 1~30 帧创建补间形状,时间轴如图 5-28 所示。

图 5-27 "圆形放大"元件
第 30 帧

⑥ 参照步骤⑤创建影片剪辑元件"五边形放大"和"矩形放大"。

图 5-28 "圆形放大"元件时间轴

⑦ 返回"场景 1",新建图层 3,重命名为"蛋糕"。在第 40 帧处插入关键帧,将蛋糕图片从库中拖至舞台相应位置并调整大小,如图 5-29 所示。

图 5-29 "蛋糕"图层第 40 帧

⑧ 新建图层 4,重命名为"圆形"。在第 40 帧处插入关键帧,将"圆形放大"影片剪辑元件拖曳至蛋糕所在位置,并使两者中心点重合。删除第 71~150 帧。将"圆形"图层设置为遮罩层。时间轴如图 5-30 所示。

⑨ 参照步骤⑦和⑧,完成"水果"和"咖啡"的遮罩动画效果,最终时间轴如图 5-31 所示。

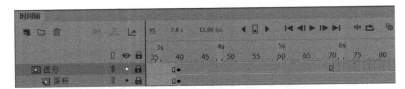

图 5-30　"蛋糕"动画设置

图 5-31　完成后的时间轴

⑩ 按 Ctrl＋Enter 组合键,测试影片效果,如图 5-32 所示。

图 5.32　影片测试效果

5.3　创建骨骼动画

Animate 的骨骼动画运用的是反向运动原理。使用"骨骼工具"在设定好的图形形状上或各个元件实例之间绘制多个骨骼,构成线性或分支型的骨架,将各图形或元件连接起来。当移动其中一个骨骼时,与其连接的骨骼会发生反向运动,可以逼真地模拟人体的各种动作,并且在前后动作之间会自动生成补间形成过渡动作,节省了大量的绘制工作。制作者只需绘制基本图形或元件,添加骨骼,通过拖曳骨骼位置调整姿势即可。

【案例 5.4】 机器人。

① 新建空白文档,分别建立图形元件"头部""腰部""胯部""上臂""前臂""手""大腿""小腿""脚",如图 5-33 所示。

图 5-33　绘制身体各部分

② 返回场景 1,将各个元件拖放至舞台适当位置,组合成如图 5-34 所示机器人。

③ 绘制骨骼。在工具面板中选择"骨骼工具" ![骨骼工具图标],从腰部开始向上拖曳鼠标到头部以下,这是第一根骨骼为根骨骼,如图 5-35 所示,其余骨骼均为该根骨骼的分支。继续使用骨骼工具,向上拖曳鼠标至头部。从根骨骼上部的圆关节处拖曳到肩关节,依次再到肘关节、腕关节,构成了机器人的上肢骨骼,如图 5-36 所示。从根骨骼下方的圆关节处向下拖曳,延伸绘制出机器人的下肢骨骼,至此机器人全身骨骼绘制完毕,如图 5-37 所示。

图 5-34　组合元件

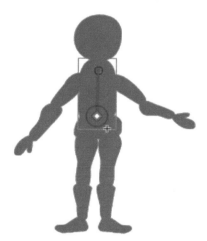

图 5-35　根骨骼

④ 时间轴的图层 1 上方自动增加了一个骨骼图层"骨架_1",并且在图层名称前有一个人形图标,如图 5-38 所示。分别在第 15、第 30、第 45、第 60、第 75、第 90 和第 105 帧处右击,在弹出的快捷菜单中执行"插入姿势"命令,如图 5-39 所示。

⑤ 在第 15、第 45、第 75 和第 90 帧处,使用"选择工具"调整骨骼位置,从而改变机器人姿势,如图 5-40 所示。

图 5-36　上肢骨骼

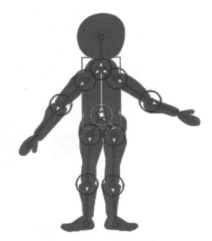

图 5-37　全身骨骼

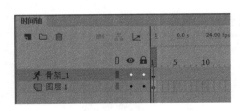

图 5-38　绘制骨骼后的时间轴

图 5-39　插入姿势

视频讲解

　　提示：绘制骨骼后，选择某一根骨骼，可以在"属性"面板中设置该骨骼的相关属性，如骨骼运动速度、旋转角度以及连接方式等，如图 5-41 所示。

　　⑥ 完成后的时间轴如图 5-42 所示。按 Ctrl+Enter 组合键，测试影片效果。

　　【案例 5.5】 机器人跑步。

　　① 新建空白文档，执行"修改"→"文档"命令，在打开的"文档设置"对话框中设置舞台大小为 800×400 像素。

　　② 建立案例 5.4 图 5-33 中的图形元件。

　　③ 新建影片剪辑元件"跑步"，进入元件编辑状态。将库中的各图形元件拖曳至舞台，组合成如图 5-43 所示机器人。

　　④ 选择"骨骼工具"绘制机器人骨骼，如图 5-44 所示。

　　⑤ 选择"骨架_1"图层，在第 10、第 20、第 30、第 40、第 50、第 60 和第 70 帧处右击，在弹出的快捷菜单中执行"插入姿势"命令，使用"选择工具"调整机器人姿势，如图 5-45 所示。

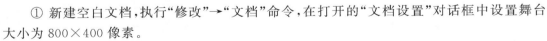

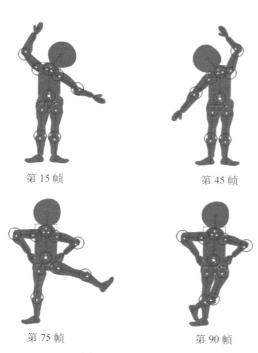

第 15 帧　　　　　　　　　第 45 帧

第 75 帧　　　　　　　　　第 90 帧

图 5-40　改变姿势

图 5-41　骨骼属性设置

图 5-42　完成后的时间轴

图 5-43　组合元件

图 5-44　绘制骨骼

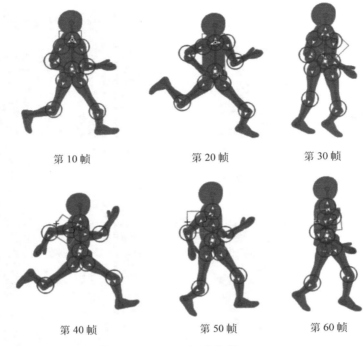

第10帧　　　　　　　　第20帧　　　　　　　　第30帧

第40帧　　　　　　　　第50帧　　　　　　　　第60帧

图 5-45　调整姿势

⑥ 返回"场景1",将图层1重命名为"背景",选择"线条工具",在舞台中绘制地平线,在第120帧处插入帧。

⑦ 新建图层2,命名为"机器人",将"跑步"影片剪辑元件拖放至舞台左方,如图5-46所示。在第120帧处插入关键帧,将"跑步"元件水平移动至舞台右方,在第1～120帧创建传统补间,时间轴如图5-47所示。

图 5-46　"机器人"图层第1帧

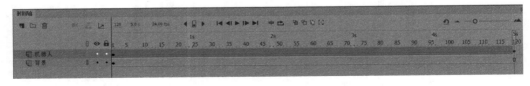

图 5-47　时间轴显示

⑧ 保存文档,测试影片效果如图 5-48 所示。

图 5-48　测试影片效果

习题

1. 利用运动引导层动画制作一个影片,展现丰富的海底世界。
2. 利用遮罩动画制作一个特效,如放大镜、百叶窗等。
3. 制作一个卡通人物的骨骼动画。
4. 选择至少 3 种动画制作技术制作一个动画,要求不少于 300 帧。

动作脚本是指在动画运行过程中起控制和计算作用的程序代码,理解和掌握好脚本的基本元素和编程技巧是深入学习动画制作的根本。

ActionScript 3.0 是随着 Adobe Flash CS3 和 Flex 2.0 同步推出的脚本编程语言,本章将对 ActionScript 3.0 编程语言的基础进行简要的介绍。

6.1　ActionScript 3.0 发展概述

ActionScript 3.0 与 ActionScript 以前的版本有本质上的不同。它是一门功能强大、符合业界标准的面向对象的编程语言。它在 Animate 前身 Flash 编程语言中起着里程碑的作用,是用来开发丰富的 Internet 应用程序(RIA)的重要语言。

ActionScript 3.0 在用于脚本撰写的国际标准化编程语言 ECMAScript 的基础之上,并对该语言做了进一步改进,可为开发人员提供用于开发丰富的 Internet 应用程序(RIA)的可靠的编程模型。开发人员可以获得卓越的性能并简化开发过程,便于利用非常复杂的应用程序、大的数据集和面向对象的、可重复使用的基本代码。ActionScript 3.0 在 Flash Player 9 中新的 ActionScript 虚拟机(ActionScript Virtual Machine,AVM2)内执行,可为下一代 RIA 带来性能的突破。

ActionScript 最初的 1.0 版本随 Flash 5 一起发布,Flash 6 增加了几个内置函数,允许通过程序代码更轻松地操控动画元素。在 Flash 7 推出时引入了 ActionScript 2.0 版本,ActionScript 2.0 是更高级的程序语言,支持基于类的程序设计方法,例如继承、接口和严格的数据类型检查,Flash 8 进一步扩展了 ActionScript 2.0,增加了新的类以及用于运行时控制图像数据和文件上传的 API(Application Programming Interface)。

ActionScript 3.0 的发布是 ActionScript 发展史上的一个里程碑,实现了真正意义上的面向对象,提供了出色的性能,简化了开发的过程,更适合开发复杂的 Web 应用程序。ActionScript 3.0 可以说是为了专门配合 Flash Player 应用的一种高性能与高开发效率的新语言,是一个划时代的产品。

ActionScript 3.0 需要 Flash Player 9 才能运行,Flash Player 9 通过 ActionScript 3.0 以及全新的 ActionScript 虚拟机提供最快达 10 倍的高速性能,同时具备实时编译器的特点,可用最快的运行速度将 ActionScript 的字节码转换为源代码。Flash CS 6 仍允许用 ActionScript 3.0 或 ActionScript 2.0 的语法开发 SWF 文件。Flash CC 2015 不再允许用 ActionScript 2.0 的语法开发 SWF 文件,当然 Animate 也不再允许用 ActionScript 2.0 的语法。

6.2 Animate 的"动作"面板介绍

视频讲解

　　动作是指动作脚本语句或者命令,分配给某一关键帧或对象的一个或者多个动作称为一个脚本,Animate 提供了一个专门处理动作脚本的编辑环境——"动作"面板。默认情况下,"动作"面板自动出现在 Animate"舞台"下面,如果"动作"面板没有显示出来,那么可以执行"菜单"→"窗口"→"动作"命令或者按快捷键 F9 显示。在"时间轴"面板中,选择帧之后,右键菜单的"动作"命令就可以激活"动作"面板。"动作"面板分为"工具栏""脚本导航器""脚本编辑窗口",如图 6-1 所示。

图 6-1　"动作"面板

1. 工具栏

　　工具栏为编辑代码提供了多个功能按钮,用于插入代码、语法检查、调试等功能。下面详细学习各项功能按钮。

　　(1)"固定脚本"按钮 ⊕:将帧的脚本固定到脚本窗格中的固定标签上,可以将脚本固定,以保留代码在动作面板中的打开位置,然后用户能够在各个打开的不同帧脚本中切换。本功能在调试时非常有用。

　　(2)"插入实例路径和名称"按钮 ⊕:在添加语句时,可以利用这个工具来选择需要添加脚本的实例对象。例如在对按钮元件进行编程操作时,使用"插入目标路径"对话框来对它的路径进行设置。单击"脚本编辑窗口"上面的 ⊕ 按钮,就可以打开"插入目标路径"对话框,如图 6-2 所示。可以选择所需要的实例,需要对按钮元

图 6-2　"插入目标路径"对话框

129

件进行设置,就可以单击这个按钮元件实例,然后,选择下面的"相对"(相对路径)或者"绝对"(绝对路径)单选按钮,最后单击"确定"按钮,那么按钮元件的实例名和路径就会进入编辑的脚本中了。其中,绝对路径包含实例的完整地址。相对路径仅包含与脚本在fla 文件中的地址不同的部分地址,如果脚本移动到另一位置,则地址将会失效。

(3)"查找"按钮 🔍:单击"脚本编辑窗口"上面的 🔍 按钮,出现如图 6-3 所示的"查找和替换"区域,在该区域中"查找内容"和"替换为"文本框中输入要查找和替换的内容,单击"下一个" ⬇ 或"上一个" ⬆ 按钮,实现查找功能,单击"替换"按钮,即可将"查找内容"文本框中的内容替换为"替换为"文本框中的内容,这一功能适合在较长的源程序中查找相关的内容或是成批量地修改动作脚本的内容。

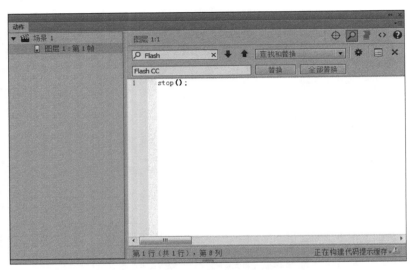

图 6-3   "查找和替换"功能

(4)"设置代码格式"按钮 ▤:为增强源代码的可读性,必须注意按照规范的语法格式来书写源代码,可以利用工具栏上的"设置代码格式"工具 ▤ 来规范格式,方法是将光标放在语句中,单击"自动套用格式"工具 ▤,代码即会按照规范的格式进行自动缩进等操作。

(5)"代码片段"按钮 <>:单击"脚本编辑窗口"上面的 <> 按钮,弹出如图 6-4 所示的"代码片段"面板,在该面板中可以直接将 ActionScript 3.0 代码预先准备的代码添加到 fla文件中,实现常见的交互功能。例如,选择"事件处理函数"里的"Enter Frame 事件"(帧频事件)自动加入如图 6-5 所示代码,可以减少输入代码的工作量。

(6)"帮助"按钮 ❓:单击此按钮可以打开"帮助"网页来查看对动作脚本的用法、参数、相关说明。

(7)使用向导添加:单击此按钮可使用简单易用的向导添加动作,而无须编写代码。此功能仅可用于 HTML 5 Canvas 文档。使用"动作"面板中的"使用向导添加"选项,可以将交互功能添加到 HTML 5 组件中。

例如,创建一个 HTML 5 Canvas 文档,然后按快捷键 F9 打开"动作"面板。在"动作"面板中单击"使用向导添加"按钮,然后在图 6-6 中"选择一项操作"区选择动作,图 6-6 中已

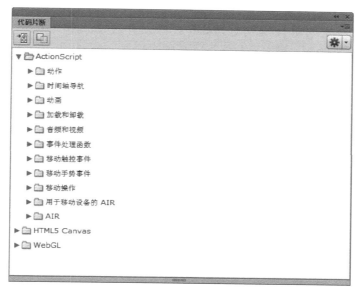

图 6-4 "代码片断"面板

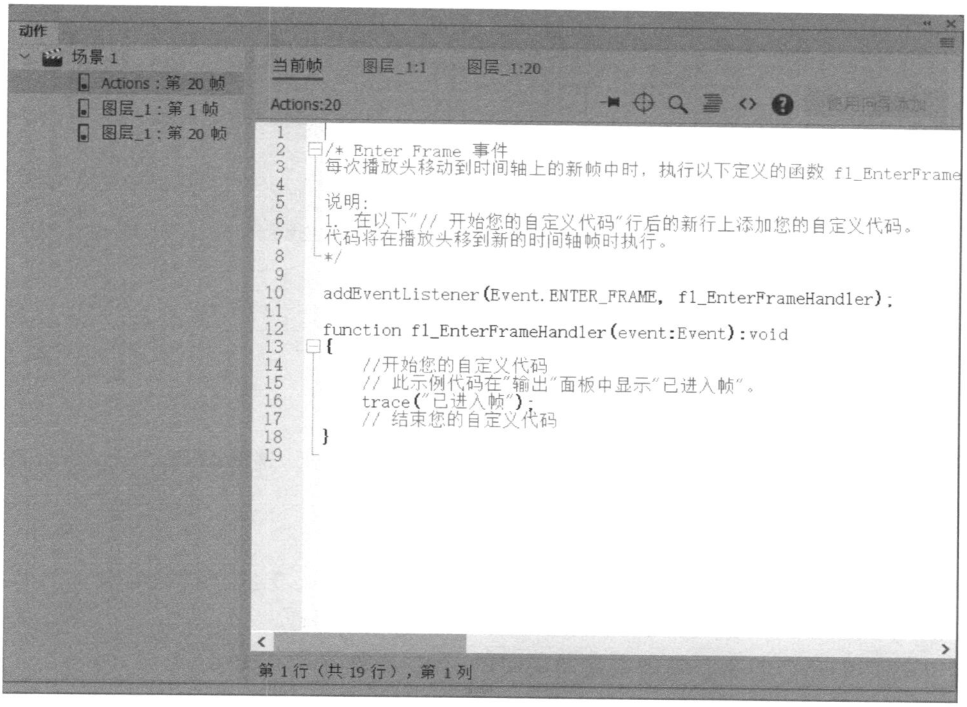

图 6-5 自动加入的代码

选择 Get Frame Number（获取帧编号）操作，并且相应的代码已在"动作"窗口中更新。接着单击"下一步"按钮，根据选择的动作类型，还可以选择要对其应用该动作的相应对象和触发事件。然后单击"完成并添加"按钮完成代码添加。

2. 脚本编辑窗口和脚本导航器

脚本编辑窗口是编辑代码的区域,用户可以直接输入脚本代码,如图 6-6 所示。图 6-6 左侧是脚本导航器。脚本导航器是一个脚本导航工具,其中罗列了所有含有代码的帧,可以通过单击其中的项目,使包含在相应帧中的代码能在右侧的"脚本编辑窗口"中显示。

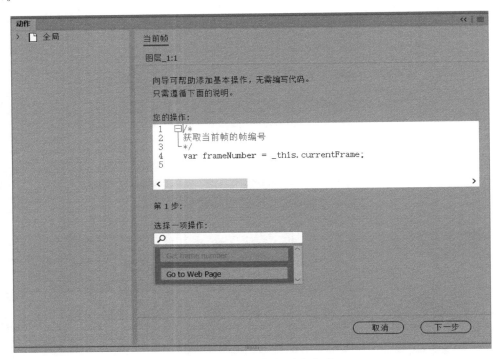

图 6-6　使用向导添加动作代码

视频讲解

6.3　ActionScript 的语法

任何一门编程语言在编写代码时都必须遵循一定的规则,这个规则就是语法。只有使用正确的语法来构成语句,才能使代码正确地编译和运行。

1. 点

点用来表示对象的属性和方法,或者用来表示影片剪辑、变量、函数、对象的目标路径。点还被称作点操作符,因为它经常被用于发布命令和修改属性。

点语法的结构:点的左侧可以是动画中的对象、实例或主时间轴,点的右侧可以是与左侧元素相关的属性、目标路径、变量或动作。下面是点语句的 3 种不同的应用形式。

```
myClip.visible = false;
menuBar.menu1.item5;
this.gotoAndPlay(5);                //这里 this 代表主时间轴
```

在第一种形式中,名为 myClip 的影片剪辑通过使用点语法将 visible 属性设置为 false,使得它不可见;第二种形式显示了变量 item5 的路径,它位于动画 menu1 中,menu1 又嵌套在动画 menuBar 中;第三种形式使用主时间轴命令,主时间轴跳转到第 5 帧并进行播放。

2. 大括号

ActionScript 使用大括号"{}"组织脚本元素(这种符号也称为波形符号),将同一个事件触发的一系列程序指令组织在一起。例如,按 star_btn 按钮,大括号内的语句将被执行。

```
star_btn.addEventListener(MouseEvent.CLICK,StarMovie);
function StarMovie(event:MouseEvent) {
gotoAndPlay(2);
}
```

3. 分号

在 ActionScript 中,用分号";"表示语句的结束,例如下面的语句中就使用分号作为结束标志。

```
gotoAndPlay(5);
row = 0;
```

如果在编写程序时忘记了使用分号,在大多数情况下,程序代码也能够得到正确的编译。不过正确地使用分号是一个良好的编程习惯。

4. 括号

当用户自定义函数时,需要将函数的参数放在括号内,例如:

```
function myFunction(name,age) {
…
}
```

当用户调用函数时,又需要使用括号将参数传递给函数,例如:

```
myFunction("Jack",18);
```

也可以使用括号来改变运算顺序,例如:

```
number = 16 * (9 - 7);
```

5. 大小写字母

在 ActionScript 中,只有关键字、类名、变量区分大小写(这 3 个概念会在后面详细介绍),其他字母的大小写可以混用,但是遵守规则的书写约定可以使脚本代码更容易被区分,便于阅读。例如,在书写关键字时没有使用正确的大小写,脚本将会出现错误,语句如下:

```
setProperty(ball,_xscale,scale);
setproperty(ball,_xscale,scale);
```

前一句是正确的;后一句中 setproperty 的 p 应该是大写,所以脚本是错误的。在"动作"面板中启用彩色语法功能时,用正确的大小写书写的关键字用蓝色区别显示,因而很容易发现关键字的拼写错误。

6. 注释

注释符号有两种,一种是注释块分隔符"/ * … * /",用于指示一行或多行脚本注释。出现在注释开始标签"/ * "和注释结束标签" * /"之间的任何字符都被 ActionScript 解释程序解释为注释并忽略。例如:

```
trace(1);
/*     trace(2);
*/
trace(3);
```

另一种注释符号是注释分隔符"//",它的作用是将分隔符到行末之间的内容标识为注释。注释内容以灰色显示,它的长度不受限制,也不会执行,同时形式简单且对应性很强,所以很常用。

```
var Total:Number;              //定义桃子总数的变量
var N:Number = 5;              //定义人数
Total = N * 5;                 //计算需要的桃子数量
```

7. 常量

常量是对象的属性之一,其值始终保持不变。例如,BACKAPACE、ENTER、QUOTE、RETURN、SPACE 和 TAB 这些常量就是 Key 对象的属性。下列语句可以检测键盘上的 Enter 键是否被按下。

```
if (Key.getCode() == Key.ENTER) {
    alert = "Are you ready to play? " ...
}
```

8. 关键字

关键字是 ActionScript 程序的基本构造单位,它是程序语言的保留字,不能被作为其他用途(不能作为自定义的变量、函数、对象名)。如果违反这个原则,将导致编译出错。ActionScript 3.0 中的保留字分为三类,即词汇关键字、语法关键字、为将来预留的词。词汇关键字共 45 个,都是经常在 ActionScript 3.0 自身语言中用到的词汇;语法关键字共 10 个,这些语法关键字不能单独使用,都是配合其他关键字一起使用的;为将来预留的词共 22 个,可以看出未来的 ActionScript 版本中可能会有哪些新的发展。

6.4   ActionScript 的数据类型和变量

6.4.1   ActionScript 的数据类型

数据类型是程序中最基本的概念。数据类型决定了该数据所占用的存储空间、所表示的数据范围和精度以及所能进行的运算。ActionScript 3.0 的数据类型同样分为两种,具体划分如下所述。

基元型数据类型:字符串(String)、整型(int)、无符号整型(uint)、数值型(Number)、布尔型(Boolean)。

复杂型数据类型:对象(Object)、Date 类、数组(Array)、正则表达式(RegExp)、XML 和 XMLList 等。

1. 字符串

字符串(String)是由一系列的字母、数字、空格和标点元件组成的序列。在 ActionScript 中需要将字符串放在引号中。下面语句中的 Ra2 就是一个字符串。

```
Var a:String = "Ra2";
```

可以使用"+"运算符连接两个字符串,在字符串中可以使用空格,例如下面的语句在连接两个字符串后,在逗号的后面将产生一个空格(username 是一个字符串变量)。在字符串中是区分大小写字母的。

```
Greeting = "Hello, " + username;
```

在字符串中有一些特殊的字符(双引号、单引号或反斜杠等),这就需要用到转义字符。所谓转义字符,就是用两个字符的组合来表示一个特殊的字符。在 ActionScript 中,和 C 语言、Java 语言类似,都使用"\"表示转义字符。"\"字符再加上另一个字符可以表示一个特殊字符。

常用的转义字符如表 6-1 所示。

表 6-1　常用的转义字符

转　义　字　符	所表示的特殊字符	转　义　字　符	所表示的特殊字符
\b	Backspace 回退	\"	"双引号
\f	打印机换页符	\'	'单引号
\n	换行符	\\	\反斜线符
\r	Return 回车符	\000~\377	八进制数,例如\777 表示
\t	Tab 跳格符		八进制的 777

用字符串数据类型声明的变量的默认值是 null。虽然 null 值与空字符串("")均表示没有任何字符,但两者并不相同。

下面列举字符串的一些基本操作。

(1) 在字符串中搜索。

如果想知道某个字符串中是否包含某个字符,就需要用到 indexOf()和 lastIndexOf()方法。indexOf()方法返回字符第一次出现的索引位置,lastIndexOf()方法返回字符最后一次出现的索引位置。如果不包含该字符,则返回-1。

```
var myStr:String = "01@34@67@9";
//如果包含"@",则返回第一次出现@的索引位置,输出为 2
trace(myStr.indexOf("@"));
//如果包含"@",则返回第一次出现@的索引位置,输出为 8
trace(myStr.lastIndexOf("@"));
//如果不包含"＊",则返回－1,输出为－1
trace(myStr.indexOf("＊"));
```

借助这个方法,就可以简单地判断一个邮件地址是否有效了。

```
var myEmail:String = "ifreedream@yahoo.com.cn";
if (myEmail.indexOf("@")>0) {
    trace("这个邮件地址是有效的!");
}
```

(2) 字符串的排序。

借助于字符串的比较,可以对一系列字符串进行排序,如果字符串的数量很多,先逐个比较再排序很麻烦,此时可以使用简单的方法排序,就是数组的排序。

继续上面的代码,新增代码如下:

```
var myArr:Array = new Array(a,b,c,d,e,f);      //将 a~f 变量定义为数组
trace(myArr);                                  //输出原始数组: eg, egg, egg, Egg, EGg, EGG
myArr.sort();                                  //对数组排序,默认为从小到大
trace(myArr);                                  //输出排序后的数组: EGG, EGg, Egg, eg, egg, egg
myArr.sort(Array.DESCENDING);                  //指定参数对数组进行从大到小排序
trace(myArr);                                  //输出排序后的数组: egg, egg, eg, Egg, EGg, EGG
```

(3) 获取字符串指定位置的字符。

利用 charAt()方法可以获得字符串某个索引位置的字符,利用 charCodeAt()可以获得字符串某个索引位置字符的 Unicode 编码值。

```
var myStr:String = "自由与梦想!";
trace(myStr.charAt(3));                         //输出第 3 个字符: 梦
trace(myStr.charCodeAt(3));                     //输出第 3 个字符的 Unicode 编码值: 26790
```

(4) 提取字符串。

字符串中的每一个字符都有一个对应的位置,即索引。第一个字符的索引是 0,往后依次递增。常用的方法如下:

① substr(start[,length])方法。

substr()方法的功能是提取从 start 开始长度为 length 的字符串,length 如果不写则提取到最后一个字符。start 可以是负数,表示从字符串后面某一个字符开始提取。length 必须是一个正数。

假如定义一个字符串:

```
var str:String = "自由与梦想! ";
```

各字符的索引位置为自: 0; 由: 1; 与: 2; 梦: 3; 想: 4; !: 5。

```
trace(str. substr (0,2));                       //输出为"自由"
trace(str. substr (0));                         //输出为"自由与梦想!"
trace(str. substr (-3,2));                      //输出为"梦想"
trace(str. substr (-2,2));                      //输出为"想!"
```

② substring(start[,end])方法。

substring()方法的功能是提取从 start 开始到 end 之前的字符串,end 如果不写则提取到最后一个字符。

```
trace(str. substring (0,2));                    //输出为"自由"
trace(str. substring (0));                      //输出为"自由与梦想!"
trace(str. substring (3,5));                    //输出为"梦想"
```

2. 整型

整型(int)变量用来表示整数值,即正整数、负整数和 0。它占用 32 位(bit)内存空间,所以表示的数据范围是 $-2\,417\,483\,648(-2^{31}) \sim 2\,147\,483\,647(2^{31}-1)$。声明整型变量的语法为:

```
var varName:int;
```

在没有赋值之前,系统给整型变量一个默认值 0。整型变量在不含小数的数学运算中广泛使用。

3. 无符号整型

无符号整型(uint)用来表示非负整数,即 0 和正整数。它也占用 32 位内存空间,由于不需要符号位,所以它可以表示的数据是 $0 \sim 4\ 294\ 967\ 295(2^{32}-1)$。声明无符号整型的语法格式为:

```
var varName:uint;
```

无符号整型变量的默认值是 0,它也常用在没有小数的数值运算中,但最常用的是十六进制来表示颜色值。

```
var colorFill:uint = 0x00FF00;          //定义填充颜色为绿色
var colorLine:uint = 0xFF0000;          //定义边框颜色为红色
```

4. 数值型

数值型(Number)数据可以表示整数、无符号整数和浮点数,它占用 64 位内存空间,表示的数值范围更加广泛。声明一个数值型变量的语法为:

```
var varName:Number;
```

在 ActionScript 中,数值类型的数据是双精度浮点实数。用户可以使用数字运算符对数值数据进行运算,也可以使用内置的 Math 对象的方法处理数值。例如,使用下面的语句可以得到整数 121 的平方根。

```
Math.sqrt (121);
```

5. 布尔型

当一个数据的值只有两种可能——非此即彼,适合使用布尔型(Boolean)。例如,人类性别只有男和女,线路状态只有开和关等。布尔型的变量只有两个值,即真和假,在 ActionScript 3.0 中定义了两个常量来表示两种不同的值,即 true 和 false。布尔型变量声明的语法为:

```
var varName:Boolean;
```

布尔型变量的默认值为 false,布尔值经常用在程序的条件判断语句中,如果条件为真就执行一段代码,否则执行另外一段代码。

```
var a:Number = 100.1;
    var b:Number = 100;
trace("a > b is ",a > b);               //结果为: a > b is true
trace("ABC > abc is", "ABC">"abc");     //结果为: ABC > abc is false
```

6. 对象

对象(Object)是一种复合数据类型,是一个包含了多个基本数据的复杂类型,从本质上说,Object 是 ActionScript 3.0 内建的一个类——对象类,它是 ActionScript 3.0 的基础,包括可以在舞台上显示的影片剪辑以及各种用于绘图、计算等功能的类。在程序中可以直接定义 Object 类型的变量,语法如下:

```
var objName: Object;
```

其中,objName 是 Object 类型变量名,Object 类型变量的默认值为 null。

新建 Animate(ActionScript 3.0)文档,单击图层的第 1 帧并打开"动作"面板输入代码:

```
var myObj1:Object = new Object();
var myObj2:Object = {myHeight:168, myAge:32, myName:"夏敏捷"};    //定义两个对象
myObj1.msg = "个人信息";                                         //添加属性
trace(myObj1.msg,"\n",myObj2.myName,myObj2.myHeight,myObj2.myAge); //输出
```

输出结果:

个人信息
夏敏捷 168 32

7. 影片剪辑

影片剪辑(Movie Clip)是对象中的一种,它可以被看作一个对象类型的变量,实例的属性就是此影片剪辑中定义的基本数据类型变量。在程序中可以通过"."运算符访问一个影片剪辑实例的属性,例如:

```
mymc.x;                    //实例 mymc 的 X 坐标属性,是 Number 型
mymc.rotation;             //实例 mymc 的角度属性,是 Number 型
mymc.visible;              //实例 mymc 的可视属性,是 Boolean 型
mymc.blendMode;            //实例 mymc 的混合模式属性,是 String 型
```

8. 特殊数据类型

ActionScript 3.0 定义了几个用于特殊场合的数据类型,它们分别是 Null、* 和 void 类型。

Null 表示空的意思,这种类型只包括一个值——null,在程序中不能使用 Null 作为数据类型去定义一个变量;特殊类型 * 表示无类型,即不确定是哪种类型,当声明一个变量的时候,如果无法确定其数据类型或为了避免编译时进行类型检查,可以指定变量为 * 类型;void 表示无值型,这种类型只包含一个值——undefined,即未定义,和空值 null 相比较,空值也算是一个特殊的值,而 void 类型表示什么值都没有,即没有定义的意思,经常表示函数定义中返回值的类型,表示函数中不能包含 return 语句,不返回任何类型的数据。

9. Date 类

在 ActionScript 3.0 中,Date 类是顶级类,用于表示日期和时间信息。Date 类的实例表示一个特定的时间点(时刻),也可以查询或修改该时间点的属性,例如月、日、小时和秒等信息。

10. 数组

数组(Array)类在 ActionScript 3.0 中是顶级类,直接继承自 Object 类。利用数组的容器功能,可以在其中储存大量的数据。

创建数组的方法有两种:一是利用构造函数创建;二是利用中括号赋值创建。

(1) 利用构造函数创建数组,代码如下:

```
var _arr:Array = new Array();          //创建一个空数组
var _arr:Array = new Array(3);         //创建一个长度为 3 的数组,数组中的元素为空
var _arr:Array = new Array(1,2,3,4);   //创建一个数组,并直接对该数组赋值
```

（2）利用中括号赋值创建数组。

```
var _arr:Array = [1,2,3,4];                    //创建一个数组,并直接对该数组赋值
var foo:Array = ["one","two","three"];         //新建一个数组
//使用索引访问第二个元素,数组的索引从 0 开始,所以第二个元素的索引为 1
trace (foo[1]);                                //输出: two
```

6.4.2　ActionScript 的变量

在程序中应用最多、最灵活的是变量,变量也用来存储程序中使用的值,和常量的区别在于,变量中的值是可读可写的。为了在程序中准确地访问一个变量,需要为每个变量指定一个唯一的标识符——变量名。定义一个变量的语法格式为:

```
var varName:DateType;
```

关键字 var 指出这条语句用来定义一个变量;varName 是自定义的变量名;冒号后面的 DataType 是这个变量的数据类型,它告诉系统为这个变量分配多大的内存空间。虽然指定数据类型不是必需的,但明确变量的数据类型可以使系统准确地为该变量分配内存空间,提高程序的运行效率。

变量可以存放任何数据类型,包括数字值(例如 18)、字符串值(如 hello)、逻辑值、对象或影片剪辑等。存储在变量中的信息类型也很丰富,包括 URL、地址、用户名、数学运算结果、事件发生的次数、按钮是否被单击等。变量可以创建、修改和更新,也可以被脚本检索使用。

变量在使用中要注意以下 3 个方面。

1. 变量名的命名

通常情况下,构成变量名的字符只能包括 26 个英文字母(大小写均可)、数字、美元符号($)和下画线,而且第一个字符必须为字母、下画线或美元符号。

2. 确定变量范围

所谓确定变量范围,是指确定能够识别和引用该变量的区域,也就是变量在什么范围内是可以访问的。在 ActionScript 中有两种类型的变量区域,即全局变量和局部变量。

（1）全局变量。

全局变量是指变量在整个 Animate 动画中都是可以引用的变量。全局变量主要用于存储整个动画都需要使用的数据。全局变量是在任何函数或类定义的外部定义的变量。

例如,下面的代码通过在任何函数的外部声明一个名为 strGlobal 的全局变量来创建该变量。

```
var strGlobal:String = "Global";               //全局变量 strGlobal
function scopeTest(){
    trace(strGlobal);                          // 输出:Global
}
scopeTest();
trace(strGlobal);                              //输出:Global
```

从该例可以看出,全局变量 strGlobal 在函数定义的内部和外部均可使用。

（2）局部变量。

局部变量是在一个程序块中存储数据的变量,作用范围仅限于当前的程序块,用户可以

通过在函数定义内部声明变量将它声明为局部变量。

```
function fun(){
    var str:String = "World";              //局部变量 str
    trace(str);                            //输出：World
}
trace(str);                                //错误：超出局部变量 str 的作用范围
```

如果用于局部变量的变量名已经被声明为全局变量，那么当局部变量在作用域内时，局部定义会隐藏(或遮蔽)全局定义。全局变量在该函数外部仍然存在。

与 C++ 和 Java 中的变量不同的是，ActionScript 变量没有块级作用域。

3. 声明和使用变量

在使用变量前，最好先使用 var 命令加以声明。例如：

```
var iCar:int = 10;
iCar += 1;
```

在上面的脚本中，变量 iCar 被声明为整型，脚本在执行后，变量 iCar 的值将为 11。

在进行变量声明时，为了能够更快地理解它所代表的意义，在变量名称前额外加上识别字母，如数值变量可以命名为 iMoney、iDay 等。字符串变量可以为 sName、sHwf、sLabel 等，其中，i 表示 integer，s 表示 string。其他的数组、对象也以相似的命名方式进行命名。

6.4.3 类型转换

将某种类型的数据(对象)转换为其他类型的数据(对象)时，就说明发生了类型转换。类型转换有两种，一种是隐式转换，另一种是显式转换。

(1) 隐式转换。

隐式转换又称为强制转换，是代码中没有指示却实际上进行了类型转换，在运行时由 Animate Player 执行。隐式转换发生在以下情况中。

① 在赋值语句中；

② 在将值作为函数的参数传递时；

③ 在从函数中返回值时；

④ 在使用某些运算符(例如，加法运算符(＋))的表达式中。

(2) 显示转换。

显式转换由代码指示编译器将一个数据类型的变量视为属于另一个数据类型时发生。其语法为：

目标类型(被转换对象)

例如：

```
var quantityField:String = "3";
var quantity:int = int(quantityField); //显式转换
```

不管是显式转换还是隐式转换，其内部的算法都是一样的。在类型转换以后，可能会发生值的改变。

例如，Number 类型转换成 int 类型，会将小数点后面的数值截断，在将数值类型转换成 Boolean 类型时，非 0 值转换成 true，而 0 转换成 false。如果转换的目标类型是复杂类，则被转换对象应该是相关类型,相关类型是指具有继承关系的类型。所有的复杂类都继承自 Object 类,所以所有的复杂类都可以转换为 Object 类。MovieClip 类继承自 Sprite 类,所以 MovieClip 类可以转换成 Sprite 类,但是 Sprite 类不能转换成 MovieClip 类,因为 MovieClip 类不是 Sprite 类的相关类型。Date 类与 MovieClip 类之间互不继承,所以它们之间不能相互转换。

在类型转换中如果出现类型不匹配,则会出现错误。如果编译器为严谨模式,则在编译的时候就会弹出编译错误,程序无法编译完成,如果是标准模式,则会在程序运行到类型匹配错误的时候才弹出错误。当程序比较庞大时,越早发现错误越好,所以程序员都倾向于使用严谨模式。

6.5 ActionScript 的运算符与表达式

学习一门编程语言,首先要弄清楚的是如何对其中的数据进行运算。使用表达式来表达想要达到的效果,使用运算符来进行相关的运算,这就是数据运算的关键。本节主要介绍常用运算符的用法。

运算符指定如何合并、比较或修改表达式中值的字符,也就是通过运算来改变变量的值,运算符所操作的元素被称为运算项。

例如,在以下语句中,加号(+)就是运算符,i 和 3 就是运算项:

i + 3

(1) ActionScript 的运算符。

① 算术运算符:+(加)、*(乘)、/(除)、%(求余数)、-(减)、++(递增)、--(递减)。

② 比较运算符:<(小于)、>(大于)、<=(小于或等于)、>=(大于或等于)。

③ 逻辑运算符:&&(逻辑"与")、‖(逻辑"或")、!(逻辑"非")。

④ ?:运算符:唯一的三元运算符,也就是说,这个运算符有 3 个操作数。其具体的语法格式如下:

条件表达式 ?表达式 1:表达式 2

条件表达式:判断表达式,通过逻辑判断得到一个 Boolean 型的结果。

表达式 1:判断表达式的结果为 true,执行该语句。

表达式 2:判断表达式的结果为 false,执行该语句。

(2) 其他运算符。

在 ActionScript 3.0 中还有几个常见的运算符,例如 typeof、is、as,下面对这几个运算符进行简单的说明。

① typeof 运算符:typeof 用于测试对象的类型。使用方法如下:

typeof(对象);

② is 运算符:is 运算符用于判断一个对象是不是属于一种数据类型,返回 Boolean 型变量。如果对象属于同一类型,返回 true,否则返回 false。

③ as 运算符:as 运算符和 is 运算符的使用格式相同,但是返回的值不同。如果对象的

类型相同,则返回对象的值;如果不同,则返回 null。

运算符优先级如表 6-2 所示。所谓运算符的优先级,即几个运算符出现在同一表达式中时运算顺序从上到下。

表 6-2　运算符优先顺序表

组	运　算　符
主要	[]、{x:y}、()、f(x)、new、x. y、x[y]、<>、</>、@、::、..
后缀	x++、x−−
一元	++x、−−x、+、−、~、!、delete、typeof、void
乘法	*、/、%
加法	+、−
按位移位	<<、>>、>>>
关系	<>、<=、>=、as、in、instanceof、is
等于	==、!=、===、!==
按位"与"	&
按位"异或"	^
按位"或"	|
逻辑"与"	&&
逻辑"或"	||
条件	?:
赋值	=、*=、/=、%=、+=、−=、<<=、>>=、>>>=、&=、^=、|=
逗号	,

1. 算术表达式

算术表达式是指用加、减、乘、除以及求模和增量、减量等算术运算符组成的进行数学运算的表达式。例如:

```
var a:int = 1;
var b:int = 2;
var c:int = a + b;
var d:int = a − b;
var e:int = a * b;
var f:int = a/b;
```

2. 字符表达式

字符表达式指用字符串组成的表达式。

例如,用加号运算符"+"在处理字符运算时有特殊效果,它可以将两个字符串连在一起。如"恭喜过关,"+"Donna!"得到的结果是"恭喜过关,Donna!"。

如果相加的项目中只有一个是字符串,则另外一个项目也会转换为字符串。

3. 逻辑表达式

逻辑表达式就是逻辑运算的表达式。例如,1>3,返回值为 false,即 1 大于 3 为假。逻辑运算符通常用于 if 动作的条件判断,以确定条件是否成立。例如:

```
if (x ==9) {
    gotoAndPlay(15);
}
```

这段代码的功能是,当 x 与 9 的比较结果为 true 时跳转到第 15 帧并开始播放。

6.6 ActionScript 的函数

函数在程序设计的过程中是一个革命性的创新。利用函数编程,可以避免冗长、杂乱的代码;可以重复利用代码,提高程序效率;还可以方便地修改程序,提高编程效率。

6.6.1 认识函数

函数是执行特定任务并可以在程序中重用的代码块。在 ActionScript 3.0 中,如果将函数定义为类定义的一部分或者将它附加到对象的实例,则该函数称为方法。

ActionScript 3.0 中的函数有比较大的变化,它删除了许多全局函数。例如,stop() 函数在 ActionScript 2.0 中是一个全局函数,ActionScript 3.0 中则不再有这个全局函数,全局函数 stop() 的功能由 MovieClip 类的 stop() 方法代替。

ActionScript 3.0 中主要的全局函数如下所述。

Array(… args):Array:创建一个新数组。

Boolean(expression:Object):Boolean:将 expression 参数转换为布尔值并返回该值。

Date():String:返回当前星期值、日期值、时间和时区的字符串表示形式。

decodeURI(uri:String):String:将已编码的 URI 解码为字符串。

decodeURIComponent(uri:String):String:将已编码的 URI 组件解码为字符串。

encodeURI(uri:String):String:将字符串编码为有效的 URI(统一资源标识符)。

encodeURIComponent(uri:String):String:将字符串编码为有效的 URI 组件。

escape(str:String):String:将参数转换为字符串,并以 URL 编码格式对其进行编码,在这种格式中,大多数非字母数字的字符都替换为%十六进制序列。

int(value:Number):int:将给定数字值转换为整数值。

isFinite(num:Number):Boolean:如果该值为有限数,则返回 true;如果该值为正无穷大或负无穷大,则返回 false。

isNaN(num:Number):Boolean:如果该值为 NaN(非数字),则返回 true。

isXMLName(str:String):Boolean:确定指定字符串对于 XML 元素或属性是否为有效名称。

Number(expression:Object):Number:将给定值转换为数字值。

Object(value:Object):Object:在 ActionScript 3.0 中,每个值都是一个对象,这意味着对某个值调用 Object() 会返回该值。

parseFloat(str:String):Number:将字符串转换为浮点数。

parseInt(str:String, radix:uint=0):Number:将字符串转换为整数。

String(expression:Object):String:返回指定参数的字符串表示形式。

trace(… arguments):void:调试时显示信息。

uint(value:Number):uint:将给定数字值转换成无符号整数值。

unescape(str:String):String：将参数 str 作为字符串计算,以 URL 编码格式解码该字符串(将所有十六进制序列转换成 ASCII 字符),并返回该字符串。

XML(expression:Object):XML：将对象转换为 XML 对象。

XMLList(expression:Object):XMLList：将某对象转换为 XMLList 对象。

这些函数在 ActionScript 3.0 中称为顶级函数或全局函数,即可以在程序的任何位置调用。

例如:

```
trace("函数的调用");
```

trace()函数是 ActionScript 3.0 的顶级函数,经常会用到。测试动画时,将在"输出"面板中显示"函数的调用"字符串信息。

有些函数位于一定的包内,包可以理解成本地硬盘中的文件夹,通过文件夹可以管理不同的文件。同样,不同的包可以管理不同的函数和类,通过包可以有效地分类管理函数。例如:

```
var randomNum:Number = Math.random();
//Math.random()函数表示生成一个随机数,然后赋给 randomNum 变量
```

6.6.2　定义函数

在 ActionScript 3.0 中使用函数语句定义函数。函数语句以 function 关键字开头,后跟函数名、用小括号括起来的逗号分隔参数列表、用大括号括起来的函数体。函数定义的语法结构如下:

```
function 函数名(参数 1:参数类型,参数 2:参数类型…):返回类型
{
     函数体 //调用函数时要执行的代码
}
```

代码格式说明如下所述。

- function：定义函数使用的关键字。注意,function 关键字要以小写字母开头。
- 函数名：定义函数的名称。函数名要符合变量命名的规则,最好给函数取一个与其功能一致的名字。
- 小括号：定义函数必需的格式,小括号内的参数和参数类型都可选。
- 返回类型：定义函数的返回类型,它也是可选的,要设置返回类型,冒号和返回类型必须成对出现,而且返回类型必须是存在的类型。
- 大括号：定义函数必需的格式,需要成对出现,括起来的是函数定义的程序内容,即调用函数时执行的代码。

示例如下:

```
function tomorrow(Pa:String) {
    trace(Pa);
}
tomorrow("hi");                          //函数调用,可在"输出"面板中输出"hi"
```

6.6.3 函数的返回值

使用 return 语句可以从函数中返回值,但 return 语句会终止该函数,因此不会执行位于 return 语句后面的任何语句。另外,在严谨模式下编程,如果选择了指定返回类型,则必须返回相应类型的值。例如:

```
function myNum(Num1:int):int {          //自定义函数
    return(Num1 * 5)                    //return 语句
    trace("return 语句后的语句")         //注意该语句不会执行
}
```

6.6.4 函数的调用

调用函数最常用的形式如下:

函数名(参数);

其中,()代表调用函数的语法,可以向函数体传递数据和信息。

例如:

```
trace("函数的返回值是: " + myNum(3));
```

测试上面的代码,可在"输出"面板中看到输出的"函数的返回值是:15"的信息。

对于没有参数的函数,可以直接使用该函数的名字,并后跟一个小括号()来调用。下面定义一个不带参数的 HelloAS()函数,并在定义之后直接调用,其代码如下:

```
function HelloAS() {
    trace("AS3.0 世界欢迎你!");
}
HelloAS();
```

代码运行后的输出结果如下:

AS3.0 世界欢迎你!

6.6.5 函数的参数

函数通过参数向函数体传递数据和信息。ActionScript 3.0 对函数的参数增加了一些新功能,同时增加了一些限制。大多数程序员都熟悉按值或引用传递参数这一概念,也有很多人对 arguments 对象和…(rest)参数感到陌生。

1. 按值或引用传递参数

按值传递意味着将参数的值复制到局部变量中以便在函数内使用。按引用传递意味着只传递对参数的引用,不传递实际值。如果想要了解任何一门编程语言中的函数,首先必须搞清楚的问题就是参数到底是按值还是按引用来传递。

在 ActionScript 3.0 中,所有的参数均按引用传递,因为所有的值都存储为对象。但是,属于基元数据类型(包括 Boolean、Number、int、uint 和 String)的对象具有一些特殊运算符,这使得它们可以像按值传递一样工作。

2. 默认参数值

ActionScript 3.0 中新增了为函数声明"默认参数值"的功能。如果在调用具有默认参数值的函数时省略了具有默认值的参数,那么将使用在函数定义中为该参数指定的值。所有有默认值的参数都必须放在参数列表的末尾。

其语法格式如下:

function(参数 1:参数类型 = 默认值,参数 2:参数类型 = 默认值)

默认参数是可选项,用户可以设置默认参数,也可以不设置默认参数。若设置了默认参数,则在调用函数时,如果没有写明参数,系统将使用在函数定义中为该参数指定的值。

3. arguments 对象

在将参数传递给某个函数时,可以使用 arguments 对象访问有关传递给该函数的参数的信息。arguments 对象的一些重要内容如下所述。

(1) arguments 对象是一个数组,其中包括传递给函数的所有参数。

(2) arguments.length 属性报告传递给函数的参数数量。

(3) arguments.callee 属性提供对函数本身的引用,该引用可用于递归调用函数表达式。

4. …(rest)参数

在 ActionScript 3.0 中引入了一个称为…(rest)参数的新参数声明。此参数可指定一个数组参数用于接收任意多个以逗号分隔的参数。此参数可以拥有保留字以外的任意名称。此参数声明必须是最后一个指定的参数。使用此参数会使 arguments 对象变得不可用。尽管…(rest)参数提供了与 arguments 数组和 arguments.length 属性相同的功能,但是它不提供与 arguments.callee 类似的功能。在使用…(rest)参数之前,应确保无须使用 arguments.callee。

6.6.6 函数作为参数

ActionScript 3.0 中的函数是对象,创建函数就是在创建对象,该对象不仅可以作为参数传递给另一个函数,而且可以有附加的属性和方法。作为参数传递给另一个函数的函数是按引用传递的。在将某个函数作为参数传递时只能使用标识符,不能使用调用方法时所用的小括号运算符。

例如,下面的代码将名为 click_Listener() 的函数作为参数传递给 addEventListener() 方法。

```
addEventListener(MouseEvent.CLICK, click_Listener);
```

6.7 类和包

类就是模板,对象(也可以理解为实例)是指定类的表现个体。包(package)的主要作用是组织类,简单地讲,是把相关的类组成一个组。

在正确的类定义语法中要求 class 关键字后跟类名,类体要放在大括号{}内,且放在类名后面。例如:

```
public class MyClass        //创建一个名为 MyClass 的类,其中包含名为 visible 的变量
{
    var visible:Boolean = false
}
```

包是根据目录的位置以及所嵌套的层级来构造的。在包中的每一个名称对应一个真实的目录名称,这些名称通过符号点(.)隔开。例如,有一个名为 MyClass 的类,它在"com\friendship\makingballsmove\"目录中(通常是将域名转换为包路径,这样可以确保包是独一无二的),这个类将指向 com. friendship. makingballsmove. MyClass。

在 ActionScript 3.0 中,包部分代码用来声明包,类部分代码用来声明类。例如:

```
package com.friendship.makingballsmove
{
    public class MyClass
    {
        public var myWord:Number = 999;
        public function myMethod(){
        trace("out");
        }
    }
}
```

在上段代码中,类前的 public(公有)意味着这个类可以被类外部的任意代码访问。在类的内部拥有一个名为 myWord 的变量和一个名为 myMethod 的函数,它们将变成创建的任意类实例的属性和方法。对于属性和方法,public 修饰词意味着这个对象之外的任何代码都可以访问这个属性和调用这个方法。如果创建的属性和方法只用于类的自身使用,可以将它们标记为私有(private),它会阻止类外部任何代码的访问。

在 ActionScript 3.0 中将所有的内建类大致分为 3 部分,首先是顶级类,其中包含 int、Number、String、Array、Object、Boolean、XML 等最基本的类和一些全局函数。更多的类被分别包含在 fl 和 flash 两个包中(如图 6-7 所示),每个包都细分为多个不同类别的包,列表中的每一个包都包含了功能相近的一组类。其中,fl 包里面包含的主要是 ActionScript 3.0 的各种组件类,程序中应用最多、最广泛的类都包含在 flash 包中,例如"flash. filters"包,包含了与滤镜相关的类;"flash. media"包包含了与媒体设备相关的类;"flash. text"包包含了与文本相关的类。

虽然类的概念在整个 ActionScript 3.0 程序设计中,但是类只包含了一组数据及相关操作的模板,在程序中的实际应用主要是根据类创建实例。例如:

```
var mc:MovieClip = new MovieClip();
var obj:olject = new Object();
var arr:Array = new Array();
```

上面代码中的 mc、obj、arr 都是相应类的一个实例或称为对象,两者在本质上是同一个概念,只是在说法上稍有区别。例如,从库中向舞台拖放元件的过程称为实例化,使用 new 语句创建的实例一般称为类的对象。如果想引用类的下属内容,可以使用点号"."进行逐级指定,如图 6-8 所示。

147

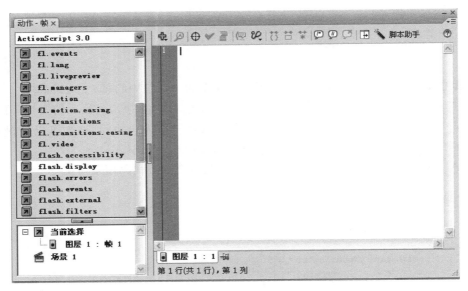

图 6-7　类和包示意图

图 6-8　点号"."的使用

6.8　显示列表

　　显示列表是在 ActionScript 3.0 中新提出的一个概念,用于组织出现在舞台上的所有可视对象(显示对象)。使用显示列表可以方便地向舞台上添加、移除显示对象以及调整对象的显示层次。在一个影片中可能会有很多需要在舞台上显示的对象,这些对象可以在设计时静态地向舞台或元件中添加,也可以在程序中使用代码动态添加。

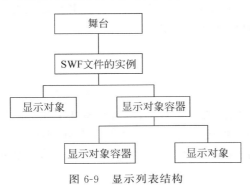

图 6-9　显示列表结构

　　可视对象有容器对象和普通对象之分,容器对象除了具有普通对象的一般属性以外,还可以包含其他的可视对象。ActionScript 3.0 使用一个虚拟的树状结构来组织这些对象,这棵树的"根"就是舞台(stage)。舞台是顶级容器,所有的可视对象都被直接或间接地放在舞台上。如图 6-9 所示为一个典型的显示列表结构。

　　在显示列表中操作某一个对象时经常会遇到 stage、root、this 和 parent 这几个概念,它们是在显示列表中访问可视对象的常用工具,其中,this 是 ActionScript 3.0 中保留的关键字,另外 3 个是每个可视对象都具有的属性。例如,mcl 是某显示对象。

(1) stage:舞台对象,是显示列表的顶级容器,可以使用 mcl.stage 的形式访问舞台对象。

(2) root:影片(*.swf)的根,通常指一个影片文件的主时间轴,使用 mcl.root 可以访问影片文件的根对象。

(3) this:指当前所在的对象,例如代码出现在主时间轴的关键帧中,那么 this==root。如果在一个自定义的类中使用了 this,那么这里的 this 指的是由这个类创建的对象。

(4) parent:当前对象的上一级容器对象,例如在主场景时间轴中,下面的代码输出的信息指出 this.parent 就是舞台。

```
trace(this);                    //[object MainTimeLime]
trace(this.parent);             //[object stage]
```

6.8.1　显示对象的一些基本概念

在舞台上看到的显示对象都有各自的属性,如位置、大小、透明度等。这些属性都来自显示对象的基类 DisplayObject,该类总结了大部分显示对象的共有特征和行为。特征对应于显示对象的属性,行为对应于显示对象的方法。

在 ActionScript 3.0 中,DisplayObject 类共有 25 个属性、6 个方法和 6 个事件,如表 6-3 所示。下面简单介绍一些常用的属性和方法,对于复杂的应用,将在后面的章节结合具体实例讲解。

表 6-3　**DisplayObject 类的属性、方法、事件**

DisplayObject 类	属性、方法、事件名
属性	x、y、width、scaleX 等
方法	getBounds( )、getRect( )、hitTestObject( )、hitTestPoint( )、localToGlobal( )、globalToLocal( )
事件	added、addedToStage、enterFrame、removed、removedFromStage、render

显示对象的属性共有 25 个,本节介绍常用的一些基本属性。

(1) 横坐标 x:显示对象注册点距离自己父级容器注册点之间的水平距离,以像素为单位。如果父容器是舞台,那么就是自身注册点与舞台原点间的水平距离。

(2) 纵坐标 y:显示对象注册点与父级容器注册点之间的竖直距离,以像素为单位。若父容器为根对象 root,则为自身注册点与舞台原点之间的竖直距离。

(3) 宽度 width:显示对象最左边到最右边之间的距离,以像素为单位。

(4) 高度 height:显示对象最上边到最下边之间的距离,以像素为单位。

(5) 横向缩放比例 scaleX:一个比例值,0~1 的数字,用于控制显示对象的横向缩放比例。

(6) 纵向缩放比例 scaleY:一个比例值,0~1 的数字,用于控制显示对象的纵向缩放比例。

(7) 鼠标横向横坐标 mouseX:鼠标相对于当前显示对象注册点之间的水平距离。

（8）鼠标纵向纵坐标 mouseY：鼠标相对于当前显示对象注册点之间的竖直距离。

（9）顺时针旋转角度 rotation：显示对象绕轴点顺时针旋转的角度。$0°\sim180°$ 表示顺时针旋转角度，$0°\sim-180°$ 表示逆时针旋转角度。如果超过了这个范围，则自动减去 $360°$ 的整数倍。

（10）透明度 alpha：$0\sim1$ 的值，0 表示完全透明，1 表示完全不透明。

（11）可见性 visible：Boolean 值，用于控制显示对象是否可见。true 表示显示对象，false 表示不显示对象。不管设置成何值，该显示对象始终位于显示对象列表中。

（12）遮罩 mask：持有的引用是用来遮罩的显示对象。

（13）显示对象名字 name：通常产生显示对象时会分配默认的名字。若有需要，可以使用代码进行修改。

（14）父容器 parent：在显示列表中每个显示对象都有其父容器。parent 属性指向显示对象的父容器，若显示对象不在父容器，则该属性为 null。

（15）根对象 root：返回 SWF 文件主类的实例。若显示对象不在父容器，则该属性为 null。

（16）舞台 stage：该属性持有的引用指向该显示对象所在的舞台，每个 Animate 动画程序都有一个舞台。

除了以上 16 个属性之外，DisplayObject 对象还有 9 个属性，分别为 loaderInfo、cacheASBitmap、filters、scaleGrid、blendMode、accessibilityProperties、opaqueBackground、scrollRect 和 transform。这些属性在后面的章节中会根据需要进行讲解。

显示对象的基本方法有 6 个，常用的方法如下所述。

（1）getBounds()方法：返回一个矩形区域，该矩形定义相对于显示对象所在坐标系的显示对象区域。

（2）getRect()方法：返回一个矩形区域，该矩形定义相对于显示对象所在坐标系的显示对象区域，注意该区域不包含形状上的笔触宽度。

（3）hitTestObject()方法：返回一个 Boolean 值，若为 true，表示两个对象重叠或相交，否则为不相交。

（4）hitTestPoint()方法：返回一个 Boolean 值，若为 true，表示该对象对应点重叠或相交，否则为不相交。

（5）localToGlobal()方法：将 point 对象从显示对象的（本地）坐标转换为舞台（全局）坐标。

（6）globalToLocal()方法：将 point 对象从舞台（全局）坐标转换为显示对象的（本地）坐标。

显示对象的事件有 6 个，介绍如下所述。

（1）added 事件：将显示对象添加到显示列表中时会调用该事件。下面的两种方法会触发此事件，即将显示对象添加到容器和将显示对象添加到容器的某一层次。

（2）addedToStage 事件：将显示对象直接添加到舞台显示列表或将包含显示对象的子对象添加到舞台显示列表中时会调用该事件。在下面两种情况下会触发此事件，即将显示对象添加到容器和将显示对象添加到容器的某一层次。

（3）removed 事件：当要从显示列表中删除显示对象时会调用该事件。在以下两种情况下会生成此事件,即将显示对象容器的某个显示对象删除和将显示对象容器中的某个层次的显示对象删除。

（4）removedFromStage 事件:当要从显示列表中删除显示对象或者删除包含显示对象的子对象时会调用该事件。在以下两种情况下会生成此事件,即将显示对象容器的某个显示对象删除和将显示对象容器中的某个层次的显示对象删除。

（5）enterFrame 事件:播放头进入新帧时调用该事件。若播放头不移动,或者只有一帧,则会继续以帧频调用此事件。

（6）render 事件:在显示器渲染之前调用该事件。当使用 render 事件的显示对象进入舞台时,或者显示对象存在于显示列表时触发该事件。如果要保证 render 事件在当前帧触发,必须调用 stage.invalidate()。

所有显示对象都继承自 DisplayObject 类。DisplayObject 类是可以放在显示列表中的所有对象(显示对象)的基类。该显示列表管理 Flash Player 中显示的所有对象。使用 DisplayObjectContainer 类排列显示列表中的显示对象。DisplayObject 是一种抽象基类,因此不能直接调用 DisplayObject。显示对象的层级关系如图 6-10 所示。

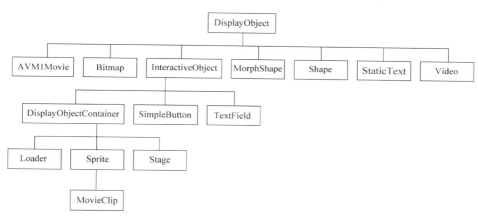

图 6-10　显示对象的层级关系

6.8.2　DisplayObject 类的子类

在 DisplayObject 类的子类(如图 6-10 所示)中,有些类具有交互功能,有些类不具有交互功能。例如,影片剪辑实例具有 enterframe 事件等交互功能,而静态文本不能处理事件,即不具有这些交互功能。6 种交互类如表 6-4 所示,6 种非交互类如表 6-5 所示。

表 6-4　交互类

交 互 类	说　明
SimpleButton	按钮
TextField	动态文本
Loader	加载外部影片、图像等
Sprite	一个没有时间轴的单帧影片剪辑
Stage	舞台
MovieClip	影片剪辑实例

表 6-5　非交互类

非交互类	说　明
AVM1Movie	早期版本影片
Bitmap	创建位图对象
MorphShape	创建补间动画
Shape	创建背景图像
StaticText	创建静态文本
Video	创建视频

151

在表 6-4 的 6 种交互类中,按其是否能嵌套其他显示实例的功能可以分为容器类和非容器类,可以在容器类的实例中添加其他实例。Loader、Sprite、Stage、MovieClip 类属于容器类。例如,可以在 MovieClip 类的实例中添加动态文本等显示实例。

非容器类的实例不能嵌套其他显示实例,SimpleButton 类和 TextField 类都属于非容器类。

6.8.3 管理显示对象

显示对象只有显示在屏幕上才能达到要实现的效果。显示容器就是用来储存和显示显示对象的对象。如果要在显示容器中显示对象,需要把显示对象加入显示对象列表中。本小节主要介绍如何添加和删除显示对象、如何通过深度管理对象以及如何访问显示对象。

所有的显示对象都要放入显示容器中才能够显示,为了方便区分,把显示容器简称为容器。容器是可以嵌套的,在容器中可以放置非容器显示对象,也可以放置子容器对象。

容器主要有提供访问、添加、删除显示对象的功能和深度管理功能。其中,深度管理也就是管理容器中子对象的叠放次序。所谓叠放次序,就是显示对象重叠时从前到后的显示顺序。处于显示顺序最前面的对象完全显示,后面的对象依次被前面的对象遮挡,有的甚至不能显示出来。

1. 添加显示对象

在 ActionScript 3.0 中,要把一个对象显示在屏幕中需要做两步工作,一是创建显示对象,二是把显示对象添加到容器的显示列表中。加入显示列表的方法有 addChild()方法和 addChildAt()方法。

在 ActionScript 3.0 中创建一个显示对象,只需要使用 new 关键字加类的构造函数即可。只要是继承自 DisplayObject 类或者其子类的实例都可以添加到显示对象列表中,例如 Sprite、MovieClip、TextField 和自定义类。

创建 TextField(文本框)的代码如下:

```
var mytext:TextField = newTextField( );
```

上面已经使用代码建立了一个文本框实例,但是它并没有位于显示列表中。也就是说,它现在还没有显示在屏幕上。如果要把这个文本框显示在屏幕上,必须使用容器类的 addChild()方法或者 addChildAt()方法将其加入显示列表中。

(1) 将显示对象直接添加到显示列表中。

添加一个文本框对象 mytext 到显示列表的代码如下:

```
addChild(mytext);
var mc:MovieClip = new MovieClip();
```

上面的代码创建了一个影片对象 mc,但是仅仅将对象置于内存中,不会成为用户可视资源列表中的一部分。

同样,添加一个影片对象 mc 到显示列表的主要方法是使用 addChild()方法。

```
addChild(mc);
```

被添加的影片剪辑必须是一个显示对象容器。显示对象容器包括 Stage、MovieClip、Sprite(一个没有时间轴的单帧影片剪辑)。因此,如果想将影片剪辑 mc 嵌套到一个被称为 mc2 的影片剪辑内部,代码如下:

```
mc2.addChild(mc);
```

甚至不需要指明深度,因为显示列表会自动处理。

(2) 将显示对象添加到指定位置。

addChild()方法添加显示对象到显示列表的最后。在一些情况下,可能需要在显示列表的特殊位置添加一个显示对象。例如,可能想插入一个显示对象到显示列表的中间位置。

下面的例子每次单击鼠标时添加一个库中的影片剪辑(类名为 Ball)实例到显示列表的显示顺序最底层处。

```
var inc:uint = 0;
stage.addEventListener(MouseEvent.CLICK, onClick);
function onClick(evt:MouseEvent):void {
    var ball:MovieClip = new Ball();                //创建一个影片剪辑
    ball.x = ball.y = 100 + inc * 10;
    addChildAt(ball, 0);
    inc++;
}
```

第 1 行初始变量记录球的增加。第 2 行添加事件监听器到舞台,监听鼠标事件。第 3 到第 8 行的函数是基本工作任务。第 4 行创建一个影片剪辑。

注意: ActionScript 3.0 内置了一个称为 Stage(S 大写)的类。在发布 SWF 文件来测试 Animate 作品时,ActionScript 3.0 会自动生成该类的一个实例(对象),名为 stage(s 小写),并且可以在程序的任何位置使用这个 stage 对象,使用这个对象可以监听键盘事件。

用户需要根据情况选择使用 addChild()方法还是 addChildAt()方法。addChild()方法在仅仅需要添加显示对象到列表时使用。如果需要把对象插入到显示列表的任何位置,则需要使用 addChildAt()方法并指明深度位置。

在任何指明一个深度的情况下,新的显示对象会夹在周围显示对象之间,而不是覆盖指明位置的内容。例如,在深度 5 插入一个对象,那么原来的深度 5 处的对象深度变为 6,下面深度对象的深度依次递增。

2. 删除显示对象

如果要移除位于显示对象列表中的显示对象,需要使用容器类的 removeChild()方法和 removeChildAt()方法。

(1) 移除指定名称的显示对象。

如果要移除已经知道显示对象名称的显示对象,可以使用显示对象类的 removeChild()方法。其用法格式如下:

```
容器对象.removeChild(显示对象)
```

(2) 删除指定索引的显示对象。

删除指定索引的显示对象是指要删除指定位置索引的显示对象,可以使用显示对象类的 removeChildAt()方法。其用法格式如下:

```
容器对象.removeChildAt(位置索引)
```

下例是前面讨论的 addChildAt()代码的逆序。开始使用 for 循环添加 20 个 ball 到舞台,脚本与前面类似,然后使用一个事件监听器来删除每个 ball,代码如下:

```
for (var inc:uint = 0; inc < 20; inc++) {
    var ball:MovieClip = new Ball();
    ball.x = 100 + inc * 10;
    ball.y = 100 + inc * 10;
    addChild(ball);
}
stage.addEventListener(MouseEvent.CLICK, onClick);
function onClick(evt:MouseEvent):void {
    removeChildAt(0);
}
```

在移除最后一个球后,如果用户继续单击舞台,将会有一个警告提示"提供的索引已经溢出边界"。这是有道理的,因为当在显示列表中不存在任何东西时,你正在试着从显示列表位置 0 处移除一个子对象(显示对象)。

为了避免这种问题,可以先检查试图清空的对象容器中是否还有子对象,以确保在删除编号 0 的子对象时防止前面提到的错误发生。接下来是前面 onClick 函数的一个变更,代码如下:

```
for (var inc:uint = 0; inc < 20; inc++) {
    var ball:MovieClip = new Ball();
    ball.x = 100 + inc * 10;
    ball.y = 100 + inc * 10;
    addChild(ball);
}
stage.addEventListener(MouseEvent.CLICK, onClick);
function onClick(evt:MouseEvent):void {
    if (numChildren > 0) {
        removeChildAt(0);                //球从显示列表中移除,但仍在内存中存在
    }
}
```

注意:从显示列表中移除对象并不是从内存中移除。当这种情况发生时,对象将不会显示在屏幕上,但是仍然在内存中。下面的代码将会从显示列表和内存中移除影片剪辑。

```
function onClick(evt:MouseEvent):void {
    if (numChildren > 0) {
    removeChildAt(0);              //球从显示列表中移除,但仍在内存中存在
        trace(ball);
        ball = null;               //球现在完全被移除
        trace(ball);
    }
}
```

3. 深度管理

深度也就是前面所说的位置索引,用于说明同一个容器中同一级别的所有显示对象从前到后的叠放次序。

在 ActionScript 3.0 中,深度由各自的容器对象管理。每一个容器都知道自己有多少个子对象,这个数目记录在自己容器的 numChildren 属性中。每一个对象在容器显示列表中的位置索引代表了其深度值。每一个容器的深度范围为 0～numChildren－1。索引值(深度)为 0 意味着子对象处于所有显示对象的最下方。

添加显示对象会自己调整各个显示对象的深度,以避免层次冲突。

(1) 更改现有子项在显示对象容器中的位置。

```
public function setChildIndex(child:DisplayObject, index:int):void
```

setChildIndex()方法可以更改现有子项在显示对象容器中的位置,这会影响子对象的分层。例如,下例在索引位置 0、1、2 处分别显示 a、b、c 3 个显示对象。

在使用 setChildIndex()方法并指定一个已经占用的索引位置时,唯一发生更改的位置是显示对象先前的位置和新位置之间的位置,所有其他位置将保持不变。如果将一个子项移动到比它当前的索引更低的索引处,则这两个索引之间的所有子项的索引引用都将增加 1。如果将一个子项移动到比它当前的索引更高的索引处,则这两个索引之间的所有子项的索引引用都将减小 1。例如,如果上例中的显示对象容器名为 container,则可以通过调用以下代码来交换带有 a 和 b 标记的显示对象的位置,代码如下:

```
container.setChildIndex(container.getChildAt(1), 0);
```

该代码产生以下对象排列。

下例创建一个名为 container 的显示对象容器,然后向该容器添加 3 个稍微重叠的子显示对象。当用户单击这些对象中的任何一个对象时,clicked()方法调用 setChildIndex()方法,将单击的对象移动到 container 对象的子级列表中的最上面的位置。

```
import flash.display.Sprite;
import flash.events.MouseEvent;
var container:Sprite = new Sprite();
addChild(container);
```

```
var circle1:Sprite = new Sprite();
circle1.graphics.beginFill(0xFF0000);
circle1.graphics.drawCircle(40, 40, 40);
circle1.addEventListener(MouseEvent.CLICK, clicked);

var circle2:Sprite = new Sprite();
circle2.graphics.beginFill(0x00FF00);
circle2.graphics.drawCircle(100, 40, 40);
circle2.addEventListener(MouseEvent.CLICK, clicked);

var circle3:Sprite = new Sprite();
circle3.graphics.beginFill(0x0000FF);
circle3.graphics.drawCircle(70, 80, 40);
circle3.addEventListener(MouseEvent.CLICK, clicked);

container.addChild(circle1);
container.addChild(circle2);
container.addChild(circle3);
addChild(container);
function clicked(event:MouseEvent):void {
    var circle:Sprite = Sprite(event.target);
    var topPosition:uint = container.numChildren - 1;
    container.setChildIndex(circle, topPosition);
}
```

(2) 交换两个子对象在显示对象容器中的位置。

swapChildren()方法可以交换两个指定子对象在显示对象容器中的位置(在 Z 轴中从前到后的顺序),显示对象容器中所有其他子对象的索引位置保持不变。

```
public function swapChildren(child1:DisplayObject, child2:DisplayObject):void
```

参数:

child1:DisplayObject 为第一个子对象; child2:DisplayObject 为第二个子对象。

下例创建一个名为 container 的显示对象容器,接着向该容器添加两个子显示对象,然后显示调用 swapChildren()方法的效果。

```
import flash.display.Sprite;
var container:Sprite = new Sprite();
var sprite1:Sprite = new Sprite();
sprite1.name = "sprite1";
var sprite2:Sprite = new Sprite();
sprite2.name = "sprite2";
container.addChild(sprite1);
container.addChild(sprite2);
trace(container.getChildAt(0).name);        //sprite1
trace(container.getChildAt(1).name);        //sprite2
container.swapChildren(sprite1, sprite2);
trace(container.getChildAt(0).name);        //sprite2
trace(container.getChildAt(1).name);        //sprite1
```

swapChildrenAt()方法显示列表中两个指定的索引位置,交换子对象在显示对象容器中的位置(在 Z 轴中从前到后的顺序),显示对象容器中所有其他子对象的索引位置保持不变。

```
public function swapChildrenAt(index1:int, index2:int):void
```

参数：

index1:int 为第一个子对象的索引位置；index2:int 为第二个子对象的索引位置。

下例创建一个名为 container 的显示对象容器，接着向该容器添加 3 个子显示对象，然后显示对 swapChildrenAt()方法的调用，即如何重新排列该显示对象容器的子级列表。

```
import flash.display.Sprite;
var container:Sprite = new Sprite();
var sprite1:Sprite = new Sprite();
sprite1.name = "sprite1";
var sprite2:Sprite = new Sprite();
sprite2.name = "sprite2";
var sprite3:Sprite = new Sprite();
sprite3.name = "sprite3";
container.addChild(sprite1);
container.addChild(sprite2);
container.addChild(sprite3);
trace(container.getChildAt(0).name);        //sprite1
trace(container.getChildAt(1).name);        //sprite2
trace(container.getChildAt(2).name);        //sprite3
container.swapChildrenAt(0, 2);
trace(container.getChildAt(0).name);        //sprite3
trace(container.getChildAt(1).name);        //sprite2
trace(container.getChildAt(2).name);        //sprite1
```

4. 访问显示对象

如果要访问加入到容器中的显示对象，可以通过 3 种方法来实现，即深度访问、名字访问和坐标访问。

（1）通过深度访问显示对象。

通过深度访问显示对象要使用 getChildAt()方法，用法格式如下：

容器对象.getChildAt(深度);

（2）通过名字访问显示对象。

每一个显示对象都有一个名字，该名字可以使用该显示对象的 name 属性进行访问和设置。在创建显示对象的时候，可以指定显示对象的名字，也可以不指定显示对象的名字。若没有指定，Flash Player 会自动分配给该显示对象一个默认的名字，如 instance1、instance2 等。

（3）通过坐标访问显示对象。

在 ActionScript 3.0 中，可以通过坐标来访问置于该坐标上的所有显示对象。getObjectsUnderPoint()方法的用法格式如下：

容器对象.getObjectsUnderPoint(点对象);

6.9　事件

游戏离不开鼠标和键盘等输入设备，无论是复杂的还是简单的交互效果都离不开事件编程。从某种意义上说，Animate 中的每一个动作的产生和完成都有事件的参与。

Animate 和操作系统一样,同样存在着事件的产生和响应的问题,事件交互机制在基本的人机交互活动中具有合理性和普遍性。本节将对 ActionScript 3.0 中常见的事件以及它们的使用方法和技巧进行介绍。

在利用 Animate 设计交互程序时,事件是其中最基础的一个概念。所谓事件,就是动画中程序根据软硬件或者系统发生的事情确定执行哪些指令以及如何执行的机制。本质上来说,"事件"就是所发生的 ActionScript 能够识别并可响应的事情。许多事件与用户交互动作有关,例如用户单击按钮或按键盘上的键等。

无论编写怎样的事件处理代码,都会包括事件源、事件和响应 3 个元素,它们的含义如下所述。

(1)事件源:事件源就是发生事件的对象,也称为"事件目标"。例如,哪个按钮会被单击,这个按钮就是事件源。

(2)事件:事件是将要发生的事情,有时一个对象会触发多个事件,因此对事件的识别是非常重要的。

(3)响应:当事件发生时执行的操作。

每一个具体的事件都是一个对象。例如,当监听器监测到用户单击鼠标时,它就会创建一个鼠标单击事件对象(一个 MouseEvent 类的实例),并用这个对象去描绘详细的鼠标单击这一事件。每个事件对象不仅保存了关于当前事件的一组特定信息(属性),还包含了用于操作该事件的几个方法。例如,一个鼠标单击事件对象,在它里面包含的信息就有鼠标单击时的本地坐标、舞台坐标、单击时按下的功能键及其他一些信息。

一个用于作为事件发送目标的对象被称为事件目标,当事件对象到达事件目标以后,如果在这个事件目标上没有注册事件监听,则这个事件对象可能会被简单地丢弃。为了能够让事件目标对事件做出响应,需要在事件目标上注册事件监听函数。

在编写事件代码时,用户需要遵循以下基本的结构。

```
function eventResponse(eventObject:EventType):void
{
 //响应事件而执行的动作
}
    //注册事件监听函数
eventSource.addEventListener(EventType.EVENT_NAME,eventResponse);
```

在此结构中,加粗显示的是占位符,用户可以根据实际情况进行改变。

首先,定义了一个函数,函数实际上就是将若干动作组合在一起,用一个快捷的名称来执行这些动作的方法。eventResponse 是函数的名称,eventObject 是函数的参数,EventType 是该参数的类型,这与声明变量是类似的。在大括号"{}"之间是事件发生时执行的指令。

其次,调用源对象的 addEventListener()方法,表示当事件发生时执行该函数的动作。所有具有事件的对象都具有 addEventListener()方法,从上面可以看到,它有两个参数,第一个参数是响应事件的特定事件的名称,第二个参数是事件响应函数的名称。

例如,建立影片片段 MovieClip 对象的鼠标单击事件监听器。

```
var my_mc:MovieClip = new MovieClip();
```

```
my_mc.addEventListener(MouseEvent.CLICK,mouseClick);
function mouseClick(me:MouseEvent){
    trace("您按了鼠标按钮!");
}
```

6.9.1 与鼠标相关的操作事件

在 ActionScript 3.0 中,任何对象都可以通过设置监听器来监控对于对象的鼠标操作, 与鼠标相关的操作事件都属于 MouseEvent 类。

每次发生鼠标事件时,Animate 都会将 MouseEvent 对象调到事件流中。MouseEvent 类负责处理鼠标事件。表 6-6 和表 6-7 列出了鼠标事件常用的属性和事件名称,事件名称 描述的是鼠标的触发事件。

表 6-6　MouseEvent 类的属性

属　　性	说　　明
buttonDown:Boolean	指示鼠标主按键是已按下(true)还是未按下(false)
ctrlKey:Boolean	指示 Ctrl 键是处于活动状态(true)还是处于非活动状态(false)
delta:int	指示用户将鼠标滚轮每滚动一个单位应滚动多少行
localX:Number	事件发生点的相对于包含 Sprite 的水平坐标
localY:Number	事件发生点的相对于包含 Sprite 的垂直坐标
shiftKey:Boolean	指示 Shift 键是处于活动状态(true)还是处于非活动状态(false)
stageX:Number	事件发生点在全局舞台坐标中的水平坐标
stageY:Number	事件发生点在全局舞台坐标中的垂直坐标
relatedObject:InteractiveObject	对与事件相关的显示列表对象的引用,只在鼠标滑进滑出事件中起作用
target:Object	事件目标
type:String	事件的类型

表 6-7　MouseEvent 类常用的事件

事　件　名　称	说　　明
MouseEvent.CLICK	用户在交互对象上单击鼠标时发生
MouseEvent.DOUBLE_CLICK	用户在交互对象上双击鼠标时发生
MouseEvent.MOUSE_DOWN	用户在交互对象上按下鼠标时发生
MouseEvent.MOUSE_UP	用户在交互对象上松开鼠标时发生
MouseEvent.MOUSE_OVER	用户将鼠标光标移到交互对象上时发生
MouseEvent.MOUSE_OUT	用户将鼠标光标移出交互对象时发生
MouseEvent.MOUSE_MOVE	用户在交互对象上移动光标时发生
MouseEvent.MOUSE_WHEEL	用户在交互对象上转动鼠标滚轮时发生
ContexMenuEvent.MENU_ITEM_SELECT	用户在交互对象相关联的上下文菜单中选择时发生

例如,利用 MouseEvent 类的 target 属性和 type 属性显示鼠标事件作用的目标对象和 事件类型。

```
// "注册"按钮元件实例 bt 鼠标单击事件侦听器
bt.addEventListener(MouseEvent.CLICK, clickHandler);        //bt 是某元件实例
function clickHandler(e:MouseEvent) {
```

```
        trace("事件的目标对象为 " + e.target);
        trace("事件的类型为 " + e.type);
        trace("事件的坐标位置为 " + e.stageX + "," + e.stageY); //e.stageX,e.stageY 获取鼠标位置
}
```

运行程序后,单击按钮元件实例 bt,在输出面板中出现如下结果:

事件的目标对象为 [object SimpleButton]
事件的类型为 click
事件的坐标位置为 218.75,224.45

6.9.2 与键盘相关的操作事件

同样,在 ActionScript 3.0 中任何对象也可以通过监听器的设置来监控对于对象的键盘操作,与键盘相关的操作事件都属于 KeyboardEvent 类。表 6-8 列出了 KeyboardEvent 类的属性。

表 6-8 KeyboardEvent 类的属性

属　　性	说　　明
charCode:uint	包含按下或释放的键的字符代码值
ctrlKey:Boolean	指示 Ctrl 键是处于活动状态(true)还是处于非活动状态(false)
keyCode:uint	按下或释放的键的键控代码值
keyLocation:uint	指示键在键盘上的位置
shiftKey:Boolean	指示 Shift 键是处于活动状态(true)还是处于非活动状态(false)

在响应用户的键盘输入操作时,Animate 将调用 KeyboardEvent 对象。KeyboardEvent 负责处理键盘触发事件,触发的事件有两种类型,即键按下时事件 KeyboardEvent.KEY_DOWN 和键释放时事件 KeyboardEvent.KEY_UP。

1. 监听键盘事件

用户可以在一个指定的对象上监听键盘事件,就像前面讲到的监听鼠标事件一样。为了做到这一点,需要先使对象获得焦点,以使它可以捕获那些事件。可以像下面这样书写,代码如下:

```
stage.focus = sprite;                          //sprite 对象获得焦点
```

而在许多案例中,只记得监听键盘事件却忽视了它的焦点。要做到这一点,可以直接在舞台上监听键盘事件。一个在舞台上监听键盘事件的示例代码如下:

```
package {
    import flash.display.MovieClip;
    import flash.events.KeyboardEvent;
    public dynamic class KeyboardEvents extends MovieClip {
        public function KeyboardEvents() {     //构造函数
            init();
        }
        private function init():void {
            //在舞台上监听键盘事件
```

```
            stage.addEventListener(KeyboardEvent.KEY_DOWN, onKeyboard);
            stage.addEventListener(KeyboardEvent.KEY_UP, onKeyboard);
        }
        public function onKeyboard (event:KeyboardEvent):void {
            trace(event.type);
        }
    }
}
```

2. 获取按键信息

通常,用户想知道的并不只是一个键被按下或释放,而是想知道它是哪一个键,有两种方法可以读取键盘事件函数中的信息。

在之前讨论过一个事件处理者(handler)接收传过来的一个事件对象,这个事件对象中包含着刚刚发生的事件的数据信息。在一个键盘事件中,有两个属性与事件中的按键有关,即 charCode 和 keyCode。

charCode 属性给出的是键的字符代码值。例如,如果用户在键盘上按下 a 键,charCode 将包含这个字符串"a"。如果用户同时按下了 Shift 键,charCode 将包含"A"。

KeyCode 包含的是键控代码值(键的物理键值)。如果一个用户按下 a 键,keyCode 将包含数值 65,且忽视其他同时被按下的键。如果用户同时按下 Shift 和 a 键,需要两个键盘事件,一个是 Shift(keyCode 16),另一个是"a"(65)。

6.9.3 帧事件

每一次播放头进入一个有帧脚本的帧,这些帧脚本会执行。帧脚本在帧生命周期中只执行一次,为了让帧脚本多次执行,必须让播放头离开该帧并返回到该帧,或者通过脚本导航指令或在播放头到达时间轴的最后一帧时将播放头返回到第 1 帧播放。

帧事件又称为进入帧事件(帧频事件),在时间轴的播放头进入一个新帧的时候触发。如果时间轴只有一帧(例如 Sprite 类对象),这个事件将会以帧频不断地被触发。任何可视对象都可以接收这个事件。

帧事件(ENTER_FRAME)是 ActionScript 3.0 中动画编程的核心事件,它以与文档帧频相同的节奏释放帧事件。如果默认帧频为 12fps,那么默认的 ENTER_FRAME 帧频就是 12fps。

通过设置影片剪辑的 x、y 坐标来改变它们在屏幕上的位置是非常容易的。如果想使这个影片剪辑动起来,并给它设置一个特定的速度运动,这时就需要用到 ENTER_FRAME 事件了。

例如,在舞台上绘制一个人物图形,然后右击,在弹出的快捷菜单中选择"转换为元件"命令,在如图 6-11 所示的对话框中将其转换为影片剪辑。

在"ActionScript 链接"区中选择"ActionScript 导出"复选框,同时为元件设置对应类名为 Hero,单击"确定"按钮,弹出一个如图 6-12 所示的"警告"对话框,它会提醒用户当要发布 SWF 文件时,如果 Animate 找不到指定的类,它就会自动创建该类。用户可以选中图 6-12 中的"不再显示"复选框,以保证下次创建元件时不会再出现该警告。

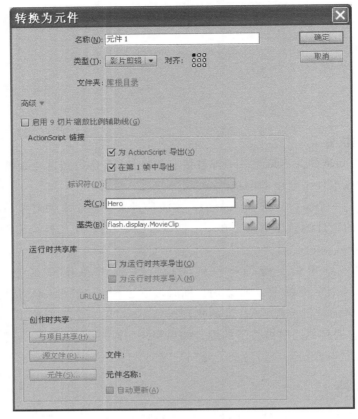

图 6-11　设置元件对应的类名

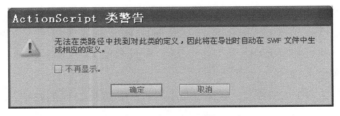

图 6-12　类定义警告

下面通过一小段程序创建库中人物元件的一个实例,并且让它每帧移动一个像素,代码如下:

```
var hero:Hero = new Hero();
hero.x = 50;
hero.y = 100;
addChild(hero);
addEventListener(Event.ENTER_FRAME, animateHero);
function animateHero(event:Event) {
    hero.x++;
}
```

现在,测试影片可以看到,这个 hero 角色开始从屏幕坐标(50,100)处每帧以 1 个像素的速度水平向右移动,如果想让该影片剪辑每次移动 10 个像素,将代码修改如下:

```
hero.x += 10;
```

注意:用户还可以通过改变舞台"属性"面板上的帧频来控制对象的运动速度,系统默认值为 12fps,可以更改该值为 1~60fps 的任意数。事实上,如果选择了帧频为 60fps,并不意味着影片每秒运行 60 帧,如果该影片剪辑比较大,并且计算机的速度比较慢,那么将达不到 60 帧。

在制作游戏的过程中,经常会遇到人物行走的问题,这个问题在 Animate 动画中怎么解决呢? 不必担心,这个问题解决起来很简单,首先用制作动画的方法制作一个人物行走影片剪辑,该影片剪辑有 8 帧,从第 2 帧到第 8 帧为步行的一个循环,每帧代表不同的步进,第一帧作为站立的位置被保留。制作完成以后,在时间轴上输入下面的帧频事件和帧频函数,在函数内,将要创建该角色每帧在水平方向上移动 7 个像素,后面的条件代码检测该影片剪辑的当前帧数,如果为 8 帧,它将返回第 2 帧继续运动,否则继续下面的一帧。其源代码如下:

```
var hero:Hero = new Hero();          //人物行走影片剪辑实例,共有 8 帧
hero.x = 100;
hero.y = 200;
addChild(hero);
addEventListener(Event.ENTER_FRAME, animateHero);
function animateHero(event:Event)
{
    hero.x += 7;
    if (hero.currentFrame == 8)
    {
        hero.gotoAndStop(2);
    } else
    {
        hero.gotoAndStop(hero.currentFrame + 1);
    }
}
```

6.9.4 计时事件

在 ActionScript 3.0 中使用 Timer 类(flash.util.Timer 类)来取代 ActionScript 之前版本中的 setinterval()函数,而对 Timer 类的调用事件进行管理的是 TimerEvent 事件类。用户需要注意的是,Timer 类建立的事件间隔会受到 Animate 文件的帧频和 Animate Player 的工作环境(比如计算机内存的大小)的影响,造成计算的不准确。

Timer 类有两个事件。

(1) TimerEvent.TIMER:计时事件,按照设定的时间发出。

(2) TimerEvent.TIMER_COMPLETE:计时结束事件,当计时结束时发出。

通过 Timer 类构造函数创建计时实例对象,传递以毫秒为单位的数字参数作为间隔时间,下面的例子实例化一个 Timer 对象每秒发出事件信号。

```
var timer:Timer = new Timer(1000);          //1000ms 即 1s 间隔时间
```

一旦创建了 Timer 实例,下一步必须添加一个事件监听器来处理发出的事件,Timer 对象发出一个 TimerEvent. TIMER 事件,它根据设置的间隔时间或延时时间定时发出。下面的代码定义了一个事件监听,调用 onTimer()方法作为处理函数。

```
timer.addEventListener(TimerEvent.TIMER, onTimer);
function onTimer(event:TimerEvent):void{
    trace("on timer");
}
```

Timer 对象不会自动开始,必须调用 start()方法启动。

```
timer.start();
```

默认情况下只有调用 stop()方法才会停下来,另一种方法是传递给构造器第 2 个参数作为运行次数,默认值为 0,即无限次数。下面的例子设定定时器运行 5 次。

```
var timer:Timer = new Timer(1000, 5);
```

下面的代码设定定时器延时 5s 执行 deferredMethod()方法。

```
var timer:Timer = new Timer(5000, 1);
timer.addEventListener(TimerEvent.TIMER, deferredMethod);
timer.start();
```

下面的代码创建一个 Timer 对象,每隔 1s 就触发调用一次 timerFunction 函数绘制圆形图案,源代码如下:

```
//创建一个 Timer 对象,每秒调用一次 timerFunction 函数
var myTimer:Timer = new Timer(1000);          //间隔 1s
myTimer.addEventListener(TimerEvent.TIMER, timerFunction);
//函数内为画一个黑色填充圆点
function timerFunction(event:TimerEvent)
{
    this.graphics.beginFill(0x000000);
    //currentCount 为计时器从开始后触发的总次数
    this.graphics.drawCircle(event.target.currentCount * 10,100,4);
}
myTimer.start();                              //计时开始
```

另外,用户还可以用计时器完成 6.9.3 节用帧频事件制作的动画,全部代码如下:

```
var hero:Hero = new Hero();
hero.x = 100;
hero.y = 200;
addChild(hero);
var heroTimer:Timer = new Timer(80);
heroTimer.addEventListener(TimerEvent.TIMER, animateHero);
```

```
function animateHero(event:Event){
    hero.x += 7;
    if (hero.currentFrame == 8) {
        hero.gotoAndStop(2);
    }
    else {
        hero.gotoAndStop(hero.currentFrame + 1);
    }
}
heroTimer.start();                //计时开始
```

可以发现,调用函数内部的代码没变,唯一不同的就是监听器不一样。前面为帧频监听,这里为计时器监听。当用户测试影片时,会发现这个人物运动的速度和上面的差不多。如果重新设置一下舞台的帧频。例如,改为 6fps 或者 60fps,会发现该影片运动的速度没有明显的变化。

注意:具体区别就是 ENTER_FRAME 是按帧发生的,Timer 是用户可以自定义的时间和循环次数。

6.9.5 删除事件监听器

尽管使用事件监听器使得绝大多数事件的添加和保持操作简单化,但是在不需要它们时保持在原位置会引起问题。

每个监听器会占用一定的内存。因为考虑不周创建了许多监听器,但是在之后如果没有清除,那么就会导致内存减少。因此,在你知道监听器不需要时要记住清除它们。

清除使用 removeEventListener()方法,通过指明相关事件的所有者和被激发的功能,用户可以移除这个监听器,不再对事件做出反应。removeEventListener()方法需要两个参数,即在监听器被创建时指明的事件和函数。指明事件和函数是很重要的,因为用户可能已经操作监听器创建了相同的事件。

下例是每次进入 ENTER_FRAME 帧事件旋转 hero 对象 2°。当 hero 对象被旋转 360°时,监听器被移除,旋转结束。

```
var hero:Hero = new Hero();
hero.x = 150;
hero.y = 100;
addChild(hero);
var jiao:int;
addEventListener(Event.ENTER_FRAME, animateHero);
function animateHero(event:Event) {
    jiao += 2;
    hero.rotation = jiao;
    if(jiao == 360)
        removeEventListener(Event.ENTER_FRAME, animateHero);
}
```

6.9.6 事件流

事件流是事件对象在显示对象层次结构中穿行的过程。当程序触发任何一个事件的时候,Animate Player 就会产生一个相应的事件对象。这个对象会将自己"广播"给程序中所有可接收事件的对象。如果该对象不在显示对象层次结构中,那么它们会立即收到广播信号。例如,Animate Player 将 progress 事件对象直接调度到 URLStream 对象。但是如果是处于显示对象层次结构中,则 Animate Player 将事件沿着层次结构穿行到事件目标,完成后又"回溯"到 Animate Player,这就是事件流。显示对象层次结构是绝大多数 Animate 作品的基本框架,所以了解事件流非常有必要。

假设某 Animate 文档的显示对象层次结构如图 6-13 所示。

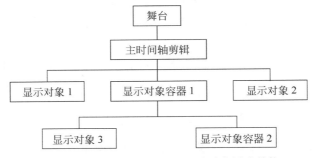

图 6-13 某 Animate 文档的显示对象层次结构

假设单击"显示对象 3",那么 Animate Player 就会产生 click 事件对象,此事件对象将按照如图 6-14 所示的方式穿行。

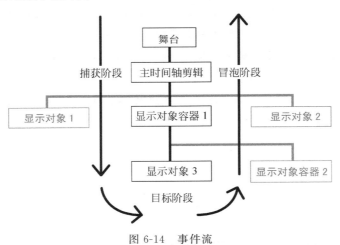

图 6-14 事件流

只要在事件流的路径上有相应事件的监听器,就可以监听到这次鼠标单击事件。而图 6-14 中灰色部分的显示对象及容器不会收到这次的 click 事件,即使在这些对象上设置了 click 事件的监听器也不能接收到不在时间流路径上的 click 事件。正如图 6-14 所示,事件流分为 3 个阶段,即捕获阶段、目标阶段和冒泡阶段。

6.10　基本动作脚本命令

6.10.1　时间轴控制命令

1. gotoAndPlay

形式：gotoAndPlay(scene,frame);。

作用：跳转并播放，跳转到指定场景的指定帧并从该帧开始播放，如果没有指定场景，则将跳转到当前场景的指定帧。

参数：scene,跳转至场景的名称或编号；frame,跳转至帧的名称或帧数。

有了这个命令,用户可以随心所欲地播放不同场景不同帧的动画。

例如,动画跳转到当前场景的第 16 帧并且开始播放,代码如下：

```
gotoAndPlay(16);
```

2. gotoAndStop

形式：gotoAndStop(scene,frame);。

作用：跳转并停止播放,跳转到指定场景的指定帧并从该帧停止播放,如果没有指定场景,则将跳转到当前场景的指定帧。

参数：scene,跳转至场景的名称或编号；frame,跳转至帧的名称或帧数。

例如,动画跳转到场景 2 的第 1 帧并停止播放,代码如下：

```
gotoAndStop("场景 2",1);
```

3. nextFrame

作用：跳至下一帧并停止播放。

该命令无参数,直接使用,例如"nextFrame( );"。

4. prevframe

作用：跳至前一帧并停止播放。

该命令无参数,直接使用,例如"prveFrame( );"。

5. nextScene

作用：跳至下一个场景的第 1 帧并停止播放。如果目前的场景是最后一个场景,则会跳至第 1 个场景的第 1 帧。

该命令无参数,直接使用,例如"nextScene( );"。

6. prevScene

作用：跳至前一个场景并停止播放。如果目前的场景是第 1 个场景,则会跳至最后一个场景的第 1 帧。

该命令无参数,直接使用,例如"prevScene( );"。

7. play

作用：可以指定动画继续播放。

在播放电影时,除非另外指定,否则从第 1 帧播放。如果动画播放进程被 gotoAndStop 语句停止,则必须使用 play 语句才能重新播放。该命令无参数,直接使用,例如"play( );"。

8. stop

作用:停止当前播放的电影,该动作最常见的运用是使用按钮控制电影剪辑。

例如,如果需要某个动画在播放完毕停止而不是循环播放,则可以在动画的最后一帧附加 stop(停止播放电影)动作。这样,当动画播放到最后一帧时播放将立即停止。该命令无参数,直接使用,例如"stop( );"。

9. stopAllSounds

作用:使当前播放的所有声音停止播放,但是不停止动画的播放。需要说明的是,被设置的流式声音将继续播放。该命令无参数,直接使用。注意,调用该函数必须同时指定"SoundMixer"类别,例如"SoundMixer.stopAllSounds( );"。

6.10.2 显示输出命令

在 Animate 中,显示输出使用 trace 命令。

形式:trace(表达式、变量、值)。

作用:显示输出命令 trace()可以在"输出"面板中将运算结果、变量值显示出来。该命令主要用于在编写程序时进行查错。如果要显示变量的值,可以使用 trace 语句向"输出"面板发送值,这在 ActionScript 代码开发的过程中将会经常使用。例如,在测试 SWF 文件时,使用 trace 语句可以在"输出"面板中记录编程的注释或者显示消息。该语句类似于 Java 中的 System.out.println 语句(该语句可以将消息显示在控制台中)。

由于可以使用"发布设置"对话框中的"省略跟踪动作"选项将 trace 语句从发布的 SWF 文件中删除,所以不会造成任何信息泄露。

例如,在"输出"面板中输出字符串"Y 坐标"和当前鼠标光标的 Y 坐标值。

```
trace("Y 坐标:" + mouseY);
```

在"输出"面板中输出 str 变量和比较表达式"3>2"的比较结果。

```
var str:String = "Hello World";
trace(str);
trace(3 > 2);                          //输出 true
```

技巧与提示:

注意到在代码中使用了 trace(str)一行代码,这将会打开"输出"面板,并在该面板上显示变量 str 的值"Hello World",如图 6-15 所示。

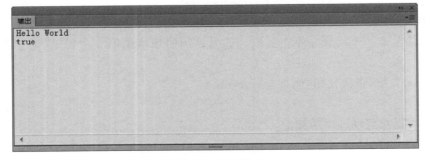

图 6-15　调试信息

6.11 ActionScript 代码的位置

进行 Animate 应用程序开发的第一个问题就是在哪里放置 ActionScript 程序代码,总结起来,共有两个位置可以放置,即放在时间轴中的帧上和放在一个外部类文件中。

6.11.1 在帧中编写 ActionScript 程序代码

在帧中编写 ActionScript 程序代码是最常见也是最主要的代码位置,选中主时间轴上或者影片剪辑中的某一个帧,然后右击,在弹出的快捷菜单中执行"动作"命令,打开"动作"面板,就可以为该帧编写程序代码了。

在帧中编写代码时,"动作"面板左侧"脚本导航器"显示程序代码位于哪一个图层哪一帧,如图 6-16 所示。

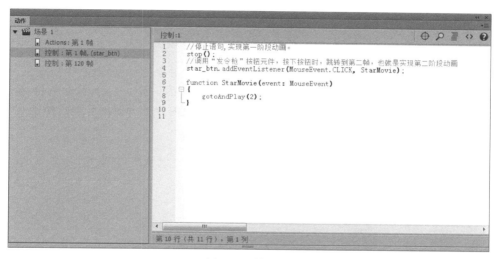

图 6-16　帧代码

另外,在帧中会出现一个小写的 a,表示该帧中包含代码,如图 6-17 所示(第 1 帧包含代码,第 120 帧包含代码)。

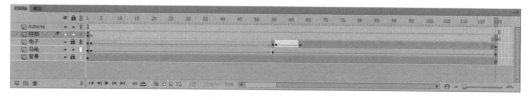

图 6-17　包含代码的帧

6.11.2 在外部类文件中编写 ActionScript 程序代码

ActionScript 程序代码也可以位于外部类文件中,然后使用多种方法(包括使用 import 语句)将类文件中的定义应用到当前应用程序。

使用 Animate,用户也可以创建和编辑外部类文件(* . as 文件),从主菜单中执行"文件"→"新建"命令,在弹出的"新建文档"对话框中,选择屏幕顶部的选项卡(如"角色动画""社交""游戏""教育""广告""Web"和"高级")中的"高级"选项卡,在脚本区选择"ActionScript 3.0 类"选项,就可以创建一个外部类文件来编辑。

这时,应该注意到编辑器的特征,这不再是"动作"面板。并且注意,外部 *.as 文件仅仅是纯文本格式的,它可以使用任何文本编辑器编辑。

技巧与提示:

需要特别注意的是,外部的 *.as 文件并非全部都是类文件,有些是为了管理方便,将帧代码按照功能放置在一个一个的 *.as 文件中。

习题

1. 什么是数据类型? ActionScript 3.0 中有哪些基本数据类型?

2. 什么是类和包? ActionScript 3.0 内建类大致分成哪三部分?

3. 什么是显示列表? 显示对象的基类 DisplayObject 常用哪些属性和方法?

4. 简述根对象 root 和舞台 stage 的含义和区别。

5. 如何在显示列表中删除显示对象? 如何进行显示对象的深度管理?

6. 制作一个图片滚动的动画,在时间轴上加入 ActionScript 3.0 脚本,监听鼠标的两个动作,当鼠标移到图片上方时图片滚动停止;当鼠标移出图片上方时图片继续滚动。

众所周知，Animate 中的动画依靠的是时间轴，在没有脚本的情况下，动画会依照时间轴从第 1 帧不停地播放到最后一帧，然后重复播放或者停止播放。为了更好地控制动画，必须使用脚本语句，要使动画具有逻辑判断的功能，就要使用流程控制语句了。

一般情况下，Animate 执行动作脚本从第一条语句开始，然后按顺序执行，直至最后的语句。这种按照语句排列方式逐句执行的方式称为顺序结构。顺序结构是程序中使用最多的程序结构，但用顺序结构只能编写一些简单的动作脚本，解决一些简单的问题。

在实际应用中，往往会有一些需要根据条件来判断结果的问题，条件成立是一种结果，条件不成立又是一种结果。像这样复杂问题的解决就必须用程序的控制结构，控制结构在程序设计中占有相当重要的位置，通过控制结构可以控制动作脚本的流向，完成不同的任务。

7.1　选 择 结 构

视频讲解

选择结构在程序中以条件判断表现，根据条件判断结果执行不同的动作。ActionScript 3.0 有 3 个可以用来控制程序流的基本条件语句，分别为 if 条件语句、if…else 条件语句、switch 条件语句。本节详细讲解这 3 种不同的选择程序结构。

7.1.1　if 条件语句

```
if (条件表达式){
//在条件成立的情况下执行{}中的语句,否则跳过{}执行后面的语句
}
```

例如：

```
var a:unit = 12;
if (a % 2 == 0)
    trace(a,"是偶数。");
```

在条件表达式中，取模运算符"％"的优先级高于"＝＝"，所以先计算"a％2"，然后判断它的值是否等于 0。当条件为真时执行 trace() 语句输出相关信息，由于需要执行的代码只有一行，所以可以不用大括号；如果需要执行的代码是一个语句段，则必须把所有需要执行的语句都放在一对大括号内。

7.1.2　if…else 条件语句

if…else 条件语句在简单 if 条件语句的基础上增加了一个程序分支,这种语句的一般格式如下:

```
if (条件表达式) {
①……
}//条件成立,执行①中的语句
else {
② ……
}//条件不成立,执行②中的语句
```

例如:

```
var a:unit = 12;
if (a % 2 == 0)
    trace(a, "是偶数。");
else
    trace(a, "是奇数。");
```

if…else 条件语句执行的操作最多只有两种选择,如果有更多的选择,可以使用 if…else if…else 条件语句。

```
if(表达式 1)
    语句 1;
else if (表达式 2)
    语句 2;
else if (表达式 3)
    语句 3;
 ⋮
else if (表达式 n)
    语句 n;
else
    语句 n + 1;
```

例如,按学生的分数 score 输出等级,其中,score≥90 分为优,90 分>score≥80 分为良,80 分>score≥70 分为中等,70 分>score≥60 分为及格,score<60 分为不及格。

```
if (score > = 90)
    trace("优");
else if (score > = 80)
    trace("良");
else if (score > = 70)
    trace("中");
else if (score > = 60)
    trace("及格");
else
    trace("不及格");
```

7.1.3 switch 条件语句

使用 if…else 条件语句可以对条件表达式的真和假两种情况分别处理,使程序产生两个不同的分支,还可以使用 if 条件语句嵌套,实现多重判断。

switch 条件语句相当于一系列 if…else if…条件语句,但是要比 if 条件语句清晰得多。switch 条件语句不是对条件进行测试以获得布尔值,而是对表达式进行求值并使用计算结果来确定要执行的代码块。

switch 条件语句的格式如下:

```
switch (表达式) {
    case:
        程序语句 1;
        break;
    case:
        程序语句 2;
        break;
    case:
        程序语句 3;
        break;
    default:
        默认执行程序语句;
}
```

例如,用 switch 条件语句实现按学生的分数 score 输出其等级的功能。

```
var a:int = score/10;
switch(a)
{   case 10:
    case 9:
     trace("优");
     break;
    case 8:
     trace("良");
     break;
    case 7:
     trace("中");
     break;
    case 6:
     trace("及格");
     break;
    default:
     trace("不及格");
}
```

视频讲解

173

7.2 循环结构

如果要多次执行相同的语句,可以利用循环语句简化程序。在 ActionScript 3.0 中主要有 3 种循环语句,即 for 语句、for…in 语句、while 语句。

7.2.1　for 语句

for 语句通常用于循环次数固定的情况,它的基本格式如下:

```
for(初始表达式; 条件表达式; 递增表达式)
{
    //循环执行的程序段(循环体)
}
```

下面是一个用 for 语句编写的简单程序,计算 $1+2+3+\cdots+98+99+100$ 的值。

```
var s:int = 0;
var i:int,h:String;
for (i = 1;i <= 100;i++){
    s = s + i;
}
h = "s = " + s;
trace (h);
```

运行结果:

```
s = 5050
```

7.2.2　for…in 和 for each…in 语句

for…in 和 for each…in 语句都可以和数组以及对象数据类型一起使用。使用此语句可以在不知道数据里面有多少个元素或元素一直变化的情况下遍历所有数组元素。其基本格式如下:

```
for (变量名 in 数组名或对象数据类型)
{
    //程序段,可以用变量作为下标引用数组元素或用变量作为属性名引用属性值
}
```

例如,下面的语句将数值 myArr 中的元素显示出来。

```
var myArr:Array = [1,2,3,4,5,6,7,8,9,10];
for(var i:String in myArr) {            //i的取值为"0"～"9"
    trace(myArr[i]);                    //直接用变量 i 作为数值元素的下标
}
```

在使用 for…in 语句时,变量的类型必须为 String 类型,如果声明为 Number 等其他类型,则不能正确地输出。

下面分别使用两种语句访问对象中的属性,代码如下:

```
//定义一个对象 lzxt,并添加属性 name 和 age
var lzxt:Object = {name:"浪子啸天", age:30};
//执行遍历操作
for (var i:String in lzxt) {
    //输出属性名称和属性值
    trace("for in 语句输出: " + i + ": " + lzxt[i]);
```

```
    }
    //执行 for each 遍历操作
    for each (var k:String in lzxt) {
        //输出属性值
        trace("for each 语句输出: " + k);
    }
```

7.2.3　while 语句

while 循环在条件成立的时候一直循环,直到条件不成立。它的基本格式如下:

```
while(条件表达式)
{
…
}//当条件为真时执行{}中的语句,在循环过程中也可以使用 break 语句跳出循环
```

例如,下面的语句用来计算 1～10 范围内所有自然数的乘积。

```
var i:uint = 1,mul:uint = 1;
while (i <= 10) {
    mul * = i;
    i++;
}
trace(mul);
```

7.2.4　循环的嵌套

循环的嵌套就是在一个循环的循环体中存在另一个循环体,如此重复下去直到循环结束为止,即为循环中的循环。在此以 for 循环语句为例,其格式如下:

```
for (初始化; 循环条件; 步进语句) {
    for (初始化; 循环条件; 步进语句) {
    循环执行的语句;
    }
}
```

7.2.5　break 和 continue 语句

在 ActionScript 3.0 中可以使用 break 和 continue 语句来控制循环流程。break 语句的结果是直接跳出循环,不再执行后面的语句;continue 语句的结果是停止当前这一轮循环,直接跳到下一轮循环,且当前轮次中 continue 后面的语句不再执行。

下面的两个例子分别执行循环变量从 0 递增到 10 的过程,如果 i 等于 3,分别执行 break 和 continue 语句,查看发生的情况,其代码如下:

```
//使用 break 控制循环
for (var i:int = 0; i < 10; i++) {
    if (i == 3) {
        break;                          //或使用 continue 语句
    }
    trace("当前数字是:" + i);
}
```

视频讲解

7.3　影片剪辑的控制

影片剪辑元件是 Animate 中最重要的一种元件,对影片剪辑属性的控制是 ActionScript 的最重要功能之一。从根本上说,Animate 的许多复杂动画效果和交互功能都与影片剪辑属性控制的运用密不可分。

7.3.1　影片剪辑元件的基本属性

1. 坐标

Animate 场景中的每个对象都有它的坐标,坐标值以像素为单位。Animate 场景的左上角为坐标原点,它的坐标位置为(0,0),前一个数字表示水平坐标,后一个数字表示垂直坐标。Animate 默认的场景大小为 550 像素×400 像素,即场景右下角的坐标为(550,400),场景中的每一点分别用 x 和 y 表示 X 坐标值属性和 Y 坐标值属性,如图 7-1 所示。

例如,要在主时间轴上表示场景中的影片剪辑 my_mc 的位置属性,可以使用下面的方法。

```
my_mc.x    my_mc.y
```

通过更改 x 和 y 属性,可以在影片播放时改变影片剪辑的位置。例如,为影片剪辑对象 my_mc 编写以下事件处理函数,在每次 enterFrame 事件中向右移动两个像素,向下移动一个像素的位置。

```
stage.addEventListener(Event.ENTER_FRAME,moveBall);
function moveBall(event:Event){
my_mc.x += 2;
my_mc.y += 1;
}
```

影片剪辑对象的坐标中心点(对象的 x、y 坐标点)默认情况下是在对象外接矩形的左上角。一个五角星的坐标中心点如图 7-2 所示。

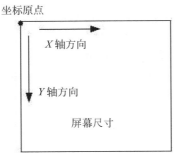

图 7-1　场景坐标

图 7-2　坐标中心点

坐标中心点和变形中心点的区别如下所述。

(1) 坐标中心点:即注册点,它是对象的 x、y 坐标点,默认为对象的左上角,是元件坐标系中(0,0)原点的位置(双击元件后屏幕中小十字的位置,如图7-2所示)。在进行转换为元件操作时会让用户选择注册点,"注册(R)"处选左上角则元件坐标系中原点的位置就在图形的左上角,以此类推,如图7-3所示。

(2)变形中心点:对象进行放大、缩小、旋转操作能变形时的参考中心点,默认为几何中心,可以调整使之位于对象的任何位置。在图7-2中,当使用"任意变形工具"时,对象内部的空心圆即为其变形中心,用户可以用鼠标拖曳这个中心点。

图7-3　修改注册点的位置

注意:坐标原点分为下面两种情况。

① 如果可视对象直接放置在舞台上,则以舞台的左上角作为坐标原点。

② 如果可视对象嵌套在某可视对象内,则以某可视对象的坐标中心点作为坐标原点。

也就是说,对象的坐标值是相对的概念,指相对于它的上层对象的中心点,它的坐标值是多少。

可视对象层次结构中的坐标具有嵌套的特点。事实上,不仅仅是坐标,角度、透明度等可视对象属性都具有嵌套的特点。假设对象a中嵌套着对象b,则b的属性与a的嵌套关系如表7-1所示。

表7-1　嵌套后子对象b的属性的计算

属　性	嵌　套　关　系
不透明度(alpha)	全局不透明度＝a. alpha * b. alpha
高度(height)	全局高度＝a. scaleY * b. height
角度(rotation)	全局角度＝a. rotation＋b. rotation
宽度(width)	全局宽度＝a. scaleX * b. width
x 坐标(x)	全局 x 坐标＝a. x＋b. x * a. scaleX
y 坐标(y)	全局 y 坐标＝a. y＋b. y * a. scaleY

理解这一嵌套关系对于Animate游戏编程人员来说非常重要。

2. 尺寸控制

尺寸控制有两种方法,一种是"绝对尺寸控制",就是设定对象的高度和宽度是多少像素,另一种是"相对尺寸控制",就是设定对象的高度和宽度是原来的多少倍。

绝对尺寸控制一般使用width属性设置影片剪辑元件的绝对宽度,使用height属性设置影片剪辑的绝对高度,单位都是像素,并且值都不能为负。

例如,设置影片剪辑对象my_mc的高度和宽度均为200像素。

```
my_mc.x = 200;
my_mc.y = 200;
```

相对尺寸控制是指在影片剪辑水平和垂直方向上进行缩放的倍数,属性scaleX和scaleY的值代表了相对于库中原影片剪辑的横向尺寸width和纵向尺寸height的百分比,而与场景中影片剪辑实例的尺寸无关。

scaleX、scaleY属性值为数值,属性值1即缩放比率为100%(原始大小)。影片剪辑元件缩放局部坐标系统会影响子影片剪辑元件所定义的 x 和 y 属性设置。例如,如果将父影片剪辑元件缩放50％,则设置x属性会将影片剪辑中的对象移动缩放比例为100％时影片的一半像素数目。影片剪辑元件缩放默认的注册点坐标位置是(0,0)。

例如,设置影片剪辑对象my_mc的高度和宽度均放大1倍。

```
my_mc.scaleX = 2;
my_mc.scaleY = 2;
```

3. 鼠标位置

利用影片剪辑元件的属性不仅可以获得坐标位置,还可以获得鼠标位置,即鼠标光标在影片中的坐标位置。表示鼠标光标的坐标属性的关键字是mouseX和mouseY,其中,mouseX代表光标的水平坐标位置,mouseY代表光标的垂直坐标位置。需要说明的是,如果这两个关键字用在主时间轴中,则它们表示鼠标光标相对于主场景的坐标位置;如果这两个关键字用在影片剪辑中,则它们表示鼠标光标相对于该影片剪辑的坐标位置。mouseX和mouseY属性都是从对象的坐标原点开始计算的,即在主时间轴中代表光标与左上角之间的距离;在影片剪辑中代表光标与影片剪辑中心之间的距离。Animate不能获得超出影片播放边界的鼠标位置,这里的边界并不是指影片中设置的场景大小。如果将场景大小设置为550×400像素,在正常播放时能获得的鼠标位置,即为(0,0)～(550,400);如果缩放播放窗口,将视当前播放窗口的大小而定;如果进行全屏播放,则与显示器的像素尺寸有关。

4. 旋转方向

rotation属性代表影片剪辑的旋转方向,它是一个角度值,介于$-180°$～$180°$,可以是整数和浮点数。如果将它的值设置在这个范围之外,系统会自动将其转换为这个范围之间的值。例如,将rotation的值设置为181°,系统会将它转换为$-179°$;将rotation的值设置为$-181°$,系统会将它转换为179°。不用担心rotation值会超出它的范围,系统会自动将它的值转换为$-180°$～$180°$,并不影响影片剪辑转动的连贯性。

5. 可见性

visible属性即可见性,使用布尔值,即为true(1)或者为false(0)。为true表示影片剪辑可见,即显示影片剪辑;为false表示影片剪辑不可见,即隐藏影片剪辑。

例如,隐藏影片剪辑myMC。

```
myMC.visible = false;
```

7.3.2 控制影片剪辑元件的时间轴

影片剪辑元件时间轴的控制与主时间轴的控制基本一致,包括播放、暂停、跳转等,例如:

```
my_mc.play();               //播放
my_mc.stop();               //暂停
my_mc.prevFrame();          //转到上一帧并暂停
my_mc.nextFrame();          //转到下一帧并暂停
my_mc.gotoAndPlay(n);       //跳转到第n帧并继续播放
my_mc.gotoAndStop(n);       //跳转到第n帧并暂停
```

对于影片剪辑元件,还有以下3个用来监视时间轴进程的只读属性。

1. currentFrame

通过 currentFrame 属性可取得在影片剪辑时间轴上播放头所在的帧编号,在做相对跳转的时候很有用。例如,在使用"快进"按钮时希望每次单击按钮让影片剪辑的播放头向前跳 20 帧,可以使用以下语句:

```
my_mc.gotoAndPlay(my_mc.currentFrame + 20);
```

2. framesLoaded

framesLoaded 属性会返回从 SWF 文件中加载的帧数目,该属性十分有用,在还没有完成某个 SWF 文件中指定帧的加载动作之前可以显示一个消息,告诉用户该 SWF 文件正在加载中。例如:

```
totalFra = this. framesLoaded;
```

3. totalFrames

totalFrames 属性会返回在影片剪辑实体对象中的帧总数,该属性常与 framesLoaded 属性结合使用,可以告诉用户目前 SWF 文件的加载进度百分值(framesLoaded/totalFrames * 100)。

假如设计"快进"按钮,在加载 100 帧时播放到了第 90 帧,那么向前跳 20 帧,就要跳到 110 帧,由于此时第 110 帧还不存在,所以将执行失败,可以将代码完善如下:

```
var t = my_mc.currentFrame + 20;
if (t < my_mc.framesLoaded) {
    my_mc.gotoAndPlay(t);
}
else{
    my_mc.gotoAndplay(my_mc.framesLoaded);
}
```

7.3.3 复制与删除影片剪辑

1. 复制影片剪辑

在 ActionScript 2.0 中使用 duplicateMovieClip 方法来复制影片剪辑实例,在 ActionScript 3.0 中已取消这个方法,也就是无法直接附加对象到动画片段中,而必须先构造要复制对象的实例,然后再使用 addChild()方法或 addChildAt()方法复制该对象的实例。

addChild()方法的语法结构为:

影片剪辑对象. addChild(对象)

addChild()方法可以将指定的对象加入影片剪辑对象中,不限定加入的是何种对象。其中,对象为对象变量名称,也就是使用 new 函数创建的实体对象。

addChildAt()方法的语法结构为:

影片剪辑对象. addChildAt(对象,迭放次序)

addChildAt()方法可以将指定的对象加入影片剪辑对象中,并且可以指定加入对象的迭放次序。其中,迭放次序为整数,它表示附加对象时对象所要放置的层次。

```
myObj = new Object();
```

```
my_mc.addChildAt(myObj,3);
//新建对象"myObj"并复制影片剪辑"my_mc"到第3层中
```

2. 删除影片剪辑

使用 removeChild()方法或 removeChildAt()方法可以删除影片剪辑对象。
removeChild()方法的语法结构为：

```
影片剪辑对象. removeChild(对象)
```

removeChild 可以将已复制到影片剪辑中的对象删除,例如：

```
my_mc. removeChild(myObj);
//删除影片剪辑"my_mc"中的子对象"myObj"
```

removeChildAt()方法的语法结构为：

```
影片剪辑对象. removeChildAt(迭放次序)
```

removeChildAt 可以将指定迭放次序的复制影片剪辑对象删除,例如：

```
my_mc. removeChildAt(3);
//删除影片剪辑"my_mc" 中的迭放次序为3的子对象
```

7.3.4 拖曳影片剪辑

1. startDrag()方法

startDrag()方法的语法结构为：

```
影片剪辑对象. startDrag(锁定中心,拖曳区域)
```

startDrag()方法可以让用户拖曳指定的影片剪辑对象,直到 stopDrag()方法被调用或
其他影片剪辑对象可以拖曳为止。注意,一次只能有一个影片剪辑对象为可拖曳状态。锁
定中心为布尔值,指定可拖曳的影片剪辑对象锁定于鼠标指针的中央(true)或是锁定在用
户第一次按下影片剪辑对象的位置(false),拖曳区域为矩形区域,指定影片剪辑对象拖曳的
限制矩形区域。

例如：

```
my_mc.startDrag();
```

对影片剪辑对象 my_mc 进行拖曳。

```
this.startDrag(true);
```

将当前影片剪辑对象锁定中心点并开始拖曳。

2. stopDrag()方法

stopDrag()方法无参数,它可以结束 startDrag()方法的调用,让用户拖曳的指定影片
剪辑对象停止拖曳状态。例如,停止影片剪辑对象 my_mc 的拖曳动作。

```
my_mc.stopDrag();
```

例如,在游戏中移动某个"狮子"目标,同时显示鼠标位置,效果如图7-4所示。

图7-4 移动"狮子"游戏界面

游戏界面上添加一个狮子影片剪辑元件,并将实例命名为 my_mc。选择工具面板中的"文本工具",向场景舞台上添加两个文本,在属性面板中将文本设置为"动态文本",并将实例分别命名为 x_txt 和 y_txt,用于分别显示鼠标 x、y 坐标。

在时间轴第1帧上右击,在弹出的快捷菜单中执行"动作"命令,打开"动作"面板,添加如下脚本:

```
//跟踪鼠标的位置
addEventListener(MouseEvent.MOUSE_MOVE,mouse_move);
//定义处理鼠标移动的事件
function mouse_move(me:MouseEvent){
    x_txt.text = mouseX;                //显示鼠标 x、y 坐标
    y_txt.text = mouseY;
}
this.parent.addEventListener(MouseEvent.MOUSE_DOWN,yes);     //跟踪鼠标的位置
//定义处理鼠标按下的事件
function yes(event:MouseEvent) {
    my_mc.startDrag(true);              //影片剪辑对象 my_mc 可拖曳
}
this.addEventListener(MouseEvent.MOUSE_UP,no);
//定义处理鼠标抬起的事件
function no(event:MouseEvent) {
    my_mc.stopDrag();                   //停止拖曳影片剪辑对象 my_mc
}
```

测试影片时,鼠标可以拖曳狮子并在 x_txt 和 y_txt 文本框中分别显示鼠标当前位置坐标。

3. dropTarget 属性

dropTarget 属性用于返回影片剪辑对象停止拖曳时位于其下方的影片剪辑对象,或是拖曳过程中位于其下方最后一个接触到的影片剪辑对象,例如:

```
myobject = my_mc.dropTarget;
```

取得当前影片剪辑对象 my_mc 在拖曳过程中位于其下方的影片剪辑对象,并指定给

变量 myobject。

7.3.5 课堂案例——士兵突击

本案例开发士兵突击游戏,舞台上出现 6 个敌人和 1 把枪的瞄准器,游戏中玩家拖曳瞄准器控制它的移动,当瞄准器被拖至敌人上方并单击击中敌人时,被击中的敌人消失。画面有文字信息提示,游戏运行界面如图 7-5 所示。

图 7-5 士兵突击游戏界面

1. 游戏设计的思路

游戏开发时,需要事先准备背景、敌人和瞄准器图片。为了实现动画效果及测试是否击中敌人,敌人和瞄准器图片分别采用影片剪辑实现。N 个敌人的影片剪辑对象采用动态加载技术实现,并且随机产生位置。

瞄准器影片剪辑对象的拖曳主要使用 startDrag( )方法和 stopDrag( )方法实现。瞄准器移动后击中敌人的判断是使用 my_mc.dropTarget 获取瞄准器下方接触到的影片剪辑对象,判断此对象是否正好是某一个敌人影片剪辑对象。如果是一个敌人影片剪辑对象,则此敌人影片剪辑对象移出舞台。

2. 开发士兵突击游戏的步骤

打开 Animate 软件后,执行"文件"→"新建"命令,系统将弹出"新建文档"窗口,在窗口中选择"高级"类型的 ActionScript 3.0 选项。

(1) 设置文档属性。

执行"修改"→"文档"命令,调出"文档设置"对话框。设置场景的尺寸为 550×400 像素,然后单击"确定"按钮,导入如图 7-5 所示的背景幅图到舞台,添加动态文本框 note_txt 用于显示击中敌人信息。

(2) 设计瞄准器和敌人剪辑元件。

执行"插入"→"新建元件"命令。在新弹出的"新建元件"窗口中,将元件名称设置为"敌人",将元件类型设置为"影片剪辑",选中两个选项:"为 ActionScript 导出","在第 1 帧导出"后设置链接类为 enemy_class,单击"确定"按钮。Animate 界面将转变为"敌人"元件的编辑区,导入敌人行走的图片。

同理制作瞄准器剪辑元件。在场景中直接加入一个瞄准器剪辑对象,实例名改为 myTarget。

(3) 设计游戏逻辑代码。

在时间轴第 1 帧上右击,在弹出的快捷菜单中执行"动作"命令,打开"动作"面板,添加如下脚本:

```actionscript
var mcContainer:Sprite = new Sprite ();          //创建 Sprite 容器放置所有敌人
note_txt.text = "欢迎进入士兵突击!";
startPlay();                                     //动态加载 6 个敌人
function startPlay(){
    Mouse.hide();                                //隐藏鼠标指针
    for (var i:int = 1; i <= 6; i++) {           //使用 for 循环语句添加 6 个敌人
        var myEnemy:enemy = new enemy();         //创建对象实例
        myEnemy.x = Math.random() * 350 + 110;
        //设置敌人在横轴方向的位置,其位置值为 110~460 的随机值
        myEnemy.y = Math.random() * 130 + 150;
        //设置敌人在纵轴方向的位置,其位置值为 160~209 的随机值
        myEnemy.scaleX = myEnemy.scaleY = .4;    //设置敌人的大小
        myEnemy.name = "ene" + String(i);        //为每一个添加的敌人对象命名
        mcContainer.addChild(myEnemy);           //将对象添加到 Sprite 容器中
    }
    addChild(mcContainer);                       //在舞台上添加对象容器使敌人显示
    //addChild(myTarget);                        //将瞄准镜添加到舞台
    myTarget.scaleX = myTarget.scaleY = .4;      //设置瞄准镜的大小
    myTarget.startDrag(true);                    //使瞄准器可以被拖曳
}
```

以上代码实现动态加载 6 个敌人,并随机放置在舞台上。这里使用 Sprite 容器放置所有敌人对象,一般可以用 MovieClip 作容器。用 Sprite 而不用 MovieClip,可以提高程序的执行效率。关于 MovieClip/Sprite 这两个类将在 8.2.4 节介绍。

以下代码实现当玩家移动瞄准器单击时,判断敌人对象是否和瞄准器有接触,如果有接触,该敌人对象从 mcContainer 容器中移除,从而达到不可见的目的,同时根据 mcContainer 容器中的敌人数量显示提示信息。

```actionscript
stage.addEventListener(MouseEvent.CLICK,toDie);//添加鼠标单击事件监听器
function toDie(me:MouseEvent ){                  //创建鼠标单击事件响应函数
    for (var i:int = 1; i <= 6; i++)            //使用 for 循环语句遍历对象容器中的所有敌人对象
    {
        if (myTarget.dropTarget&&mcContainer.contains(myTarget.dropTarget))
        {   //如果有接触,则该敌人对象将不可见
            mcContainer.removeChild(myTarget.dropTarget.parent);
        }
    }
    switch(mcContainer.numChildren){
        case 6:
```

```
            note_txt.text = "你可以开始瞄准射击了!";
            break;
        case 5:
            note_txt.text = "你消灭了第一个敌人!";
            break;
        case 4:
            note_txt.text = "你消灭了第二个敌人!";
            break;
        case 3:
            note_txt.text = "你消灭了第三个敌人!";
            break;
        case 2:
            note_txt.text = "你消灭了第四个敌人!";
            break;
        case 1:
            note_txt.text = "你消灭了第五个敌人!";
            break;
        case 0:
            note_txt.text = "你太棒了,消灭了全部敌人!";
            Mouse.show();                    //显示鼠标指针
            myTarget.stopDrag();             //使瞄准器停止拖曳
            removeChild(myTarget);           //将瞄准器移出舞台
            break;
    }
}
```

以上是采用在时间轴的帧上添加代码,也可以使用文档类实现。

从主菜单上执行"窗口"→"属性"命令打开"属性"面板,在属性面板设置文档类为GunMain。单击文档类名右侧的铅笔图标,自动产生 ActionScript 类文件 GunMain. as。或者执行"文件"→"新建"命令,系统将弹出"新建文档"窗口。在窗口中选择"高级"类型的"ActionScript 3.0 类"选项。这样新建一个 ActionScript 类文件,将其命名为 GunMain. as。

```
package {
    import flash.display.MovieClip;
    public class GunMain extends MovieClip {
        public function GunMain() {
            // constructor code
        }
    }
}
```

修改文档类 GunMain. as 如下:

```
package {
    import flash.display.MovieClip;
    import flash.display.Sprite;
    import flash.events.MouseEvent;
    import flash.ui.Mouse;
    public class GunMain extends MovieClip {
        var mcContainer:Sprite = new Sprite (); //创建 Sprite 容器放置所有敌人
```

```
        function startPlay(){
            //代码同上
        }
        function toDie(me:MouseEvent ){            //创建鼠标单击事件响应函数
            //代码同上
        }
        public function GunMain() {                 //构造函数
            note_txt.text = "欢迎进入士兵突击!";
            startPlay();                             //动态加载 6 个敌人
            stage.addEventListener(MouseEvent.CLICK,toDie);   //添加鼠标单击事件监听器
        }
    }
}
```

具体的士兵突击游戏开发由读者自行完善。

7.4 鼠标、键盘和声音的控制

7.4.1 鼠标的控制

利用 hide()和 show()隐藏和显示 SWF 文件中的鼠标指针。默认情况下,鼠标指针是可见的,但是可以将其隐藏。例如:

```
Mouse.show();
```

在 SWF 动画影片中将隐藏的系统鼠标指针显示出来。

```
my_mc.addEventListener(MouseEvent.MOUSE_OVER,chgMouse);
function chgMouse(me:MouseEvent){
Mouse.hide();
}
```

为对象 my_mc 建立鼠标事件监听器,当鼠标指针进入对象范围内(发生 MOUSE_OVER 事件)调用 chgMouse()函数。在 chgMouse()函数中使用 hide()方法隐藏系统默认的鼠标指针。

利用 startDrag 制作鼠标效果,配合鼠标对象的隐藏方法,可以制作个性化的鼠标光标替换默认的鼠标指针。

7.4.2 键盘的控制

任何对象都可以通过设置监听器来监控键盘操作,与键盘相关的操作事件都属于 KeyboardEvent 类。

对于键盘输入,经常需要获取按钮编码,可以使用下面两个属性。

```
keyboardEvent.charCode;
keyboardEvent.keyCode;
```

第一个属性记录了按下键的字符编号,也就是 ASCII 码。ASCII 码(American Standard Code for Information Interchange,美国标准信息交换码)是目前计算机中使用最广泛的字符

集及其编码,已被国际标准化组织(ISO)定为国家标准,每个字符对应一个 ASCII 码,例如,空格键对应的是 32,大写 A 对应的是 65 等。

第二个属性记录了按下键的键控代码值。这两个属性的区别在于,后者检查的是键盘上按下的键,前者检查的是实际输入的字符。例如,输入 X 和 x,由于两个字符不同,所以 keyboardEvent.charCode 的结果不同,但是由于它们用的是同一个按键,所以它们的 keyboardEvent.keyCode 结果相同。

功能键也有按键值,但不便于记忆。例如,取消键(Esc 键)的按键值是 27,但是用户不必去记忆,因为 Keyboard 类有内置的常数来记录按键值。表 7-2 列出了 Keyboard 类中常用的一些常数。

表 7-2　**Keyboard 类中常用的常数**

常　　数	说　　明
Keyboard. ESCAPE	与 Esc 的键控代码值(27)关联的常数
Keyboard. DOWN	与向下箭头键的键控代码值(40)关联的常数
Keyboard. DELETE	与 Delete 的键控代码值(46)关联的常数
Keyboard. BACKSPACE	与 Backspace 的键控代码值(8)关联的常数
Keyboard. CONTROL	与 Ctrl 的键控代码值(17)关联的常数
Keyboard. END	与 End 的键控代码值(35)关联的常数
Keyboard. ENTER	与 Enter 的键控代码值(13)关联的常数
Keyboard. HOME	与 Home 的键控代码值(36)关联的常数
Keyboard. LEFT	与向左箭头键的键控代码值(37)关联的常数
Keyboard. RIGHT	与向右箭头键的键控代码值(39)关联的常数
Keyboard. SHIFT	与 Shift 的键控代码值(16)关联的常数

例如,Keyboard. SHIFT 等于数值 16。因此,用户可通过检测 keyCode 是否等于 Keyboard. SHIFT 来发现 Shift 键是否被按下。检查键盘上的 Shift 键是否被按下,代码如下:

```
//监听"keyDown"事件
  stage. addEventListener(KeyboardEvent. KEY_DOWN,showKey);
  function showKey(event:keyboardEvent){        //定义响应函数"showKey"
  if (event. keyCode == keyboard. SHIFT){        //查看按下的键是不是 Shift 键
      trace("Shift 键被按下了!");              //输出"Shift 键被按下了!"
    }
  }
```

按 Ctrl＋Enter 组合键测试影片,可以看到当按 Shift 键时在"输出"面板中显示出"Shift 键被按下了!",而按下其他键时没有任何反应。

7.4.3　课堂案例——控制圆的移动

该例实现获取方向键信息后控制圆移动的功能,代码如下:

```
package {
    import flash. display. Sprite;
    import flash. events. KeyboardEvent;
```

```
import flash.ui.Keyboard;
public class KeyCodes extends Sprite {
    private var ball:Sprite;
    public function KeyCodes() {
        init();
    }
    private function init():void {
        ball = new Sprite();
        addChild(ball);
        ball.graphics.beginFill(0xff0000);
        ball.graphics.drawCircle(0, 0, 40);
        ball.graphics.endFill();
        ball.x = stage.stageWidth/2;
        ball.y = stage.stageHeight/2;
        stage.addEventListener(KeyboardEvent.KEY_DOWN, onKeyEvent);
    }
    public function onKeyEvent(event:KeyboardEvent):void {
        switch (event.keyCode) {
            case Keyboard.UP:           //上键
                ball.y -= 10;
                break;
            case Keyboard.DOWN:         //下键
                ball.y += 10;
                break;
            case Keyboard.LEFT:         //左键
                ball.x -= 10;
                break;
            case Keyboard.RIGHT:        //右键
                ball.x += 10;
                break;
            default:
                break;
        }
    }
}
```

　　用户需要知道，当在 Animate IDE 环境中测试影片时，Animate IDE 会监听 Tab 键、功能键和一些指定了快捷键的菜单，这些键不会在测试影片中被接收。用户可以在按 Ctrl+Enter 组合键预览影片的窗口中，通过执行"控制"→"禁用快捷键"命令解决，这样测试就像真正工作在浏览器中一样。

7.4.4　声音的控制

1. 构造声音对象

语法：

Sound 对象名称:Sound = new Sound(声音文件);

Sound 类为 Media 组件中的类，Sound 类可以控制影片中的声音，在调用 Sound 类的方法之前,必须使用构造函数 new Sound 建立 Sound 对象,其中声音文件为 URLRequest 类型的参数,必须使用 URLRequest 类对象转换字符串成为加载文件存储器的目标路径。

例如:

```
my_sound:Sound = new Sound(new URLRequest("test.mp3"));
```

构造 my_sound 声音对象并加载外部声音文件 test.mp3。

其他声音控制属性属于 Media 组件的特定类,主要是 SoundChannel 和 SoundTransform 两个类,用于控制向计算机喇叭输出声音的音量等属性,在使用前也必须先构造。例如:

```
my_soundChannel:SoundChannel = new SoundChannel();
```

构造一个"my_soundChannel"SoundChannel 对象。

```
my_soundTransform:SoundTransform = new SoundTransform();
```

构造一个"my_soundTransforml"SoundTransform 对象。

2. 加载声音文件

语法:

```
Sound 对象名称.load(声音文件);
```

load()方法可以将指定的声音文件加载到 Sound 对象中,load()方法针对的是外部的声音文件,所以必须使用 URLRequest 类对象转换文件来源字符串成为加载文件的目标路径。例如:

```
my_sound.load(new URLRequest("test.mp3"));
```

将声音文件"test.mp3"加载到"my_sound"对象中,声音文件"test.mp3"与 SWF 文件所在的位置相同(相同路径下)。

```
my_sound.load(new URLRequest ("http://www.xyz.com/test.mp3"));
```

将声音文件"test.mp3"加载到"my_sound"对象中,声音文件"test.mp3"与 SWF 文件所在的位置不同,位于 Internet 网络中。如果要取得加载的声音文件的相关信息(如声音文件的播放时间长度(length 属性)),则必须在声音对象加载完成且没有错误发生时才能取得,也就是声音对象的 complete 事件被触发之后。如果声音文件已经位于 SWF 文件的库中,同时在"声音属性"对话框中已经设定成导出,则此时只要以构造对象的方式就可以对该声音文件进行控制,并无须使用 load 方法。

3. 声音文件的播放与关闭

语法:

```
Sound 对象名称.play(开始播放时间位置,重复播放次数,SoundTransform 对象);
Sound 对象名称.close( );
```

当使用 load()方法让声音对象完成加载声音文件且没有错误发生时,可调用 play()方法开始播放声音文件,调用 play 方法但没有给定任何参数时,声音文件将从头开始播放 1次,调用 play()方法也可以给定参数指定从何处开始播放以及播放的次数。调用 play()方法后会返回一个 SoundChannel 对象,提供其他可以对声音文件进行的控制方法或属性设置,调用 close()方法会关闭音频数据流,所有已加载的数据将全部清除,此时声音对象将成为一个空对象。例如:

```
my_sound.close();
```

关闭音频数据流,清除所有已加载的数据。

4. 取得声音已播放的时间

语法:

```
SoundChannel 对象.position;
Sound 对象名称.length
```

position 属性值为声音已播放的时间,属性值的单位为毫秒。当声音被回放时,position 属性值会在每次回放的开头被重设为 0。如果要得知声音的可播放长度(声音的持续时间),则可通过 Sound 声音对象的 length 属性实现。

```
NT = Math.floor(my_soundchannel.position/100)/10;
```

取得声音已播放的时间换算成含一位小数的秒数并存入变量 NT 中,my_soundChannel 为一个 SoundChannel 对象。

```
NT = Math.floor(my_channel.position/1000);
myM = Math.floor(NT / 60);
myS = Math.floor(NT % 60);
trace("声音已播放:" + myM + "分" + myS + "秒";)
```

取得声音已播放的时间换算成分、秒并显示。

```
NT = Math.floor(my_sound.length/1000);
```

取得声音可播放的总时间换算成秒数并存入变量 NL 中,my_sound 为一个 Sound 对象。

7.5 Animate 的文本交互

Animate 的“交互”实际上是指人和程序之间的数据输入和输出过程,输入的内容可以是触发事件。例如,鼠标单击按钮或输入字符串、数字等,这就需要用到输入文本,而输出的数据可以使用动态文本进行显示。下面学习动态文本与输入文本的相关知识。

7.5.1 文本类型

通过 Animate 提供的“文本工具”,制作者可以方便地输入相应的文字。输入文字后,还可以通过“属性”面板对其内容和样式进行编辑和设置。Animate 文本共有 3 种类型。

1. 动态文本

所谓“动态文本”,是指其中的文字内容可以被后台程序更新的文本对象。文本可以在动画播放过程中根据用户的动作或当前的数据改变。动态文本可以用于显示一些经常变化

图 7-6　设置为动态文本

的信息。例如,比赛分数、股市行情和天气预报等。在"属性"面板中设置参数如图 7-6 所示。此种文本类型使用 TextFiled 类管理,动态文本的内容可以使用脚本语言利用 TextField 类的 text 属性实现。

2. 输入文本

所谓"输入文本",是指可以在其中由用户输入文字并提交的文本对象。输入文本对象的作用与 HTML 网页中的文本域表单的作用一样。不过在 HTML 中,数据的输入和提交是在 Web 页面上完成的,而在 Animate 中,数据的输入和提交可以在动画中完成。输入文本也可以通过 TextField 类的实例访问。

注意:"动态文本"主要用于显示变化的文本,"输入文本"主要用于接收用户输入的文本,这两种文本对象的目的是不同的。

3. 静态文本

静态文本是一些不会改变的文字。此种文本类型只能通过 Animate 创作工具来创建,不能使用 ActionScript 3.0 创建静态文本实例。此类型文本广泛用于 Animate 创作,用于在 Animate 中显示不变的文本。这些文字在发布为 SWF 格式文件后显示出来的文字不再改变,并且不能再更改。

下面着重学习动态文本与输入文本的使用。

7.5.2　文本实例名称

用户可以将动态文本与输入文本看成是特殊的元件,在舞台上创建出来的每个动态文本都是元件的实例。正如"人"是一类元件,那么"孔子""李世民""林则徐"都是元件的实例。如果要和某个人联系,就必须先确定名称。动态文本和输入文本一样,如果希望控制它的完整属性,那么就必须设置它的名称。

在舞台上创建一个动态文本或输入文本,然后选中该文本,在"属性"面板中输入实例名称"my_txt",其中,后缀"_txt"可以触发文本类的相关代码提示。

选中主时间轴中的第 1 帧,然后执行菜单栏中的"窗口"→"动作"命令,打开"动作"面板,输入"my_txt."(注意后面有点号"."),即可触发提示代码列表。在其中可以选择文本类的相关属性和动作,例如添加如下代码:

```
my_txt.text = "I'm a text!";
my_txt.textColor = 0x6600ff;
my_txt.alpha = 0.9;
my_txt.scaleX = 1;
my_txt.scaleY = 1.5;
```

7.5.3　课堂案例——小学生算术游戏

视频讲解

计算机连续、随机地给出两位数的加减法算术题,要求学生回答,答对的打"√",答错的打"×"。将做过的题目存放在多行文本框中备查,并随时给出答题的正确率,运行界面如图 7-7 所示。

（1）打开 Animate 软件后,执行"文件"→"新建"命令,系统将弹出"新建文档"窗口,在窗口中选择"高级"类型的 ActionScript 3.0 选项。

（2）执行"修改"→"文档"命令,打开"文档设置"对话框,设置场景的尺寸为 300×450 像素,然后单击"确定"按钮。

接着执行"窗口"→"属性"命令,打开"属性"面板（如图 7-8 所示）,在其中设置文档类为 SuanShu（注意,此处写类名不需要 .as）。

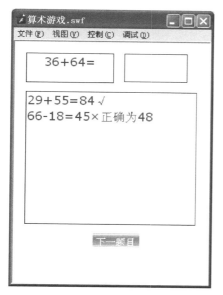

图 7-7　算术游戏界面

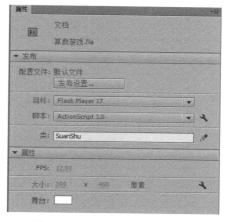

图 7-8　设置文档类及相关属性

（3）在工具箱中选择"文本工具",在场景舞台上添加两个文本,并在"属性"面板中将文本设置为"动态文本",然后将实例分别命名为 ti_mu 和 all_mu,其中,ti_mu 用来显示题目,all_mu 是多行文本,用来显示做过题目的对错。

在场景舞台上再添加一个文本,并在"属性"面板中将文本设置为"输入文本",然后将实例命名为 input_txt,用来输入玩家的答案。

（4）执行"窗口"→"公用库"→Buttons 命令,打开按钮"库"面板（如图 7-9 所示）,从中选取 bar blue 按钮拖曳到舞台上。然后双击舞台上的 bar blue 按钮元件实例,进入元件编辑状态,选中此元件的 text 层,修改文字为"下一题目"。注意,Animate 中取消公用库,需要自己制作按钮或者从旧版本复制这些按钮。

（5）单击"场景 1"从元件编辑状态回到舞台,然后选中"下

图 7-9　按钮"库"面板

一题目"元件,在"属性"面板中将实例名改为 next_btn。

(6) 执行"文件"→"新建"命令,系统将打开"新建文档"对话框,在该对话框中选择"高级"类型的"ActionScript 3.0 类"选项,这样在 Animate 中会新建一个 ActionScript 类文件,将其保存为 SuanShu.as,并保存到刚刚创建的 Animate 文件所在的文件夹中。SuanShu 类的具体代码如下:

```
package {
    import flash.text.TextField;
    import flash.display. * ;
    import flash.events. * ;
    public class SuanShu extends MovieClip {
        private var arr:Array = new Array();
        private var arr2:Array = new Array();
        private var m1:Number;
        private var m2:Number;
        private var m:uint = 90;
        private var op:uint;
        private var ans:Number;
        public function SuanShu():void {
            chu_ti();                        //出题
            next_btn.addEventListener(MouseEvent.CLICK,clickNext);
        }
```

由于需要产生多道题目,所以使用 chu_ti() 函数完成出题功能。每道题用 Math.random() * m + 10 产生范围在 10~99 的两个随机整数作为操作数,同时加减运算也是随机的,用随机数方法 Math.random() * 2 返回一个 0~1 的整数,1 代表加法,0 代表减法。若为减法,应将大数作为被减数。

```
public function chu_ti() {
    var n1:uint;
    var n2:uint;
    n1 = Math.random() * m + 10;
    n2 = Math.random() * m + 10;
    op = Math.random() * 2;
    m1 = n1;
    m2 = n2;
    if(op == 1){                    //1 代表加法
        ti_mu.text = String(m1) + " + " + String(m2) + " = ";
        ans = m1 + m2;
    }
    else{                          //0 代表减法
        if(m1 >= m2){              //若为减法,应将大数作为被减数
            ti_mu.text = String(m1) + " - " + String(m2) + " = ";
            ans = m1 - m2;
        }
        else{
            ti_mu.text = String(m2) + " - " + String(m1) + " = ";
            ans = m2 - m1;
        }
```

```
        }
    }
```

判断正误是在小学生输入答案并单击"下一题目"按钮后进行的。因此,相关的代码应放在"下一题目"按钮的单击事件中完成的按键事件 clickNext()中完成。

```
public function clickNext(event:MouseEvent) {
    //处理本题是否答对
    if(int(input_txt.text) == ans)
        //all_mu.appendText(ti_mu.text + input_txt.text + "√" + "\n");
        all_mu.text = ti_mu.text + input_txt.text + "√" + "\n" + all_mu.text;
    else
        all_mu.text = ti_mu.text + input_txt.text + "×" +
                    "正确为" + String(ans) + "\n" + all_mu.text;
    chu_ti();    //出下一题
    input_txt.text = "";
}
```

(7) 按 Ctrl+Enter 组合键测试并预览动画效果。

说明:这段代码还用到了 Animate 内建的数学类 Math 的一个静态方法——random(),它的作用是生成一个 0~1 的随机小数。Math 是 Animate 内嵌的数学计算辅助类,开发游戏经常要和这个类打交道。它是一个静态类,包含一些静态函数和静态属性,以提供常用的数学方法和数学常数,在程序的任何地方都可以调用这些成员。

例如,表示圆周率 π 的常数为 Math.PI。下面这行代码用于计算面积为 area 的圆的半径,代码如下:

```
r = Math.sqrt(area/Math.PI);
```

Math 还包含了一些数学函数,在游戏编程中会经常用到这些函数,表 7-3 列出了 Math 类的部分数学函数。

表 7-3　Math 类的部分数学函数

函　　数	说　　明
abs(x)	返回由参数 x 指定的数字的绝对值
acos(x)	返回由参数 x 指定的数字的反余弦值
asin(x)	返回由参数 x 指定的数字的反正弦值
atan(tangent)	返回角度值,该角度的正切值已由参数 tangent 指定
cos(x)	返回指定角度的余弦值
exp(x)	返回自然对数的底的 x 次幂的值
log(x)	返回参数 x 的自然对数
pow(x, y)	计算并返回 x 的 y 次幂
random()	返回一个伪随机数 n,其中,$0 \leqslant n < 1$
round(x)	将参数 x 的值向上或向下舍入为最接近的整数并返回该值
sin(x)	以弧度为单位计算并返回指定角度的正弦值
sqrt(x)	计算并返回指定数字的平方根
tan(x)	计算并返回指定角度的正切值

注意：表 7-3 中的所有三角函数和反三角函数均以弧度制为单位。对于 Math 类的所有常数和方法，用户可参看脚本提示，或者查看 Animate 的帮助文件。

7.5.4 课堂案例——倒计时程序

该游戏默认玩 10s，每秒刷新一次剩余时间，其运行界面如图 7-10 所示。

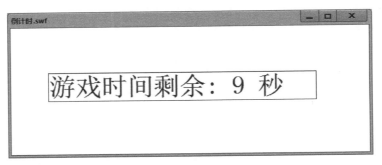

图 7-10 倒计时程序

（1）打开 Animate 软件后，执行"文件"→"新建"命令，系统将弹出"新建文档"窗口，在窗口中选择"高级"类型的 ActionScript 3.0 选项。

（2）在工具箱中选择"文本工具"，在场景舞台上添加一个文本，并在"属性"面板中将文本设置为"动态文本"，然后将实例命名为"hint_txt"（用于显示剩余时间）。

（3）选中主时间轴中的第 1 帧，执行"窗口"→"动作"命令，打开"动作"面板，输入如下代码：

```
var tempcount:int = 0;                    //临时计数变量
var totaltime:int = 10;                   //游戏默认玩 10 秒
var gameTimer:Timer = new Timer(1000);    //1 秒刷新一次
gameTimer.addEventListener(TimerEvent.TIMER,gameTimerHandler);
gameTimer.start();                        //启动定时器
function gameTimerHandler(event:TimerEvent){
    tempcount++;
    if(tempcount > totaltime - 1){
        hint_txt.text = "游戏时间已经结束!";
        tempcount = 0;
        gameTimer.stop();
    }else{
        hint_txt.text = "游戏时间剩余: " + (totaltime - tempcount) + " 秒";
    }
}
```

下面制作具有动画效果的倒计时。这里先制作一个倒计时的影片剪辑，这个影片剪辑的长度为 50 帧，用形状补间动画把里面的填充色块逐帧扩大。

（1）执行"插入"→"新建元件"命令，在"创建新元件"对话框中输入元件名称（倒计时条），元件类型选择"影片剪辑"，然后单击"确定"按钮。在图层 1 的第 1 帧上用"矩形工具"画一个矩形，宽 300 像素、高 20 像素，边框为绿色，填充色为红色，并调整其左边缘对齐舞台的中心点，如图 7-11 所示。

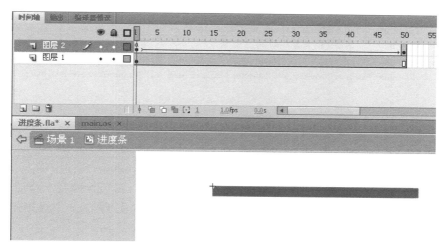

图 7-11　倒计时程序

（2）用"选择工具"选中中间的填充色块（红色部分），按 Ctrl＋X 组合键剪切矩形填充色块。然后选中图层 2 的第 1 帧，执行"编辑"→"粘贴到当前位置"命令。

（3）在图层 2 的第 50 帧插入关键帧，把色块宽度调整为 1 像素（可以在"属性"面板中修改数据来缩小色块的宽度），右击图层 2 第 1 帧，在弹出的快捷菜单中选择"补间形状动画"。在图层 1 的第 50 帧按 F5 键插入普通帧，按 F9 键打开"动作"面板，添加如下代码：

```
stop();
```

（4）执行"文件"→"新建"命令，系统将打开"新建文档"对话框，在其中选择"高级"类型的 ActionScript 3.0 选项，这样新建一个 ActionScript 文件，将其命名为 main.as，输入如下代码，并保存到创建 Animate 文件.fla 所在的文件夹中。

```
package {
    import flash.text.TextField;
    import flash.display. * ;
    import flash.events. * ;
    import flash.utils.Timer;
    public class main extends MovieClip {
        var tempcount:int = 0;                      //临时计数变量
        var totaltime:int = 50;                     //游戏默认玩 50 秒
        var gameTimer:Timer = new Timer(1000,50);   //1 秒钟一次,重复 50 次
        //构造函数
        public function main() {
            hint_txt.text = "剩余: " + (totaltime - tempcount) + " 秒";
            gameTimer.addEventListener(TimerEvent.TIMER,gameTimerHandler);
            gameTimer.addEventListener(TimerEvent.TIMER_COMPLETE,COMPLETEHandler);
            gameTimer.start();                      //启动定时器
        }
        function gameTimerHandler(event:TimerEvent) {
            tempcount++;
            clock_mc.gotoAndStop(tempcount);
            hint_txt.text = "剩余: " + (totaltime - tempcount) + " 秒";
```

```
        }
        function COMPLETEHandler(event:TimerEvent) {
            hint_txt.text = "游戏时间已经结束!";
            gameTimer.removeEventListener(TimerEvent.TIMER_COMPLETE,COMPLETEHandler);
            gameTimer.removeEventListener(TimerEvent.TIMER,gameTimerHandler);
        }
    }
}
```

（5）执行"文件"→"新建"命令，系统将打开"新建文档"对话框，在其中选择 ActionScript 3.0 选项创建 Animate 文件。然后在创建的 Animate 文件中加入"倒计时条"影片剪辑，实例名为 clock_mc。在工具箱中选择"文本工具"，在场景舞台上添加一个文本，并在"属性"面板中将文本设置为"动态文本"，然后将实例命名为 hint_txt(用于显示剩余时间)。

（6）按 Ctrl+Enter 组合键测试并预览动画效果，如图 7-12 所示。

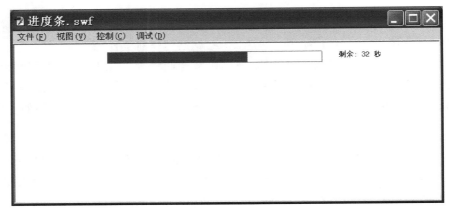

图 7-12　倒计时条效果图

7.6　数组的使用

数组(Array)类在 ActionScript 3.0 中是顶级类，直接继承自 Object 类。利用数组的容器功能，可以在其中储存大量的数据。

数组是游戏程序中频繁使用的一种数据类型，数组可以有效地管理具有相同类型的数据，可以缩短和简化程序。数组按照功能可以分为简单的索引数组和复杂的关联数组两种类型。数组按照维数不同，可以分为一维数组和多维数组。数组中存储的数据没有类型限制，无论是数组、字符串还是对象，都可以存储到数组中。

数组一般分为两类，即索引数组和关联数组。

（1）索引数组：数组中的每个元素都存储在指定编号的位置，这个位置称为该数组的索引。数组的元素都用唯一的整数下标来索引，该索引的起始值为 0，每个元素保存在索引指定的位置。多维数组也可以通过索引来访问数组，也是索引数组。

（2）关联数组：数组中的每个元素都有对应的键值，此键值为唯一的字符串，作为数组元素的索引。关联数组是 Object 类的实例,每个键值都与一个属性名称对应。关联数组就是键和值对应的无序集合,用字符串关键字作为每个元素的索引。

创建数组有两种构造函数。

```
var array:Array = new Array(3);                    //创建数组时指定数组长度
var array:Array = new Array(element0,…,elementN);  //创建数组时加入多个元素
```

直接用数组符号也可以创建一个数组,这是很简洁的方式。

```
var letters:Array = ["a", "b", "c"];
```

访问数组的元素则使用下标运算符"[]"读取和设置内容,下标从 0 开始编号。例如:

```
letters[1] = "apples";     //下标从 0 开始编号,所以设置第二个元素为"apples"
trace(letters);            //显示数组内容为 a, apples, c
```

ActionScript 并不关心数组中储存的是什么类型的数据,可以是字符串、数字、布尔值和引用类型,而且不像其他语言,同一个数组可以储存不同类型的数据,例如:

```
var data:Array = ["a", 2, true, new Object()];
```

Array 类提供了一些方法修改数组内容或者返回新的数组,下面学习一些 Array 类提供的常用方法。

7.6.1 为数组新增元素

在 ActionScript 3.0 中,能够给数组新增元素的方法有 3 种,分别为 push()、unshift()和 splice()方法。对于这 3 种向数组添加新元素的方法,push()方法用于向数组尾部添加新元素,unshift()方法用于向数组的头部添加新元素,splice()方法用于向数组中的指定位置添加新元素。

1. 向数组尾部添加新元素

push()方法用于向数组尾部添加新元素。push()方法的返回值是增加元素后的数组长度。push()方法常用的用法如下:

```
数组.push(元素);
数组.push(元素 1,元素 2,元素 3,…,元素 n);
```

例如:

```
var bookList:Array = ["Book I","Book II","Book III"];
trace(bookList.push("A"));            //数组尾部加入 A,并用 trace 输出 push 方法的返回值
trace(bookList.push("B", "C", "D"));  //可以同时加入多个元素
trace(bookList);
```

输出结果如下:

```
4
7
Book I,Book II,Book III,A,B,C,D
```

2. 向数组头部添加新元素

unshift()方法用于向数组的头部添加新元素,常用用法如下:

```
数组.unshift(元素);
数组.unshift(元素 1,元素 2,元素 3,…,元素 n);
```

例如:

```
var bookList:Array = ["Book I","Book II","Book III"];
trace(bookList.unshift("1"));        //数组头部加入 1,并且输出 unshift 方法的返回值
trace(bookList.unshift("2","3","4")); //可以同时加入多个元素
trace(bookList);
```

输出结果如下:

```
4
7
2,3,4,1,Book I,Book II,Book III
```

3. 向数组中的指定位置添加新元素

splice()方法用于向数组中的指定位置添加新元素。splice 的意思是拼接,是指把两个东西通过某种方法连接起来。splice()方法需要用户删除数组中的某些元素,然后插入另一些元素。splice()方法需要两个必需的参数,一是开始索引(插入元素和删除元素开始的地方),二是删除的数量(如果是 0 则表示只插入不删除)。除此之外,还可以加入任何数量的可选参数(这些参数都是从开始索引地方加入的元素)。splice()方法会返回删除的元素。

例如:

```
var shan:Array = ["恒山", "泰山", "衡山", "嵩山", "华山"];
trace(shan);                     //恒山,泰山,衡山,嵩山,华山
var xiugai:Array = shan.splice(2, 1, "衡山");
trace(shan);                     //恒山,泰山,衡山,嵩山,华山
trace(xiugai);                   //衡山
```

7.6.2 删除数组中的元素

在 ActionScript 3.0 中,能够删除数组中元素的方法也有 3 种,分别为 pop()、shift()和 splice()方法。pop()方法用于删除数组的最后一个元素,shift()方法用于删除数组中的第一个元素,splice()方法用于删除数组中指定位置的一个或多个元素。

例如:

```
var myArray:Array = new Array();
myArray.push(1);
trace(myArray);                  //在"输出"面板中显示 1
myArray.push(2);                 //数组有 1 和 2 两个元素
trace(myArray.pop());            //pop()方法删除最后一个元素,在"输出"面板中显示 2
trace(myArray);                  //数组仅有一个元素 1,所以在"输出"面板中显示 1
```

7.6.3 数组的排序

ActionScript 3.0 的数组排序方法共有 3 种,分别为 reverse()、sort()和 sortOn()方法。reverse()方法用于实现数组的翻转,sort()方法实现数组按指定方式排序,sortOn()方法则

实现按数组指定属性进行排序。

1. reverse()方法

reverse()方法不带参数,也不返回值,但可以将数组从当前顺序切换为相反顺序。以下示例颠倒了 oceans 数组中列出的"四大洋"顺序。

```
var oceans:Array = ["Arctic", "Atlantic", "Indian", "Pacific"];
oceans.reverse();
trace(oceans);                          //输出: Pacific,Indian,Atlantic,Arctic
```

2. sort()方法

sort()方法按照"默认排序顺序"重新安排数组中的元素。默认排序顺序具有以下特征。

(1) 排序区分大小写,即大写字符优先于小写字符。例如,字母 D 优先于字母 b。

(2) 排序按照升序进行,即低位字符代码(如 A)优先于高位字符代码(如 B)。

(3) 排序将相同的值互邻放置,并且不区分顺序。

(4) 排序基于字符串,即在比较元素之前应先将其转换为字符串(例如,10 优先于 3,因为相对于字符串"3"而言,字符串"1"具有低位字符代码)。

用户也许无须区分大小写或者按照降序对数组进行排序,或者用户的数组中包含数字,从而按照数字顺序而非字母顺序进行排序。sort()方法具有 options 参数,可以通过该参数改变默认排序顺序的各个特征。options 是由 Array 类中的一组静态常量定义的,如下所述。

(1) Array. CASEINSENSITIVE:此选项可使排序不区分大小写。例如,小写字母 b 优先于大写字母 D。

(2) Array. DESCENDING:用于颠倒默认的升序排序。例如,字母 B 优先于字母 A。

(3) Array. UNIQUESORT:如果发现两个相同的值,此选项将导致排序中止。

(4) Array. NUMERIC:这会导致排序按照数字顺序进行,例如,3 优先于 10。

以下示例重点说明了一些选项,首先创建一个名为 poets 的数组,然后使用几种不同的选项对其进行排序。

```
var poets:Array = ["Blake", "Cummings", "Angelou", "Dante"];
poets.sort();                           //默认排序
trace(poets);                           //输出: Angelou,Blake,Dante,Cummings
poets.sort(Array.CASEINSENSITIVE);
trace(poets);                           //输出: Angelou,Blake,Cummings,Dante
poets.sort(Array.DESCENDING);
trace(poets);                           //输出: Cummings,Dante,Blake,Angelou
poets.sort(Array.DESCENDING | Array.CASEINSENSITIVE);    //使用两个选项
trace(poets);                           //输出: Dante,Cummings,Blake,Angelou
```

3. sortOn()方法

sortOn()方法是为具有包含对象元素的索引数组设计的,这些对象应至少具有一个可用作排序键的公共属性。如果将 sortOn()方法用于任何其他类型的数组,则会产生意外的结果。以下示例修改 poets 数组,以使每个元素均为对象而非字符串,每个对象既包含诗人的姓又包含诗人的出生年份。

```
var poets:Array = new Array();
poets.push({name:"Angelou", born:"1928"});
poets.push({name:"Blake", born:"1757"});
poets.push({name:"Cummings", born:"1894"});
poets.push({name:"Dante", born:"1265"});
poets.push({name:"Wang", born:"701"});
```

用户可以使用 sortOn()方法,按照 born 属性对数组进行排序。sortOn()方法定义了 fieldName 和 options 两个参数,必须将 fieldName 参数指定为字符串。在以下示例中,使用两个参数 born 和 Array. NUMERIC 来调用 sortOn()方法。Array. NUMERIC 参数用于确保按照数字顺序进行排序,而不是按照字母顺序。

```
poets.sortOn("born", Array.NUMERIC);
for (var i:int = 0; i < poets.length; ++i)
{
    trace(poets[i].name, poets[i].born);
}
```

输出结果如下:

```
Wang 701
Dante 1265
Blake 1757
cummings 1894
Angelou 1928
```

7.6.4 从数组中获取元素

如果要从数组中查找指定的元素位置(索引值),可以使用 indexOf()方法和 lastIndexOf()方法实现,也可以使用 for 循环语句、if 条件语句和 break 跳出语句自定义方法实现。从数组中获取元素是利用 slice()方法获取指定索引后的全部或一部分元素,并组成新的数组。

1. indexOf()方法

indexOf()方法的执行结果返回要检索的数组元素的索引值。其语法格式如下:

数组名. indexOf(被检索的数组元素,开始位置)

其中,开始执行搜索的索引值在默认状态下是从头搜索。indexOf()的返回值是一个整数,在检索到的情况下返回索引值,检索不到时返回−1。

2. lastIndexOf()方法

lastIndexOf()方法和 indexOf()方法基本相同,不过它执行的是从后向前的搜索。

3. concat()方法

concat()方法将新数组和元素列表作为参数,并将其与现有数组结合起来创建新数组。

4. slice()方法

slice()方法从原数组中获取一定范围内的元素并组成新数组返回,此过程并不修改原数组中的元素。其语法格式如下:

数组名. slice(开始位置,结束位置)

slice()方法具有 startIndex 和 endIndex 两个参数,并返回一个新数组,它包含从现有数组分离出来的元素副本。分离从 startIndex 处的元素开始,到 endIndex 处的前一个元素结束。值得强调的是,endIndex 处的元素不包括在返回值中。以下示例通过 concat()方法和 slice()方法使用其他数组的元素创建一个新数组。

```
var array1:Array = ["alpha", "beta"];
var array2:Array = array1.concat("gamma", "delta");
trace(array2);                          //输出: alpha,beta,gamma,delta
var array3:Array = array1.concat(array2);
trace(array3);                          //输出: alpha,beta,alpha,beta,gamma,delta
var array4:Array = array3.slice(2,5);
trace(array4);                          //输出: alpha,beta,gamma
```

7.6.5 把数组转换为字符串

对于把数组转换为字符串,ActionScript 3.0 提供了两种方法,分别为 toString()方法和 join()方法。toString()方法是将数组中的元素使用逗号连接起来,转换为字符串;join()方法的实质是将数组中的元素使用指定的字符将数组连接起来,连接的字符可以任意设置。

1. toString()方法

toString()方法把数组转换为字符串。其语法格式如下:

数组名.toString()

2. join()方法

join()方法同样可以将数组中的元素转换为字符串。其语法格式如下:

数组名.join(分隔符号)

以下示例创建名为 rivers 的数组,并调用 join()方法和 toString()方法以便按字符串形式返回数组中的值。toString()方法用于返回以“,”分隔的值,而 join()方法用于返回以“+”分隔的值。

```
var rivers:Array = ["Nile", "Amazon", "Yangtze", "Mississippi"];
var riverCSV:String = rivers.toString();
trace(riverCSV);                        //输出: Nile,Amazon,Yangtze,Mississippi
var riverPSV:String = rivers.join(" + ");
trace(riverPSV);                        //输出: Nile + Amazon + Yangtze + Mississippi
```

7.6.6 多维数组

在 ActionScript 3.0 中,并没有提供一个直接创建多维数组的方法。如果要使用多维数组,通常利用数组嵌套方法实现,常用的方法如下:

```
//创建一个空的数组
var arr:Array = new Array();
//数组的元素是数组
arr[0] = new Array(1,2,3);              //创建一个有 3 个元素的数组,元素值分别为 1、2、3
arr[1] = new Array(4,5,6);
arr[2] = new Array(7,8,9);
```

```
for (var i:int = 0; i < arr.length; i++) {
    for (var j:int = 0; j < arr[i].length; j++) {
        trace("位置为[" + i + "][" + j + "]的值为" + arr[i][j]);
    }
}
```

对于二维数组 arr,可以使用索引位置进行访问,其语法格式如下:

数组名[水平索引][垂直索引]

例如,建立一个 4×6 的二维数组,每个数组元素保存一个 0~10 的随机整数,然后输出这个数组。

新建 Animate 文档,输入以下代码:

```
var myArray:Array = new Array(4);          //定义一维数组
for (var i = 0; i < 4; i++) {
    //一维数组的每个元素为一个新的一维数组
    myArray[i] = new Array(6);
    for (var j = 0; j < 6; j++) {
        //给数组元素随机赋值
        myArray[i][j] = int(Math.random() * 10);
    }
    //输出一维数组 myArray[i]
    trace(myArray[i]);
}
```

这里声明了一个 Array 类型的变量 myArray,并用 new 关键字创建这个 Array 对象的实例,初始化其长度为 4。Array 是一个用于表示一维数组的数据类型,它可以存储任意类型的数据或对象。

假设数组元素存储的是另一个数组,那么就构成了二维数组,以此类推。多维数组的访问采用多个下标运算符即可。

习题

1. ActionScript 3.0 选择结构有哪 3 个可用来控制程序流的基本条件语句?

2. 在 ActionScript 3.0 中有哪 3 种循环语句?

3. 坐标中心点与变形中心点有什么区别?

4. 影片剪辑元件时间轴的控制有哪些? 与主时间轴的控制基本一致吗?

5. 设计蝴蝶飞舞的影片剪辑元件,在舞台上加入按钮元件,在时间轴上加入 ActionScript 3.0 脚本,监听按钮元件单击事件,实现每次单击按钮复制一个蝴蝶飞舞的影片剪辑元件到舞台上。

6. 设计一个获取方向键信息后控制坦克移动的游戏。注意,"坦克"不能移出舞台区域,并在按空格键时发出"发射炮弹"的声音。

面向对象编程（Object-Oriented Programming，OOP）以对象为基本单元进行代码划分，组织程序代码。ActionScript 3.0（AS 3）是一个完全标准的面向对象编程语言，而且相对于其他的 OOP 语言而言，其更简单易学。

8.1　对象和类

面向对象编程中最重要、最难以理解的概念就是对象。对象指具有某种特定功能的程序代码。

对象（Object）具体可以指一件事、一个实体、一个名词、一个具有自己的特定标识的东西。例如，汽车、人、房子、桌子、植物、支票、雨衣等都是对象。对象是一种客观存在，可能有时觉得虚无缥缈，但是它的的确确存在着。

任何一个对象都有其属性。以人为例，人有身高、体重、性别、血型、年龄等，这些都反映了人作为一个社会存在所共有的特性。把这些特性反映到编程语言中，这些特性就是属性，用来反映某一个对象的共有特点。

类（Class）就是一群对象所共有的特性和行为，类用来存储对象的数据类型及对象可表现的行为信息。如果要在应用程序开发中使用对象，就必须准备好一个类，这个过程就好像制作一个元件并把它放到库中一样，随时可以拿出来使用。用这个元件可以在舞台上创建很多的实例。与元件和实例的关系相同，类是一个模板，而对象（如同实例）是类的一个具体表现形式。

8.1.1　创建自定义的类

定义类的基本格式如下：

```
package 包路径
{
    访问关键字 class 类名
    {   var 属性名;
        function 方法名()
        {
        }
    }
}
```

下面来看一个类的例子：

```
package {
    public class MyClass {
        public var myProperty:Number = 100;
        public function myMethod() {
            trace("I am here");
        }
    }
}
```

从本例中可以看出,package 关键字和一对大括号是必须有的,可以理解为默认包,紧随其后的就是类的定义。这个类的名字为 MyClass,后面跟一对大括号。在这个类中有两个要素:一个是名为 myProperty 的属性(变量);另一个是名为 myMethod 的方法(函数)。

1. 包路径

用 package 关键字定义文件所在的包路径,如果 package 关键字后面没有包路径的声明,默认路径就是类文件所在的文件夹。

包主要用于组织管理类。包是根据类所在的目录路径构成的,包名所指的是一个真正存在的文件夹,用"."进行分隔。例如,有一个名为 Utils 的类,存在于文件夹"com \ friendsofed\makingthingsmove\"中(使用文件夹作为包名是一个不成文的规定,目的是保证包名是唯一的),这个类就被写成 com. friendsofed. makingthingsmove. Utils。

在 ActionScript 2.0 中,使用整个包名创建一个类,例如:

```
class com. friendsofed. makingthingsmove. Utils {
}
```

在 ActionScript 3.0 中,包名写在包的声明处,类名写在类的声明处,例如:

```
package com. friendsofed. makingthingsmove{
    public class Utils {
    }
}
```

2. Class 类名

在 package 大括号内必须定义一个 class,类的名称必须与 ActionScript 文件名相同。ActionScript 3.0 中的类拥有访问关键字。访问关键字是指一个用来指定其他代码是否可访问该代码的关键字。public(公有类)关键字指该类可被外部任何类的代码访问。本书中所有示例的类都是 public 的。在深入学习了 ActionScript 3.0 之后,读者会发现不是所有类都是公有的,这些内容超出了本书的讨论范围。

3. 属性

在编程语言中,使用属性(即变量)来指明对象的特征和对象所包含的数据信息以及信息的数据类型。在定义类的过程中,需要通过属性实现对象特征的描述和对象信息数据类型的说明。例如,在创建一个关于人的类的过程中,需要说明人这一对象的"性别"特征,需要说明人的"年龄"这一数据的数据类型是一个数字等。

在 ActionScript 3.0 的类体中,一般在 class 语句之后声明属性。类的属性分为两种情况,即实例属性和静态属性。实例属性必须通过创建该类的实例才能访问,而静态属性无须创建类实例就能够访问。

（1）实例属性。

声明实例属性的语法格式如下：

```
var 属性名:属性类型;
var 属性名:属性类型 = 值;
public var 属性名:属性类型 = 值;
```

（2）静态属性。

声明静态属性的语法格式如下：

```
static var 属性名:属性类型
```

4. 方法

在编程语言中，使用方法（即函数）来构建对象的行为，即用来表示对象可以完成的操作。在编程过程中，通过对象的方法告诉对象可以做什么事情以及怎么做。例如，在创建一个关于人的类的过程中，就需要知道人能够干什么事情，这就是人这一对象的方法。比如人张口说话、举手等行为，都需要通过方法表示。

在 ActionScript 3.0 中，声明类实例方法的格式和上面函数的格式类似，格式如下：

```
function 方法名称(参数…):返回类型{
    //方法内容
}
```

方法包括实例方法和静态方法。

（1）实例方法。

```
function 方法名称(参数):返回值类型
{
        //方法内容
}
```

（2）静态方法。

```
static function 方法名称(参数):返回值类型
{
        //方法内容
}
```

8.1.2　类的构造函数

构造函数是一个特殊的函数，其创建目的是在创建对象的同时初始化对象，即为对象中的变量赋初始值。

在 ActionScript 3.0 编程中，创建的类可以定义构造函数，也可以不定义构造函数。如果没有在类中定义构造函数，那么编译时编译器会自动生成一个默认的构造函数，这个默认的构造函数为空。构造函数可以有参数，通过参数传递实现初始化对象的操作。

下面的示例列出了两种常用的构造函数代码：

```
class Sample
{
    //空构造函数
    public function Sample(){
    }
}
class Sample
{
    //有参数的构造函数
    public function Sample(x:String){
        //初始化对象属性
    }
}
```

下面创建一个带有构造函数的职工类 Worker。

在 D 盘新建文件夹 ex4\code,启动 Animate,新建一个 ActionScript 文件,文件名为要创建的类的名称。例如,要创建的类的名称为 Worker,那么保存的文件名也要为 Worker.as。注意,保存在刚才建立的 ex4\code 文件夹中。

```
package code{
public class Worker {
    public var maxFixYear:uint = 30;              //最大供职年限,属于整个类
    public var nam:String;                        //职工姓名
    public var sex:String;                        //职工性别
    public const MAN:String = "男";
    public const WOMAN:String = "女";
        public function Worker(s:String,b:String = MAN):void{
            //构造函数,需要指定姓名和性别,性别默认为男
            nam = s;sex = b;
            trace("姓名是 - " + nam + "性别是" + sex);
        }
        public function work( ) {
            trace("开始工作 - 工作中 - 工作完成");
        }
    }
}
```

在文件夹 ex4 下新建 Animate 文档 test.fla,然后输入以下代码在时间轴的第 1 帧上创建该 Worker 类的实例:

```
import code.Worker;
var w1:Worker = new Worker("夏敏捷");
```

在使用 new 关键字创建 Worker 类的实例时,构造函数会被自动调用。

结果输出:

姓名是 - 夏敏捷 性别是男

此处使用 import，因为每次要使用这个 Worker 类时都要输入 code. Worker，非常烦琐，使用 import 语句可以解决这个问题。在这个例子中，可以用"import code. Worker;"导入类，从而简化类名的书写。

8.1.3　类的属性的访问级别

用 public 标识的类或者类成员具有公共的访问权限。换句话说，标识为 public 的类或者类成员在任何位置可见。相对地，用 private 标识的类成员只在类内部可见。这些控制类或者类的属性的访问级别由高至低，即 public→internal→protected→private。

（1）public 修饰符：指定一个类、变量、常数或函数，在任何地方都可以调用。

（2）internal 修饰符：指定一个类、变量、常数或函数，在同一包内可以调用。同一包路径下的类成员之间可以相互访问，internal 相当于 public，在包外访问会报错。

（3）protected 修饰符：指定一个变量、常数、方法，在类和子类中可用。

（4）private 修饰符：指定一个变量、常数、方法，只能在定义的类中可用。

说明：

① internal 是默认修饰符，即在 var 和 function 之前没有加修饰符时，这些属性和方法相当于被 internal 修饰，表示同一个包内可以访问类、变量、常数或函数。

② protected 能被当前类和当前类的子类访问，与 package 无关，如果不是当前类的子类，等同于 private。

③ 除了这些修饰符以外，ActionScript 3.0 还可以使用下列属性修饰符。

static 修饰符：指定一个变量、常数或方法只属于类。

final 修饰符：指定一个方法不能被重写或一个类不能被继承。

8.1.4　get()方法和 set()方法

在编写类的时候应该尽量将它的属性和方法都隐藏起来，但当要调用某一个属性的时候不得不将它暴露出来，这是唯一的一种解决方法吗？答案是否定的，例如有一个属性，我们想从外部调用它，也能够从外部访问它，但是不让它暴露到外部，这时应该怎么做呢？这时就要用到 get()方法。

ActionScript 3.0 中提供了 get()方法和 set()方法来访问私有变量，通过 get()方法访问的成员变量属于可读属性，通过 set()方法访问的成员变量具有可写属性，配合两种方法获得读写控制有利于类的封装。

这里创建 Test. as 文件，定义类 Test 使用了 get()方法和 set()方法访问私有变量 Str。

```
package {
    public class Test {
        private var Str:String = "欢迎";
        public function get Data():String {
            return Str;
        }
        public function set Data(ns:String):void {
            Str = ns;
```

```
            }
        }
    }
```

这段代码虽然并不长,但很好地体现了 get()方法的使用方法。这里首先定义了一个名称为 Test 的类,这个类中有一个私有属性 Str,这个属性只能被当前类访问。也就是说,无法在外部调用或访问这个属性。这时就要使用 get()方法让这个属性能够被外部访问。那么,先来看 get()方法,这个方法有一个返回值,该返回值的类型是字符串。这个返回的数据就是一个隐藏的变量,通过这样的手法就达到了封装的目的。

再来看 set()方法的使用。set 是设置的意思。如果没有设置 set()方法,那么该属性只是一个只读属性。如果设置了 set()方法,那么该属性可以读也可以设置。在上面的代码中,这个 set()方法接收了一个参数,该参数就是设置属性时要传递的值。注意,set()方法没有返回值,如果用户设置了返回值,那么将会产生编译错误。

下面来详细讲解一下 get()方法及 set()方法的使用。在第 1 帧上按 F9 键打开“动作”面板,添加以下代码:

```
var t:Test = new Test();
trace(t.Data);      //t.Data 调用 get()方法获取 Str 属性的值,trace()方法输出 Str 属性的值
t.Data = "光临";    //调用 set()方法给 Str 属性赋值
trace(t.Data);      //t.Data 调用 get()方法获取 Str 属性的值,trace()方法输出 Str 属性的值
```

这里首先要定义一个对象 t,该对象的类型是我们定义的类 Test。然后调用 t.Data 方法,虽然调用这个方法实际上是读取一个属性的值。第 3 行代码设置了属性的值。注意,此时调用的实际上就是 set()方法,再输出这个属性值,发现输出的内容发生了改变。

按 Ctrl+Enter 组合键测试,在“输出”窗口中显示以下结果:

```
欢迎
光临
```

8.2 继承

继承(Inheritance)是面向对象技术的一个重要的概念,也是面向对象技术的一个显著的特点。继承是指一个对象通过继承可以使用另一个对象的属性和方法。准确地说,继承的类具有被继承类的属性和方法。被继承的类称为基类或者超类,也可以称为父类;继承出来的类称为扩展类或者子类。

8.2.1 继承的定义

类的继承要使用 extends 关键字实现,其语法格式如下:

```
package{
    class 子类名称 extends 父类名称{
    }
}
```

下面的示例创建一个新类 Man,它继承自 Person 类,这样 Man 类就是子类,Person 类

就是父类。代码如下：

```
package{
    class Man extends Person{
    }
}
```

例如，设计汽车类，代码如下：

```
package classes {
    import flash.display.Sprite;
    public class Car extends Sprite {
        public function Car(x0:Number = 0,y0:Number = 0){
            graphics.lineStyle(0x0,1);
            graphics.drawRect(x0,y0,100,20);          //在指定位置绘制矩形代表汽车
        }                                             //以上代码为类的构造函数,x0 和 y0 为开始时汽车的位置
        public function moveToXY(x2:Number,y2:Number){
            //x2 和 y2 为汽车行驶的目的地位置
            this.x = x2; this.y = y2;                 //this 指向自身实例
        }
    }
}
```

8.2.2 属性和方法的继承

子类可以继承父类中的大部分属性和方法，但是父类中使用 private 访问控制符定义的属性和方法不能被继承。

下面的示例为新建一个 Person 类作为父类，该类有 name 和 age 两个实例属性，有 walk()方法和 say()方法两个实例方法。

创建父类 Person，代码如下：

```
package {
    //构建类
    public class Person {
        //构建属性
        public var name:String = "浪子啸天";
        public var age:int = 30;
        //构建函数
        public function walk():void {
            trace("人可以走路!");
        }
        public function say():void {
            trace("欢迎你来到 AS 3 世界");
        }
    }
}
```

8.2.3 重写 override

通过继承父类可以继承父类的属性和方法,但有些时候需要使用父类中的方法名称,而要改变其内容时需要利用重写来修改其方法内容。

在 ActionScript 3.0 中只能重写实例的方法,不能重写实例的属性。另外,父类中方法的访问控制符为 final 的方法也不能重写。

下面在 8.2.2 节的子类 Man 中重写父类 Person 的方法 walk(),代码如下:

```
package{
    //继承父类
    public class Man extends Person {
        public override function walk():void {
            trace("这是重写过的走路方法");
        }
    }
}
```

8.2.4 MovieClip 和 Sprite 子类

用户可以自己写一个类,然后让另一个类继承它。在 ActionScript 3.0 中,所有代码都不是写在时间轴上的,它们一开始就要继承自 MovieClip 或 Sprite。MovieClip 类是影片剪辑对象属性和方法的 ActionScript 模板。它包括我们所熟悉的属性,如影片的(x,y)坐标、缩放等。

ActionScript 3.0 还增加了 Sprite 类,通常把它理解为一帧的影片剪辑。在很多情况下,只使用代码操作对象,并不涉及时间轴和帧,这时就应该使用 Sprite 轻型的类。如果一个类继承自 MovieClip 或 Sprite,那么它会自动拥有该类所有的属性和方法,还可以为这个类增加特殊的属性和方法。

例如,游戏设计一个太空船的对象,我们希望它拥有一个图形,并且在屏幕的某个位置移动、旋转,为动画添加 enterFrame 监听器以及鼠标、键盘的监听等。这些都可以由 MovieClip 或 Sprite 完成,所以要继承自它们。同时,还可以增加一些属性,例如速度(speed)、油量(fuel)、损坏度(damage),还有起飞(takeOff)、坠落(crash)、射击(shoot)、自毁(selfDestruct)等方法。那么,这个类大概是这样的:

```
package {
    import flash.display.Sprite;
    public class SpaceShip extends Sprite {
    private var speed:Number = 0;
    private var damage:Number = 0;
    private var fuel:Number = 1000;
    public function takeOff():void {
        //…
    }
    public function crash():void {
        //…
```

```
        }
        public function shoot():void {
            //…
        }
        public function selfDestruct():void {
            //…
        }
    }
}
```

注意,首先要导入 flash. display 包中的 Sprite 类,如果要导入 MovieClip 类,同样也需要导入这个相同的包的 flash. display. MovieClip 类。

8.3　多态

多态指允许不同类的对象对同一消息做出响应,即同一消息(发送消息就是函数调用)可以根据发送对象的不同采用多种不同的行为方式。

在现实生活中,关于多态的例子不胜枚举。例如,按 F1 键这个动作,如果当前在 Animate 界面下弹出的就是 Animate 的帮助文档;如果当前在 Word 界面下弹出的就是 Word 帮助;如果当前在 Windows 界面下弹出的就是 Windows 帮助和支持。同一个事件发生在不同的对象上会产生不同的结果。

下面举一个多态的应用实例 TestPolymoph. as,从而体会多态所带来的好处。

```
package {
    public class TestPolymoph {
        public function TestPolymoph() {
            var cat:Cat = new Cat("MiMi");
            var lily:Lady = new Lady(cat);
            lady.myPetEnjoy();
        }
    }
}
class Animal {
    private var name:String;
    function Animal(name:String) {
        this.name = name;
    }
    public function enjoy():void {
        trace("call…");
    }
}

class Cat extends Animal {
    function Cat(name:String) {
        super(name);
    }
    override public function enjoy():void {
```

211

```
            trace("Miao Miao…");
        }
    }

class Dog extends Animal {
    function Dog(name:String) {
        super(name);
    }
    override public function enjoy():void {
        trace("Wang Wang…");
    }
}
//假设又添加了一个新的类 Bird
class Bird extends Animal {
    function Bird(name:String) {
        super(name);
    }
    override public function enjoy():void {
        trace("JiJi ZhaZha");
    }
}
class Lady {
    private var pet:Animal;
    function Lady(pet:Animal) {
        this.pet = pet;
    }
    public function myPetEnjoy():void {
        //试想如果没有多态
        //if (pet is Cat) { Cat.enjoy() }
        //if (pet is Dog) { Dog.enjoy() }
        //if (pet is Bird) { Bird.enjoy() }
        pet.enjoy();
    }
}
```

首先,定义 Animal 类,包括一个 name 属性(动物的名字)、一个 enjoy()方法(小动物玩高兴了就会叫)。接下来定义 Cat、Dog 类,它们都继承了 Animal 这个类,通过在构造函数中调用父类的构造函数可以设置 name 属性。猫应该是"喵喵"叫的,因此对于父类的 enjoy()方法进行重写(override),叫声为"Miao Miao…"。狗也是如此,重写 enjoy()方法,叫声为"Wang Wang…"。

再定义一个 Lady 类,设置一个情节:假设这个 Lady 是一个小女孩,她可以去养一只宠物,这个小动物可能是 Cat、Dog 或 Animal 的子类。在 Lady 类中设计一个成员变量 pet,存放着宠物的引用。具体是哪类动物不清楚,但肯定是 Animal 的子类,因此 pet 的类型为 Animal,即 pet:Animal。注意,这是父类的引用,用它来指向子类对象。

最后在 Lady 类里面有一个 myPetEnjoy()方法,在这个方法中只有一句代码"pet.enjoy()",调用 pet 的 enjoy()方法。

现在来看测试类。new 出来一只 Cat,new 出来一个 Lady,将 Cat 的对象传给 Lady。

现在 Lady 中的成员变量应该是 pet：Animal = new Cat（" MiMi"）。下面调用
lady. myPetEnjoy（）方法，实际上就是在调用 pet. enjoy（），打印出 Miao Miao。pet 的类型
明明是 Animal，但被调的方法却是 Cat 的 enjoy（），而非 Animal 的 enjoy（），这称为动态绑
定——"在执行期间判断所引用对象的实际类型，根据其实际的类型调用其相应的方法"。

如果没有多态，那么 myPetEnjoy（）方法可能要做一些如下的判断：

```
if (pet is Cat) { new Cat("c").enjoy() }
if (pet is Dog) { new Dog("d").enjoy() }
```

判断如果 pet 是 Cat 类型调用 new Cat（）. enjoy（），如果是 Dog 类型调用 new Dog（）. enjoy（）。
假设需要传入一个 Bird，那么还得手动加上：

```
if (pet is Bird) { new Bird ("b").enjoy() }
```

新加入任何类型都要重新修改这个方法，这样的程序可扩展性差。但是现在运用多态，
就可以随意地加入任何类型的对象，只要是 Animal 的子类就可以。例如，var lily：Lady =
new Lady(new Bird("dudu"))，直接添加进去就可以了，无须修改其他任何地方。这样就
大大提升了代码的可扩展性，通过这个例子好好体会一下多态带来的好处。

最后再补充一点，在使用父类引用指向子类对象时，父类型的对象只能调用在父类中定
义的，如果子类有新的方法，那么对于父类来说是看不到的。就本例来说，如果 Animal 类
不变，在 Cat 和 Dog 中都新定义出一个 run（）方法，这个方法是父类中没有的，那么这时使
用父类型的对象去调用子类新添加的方法就不行了。

8.4　包外类

在 ActionScript 3.0 中，一个 AS 类文件中可以定义多个类，但是包块内只能定义一个
类，此为主类。主类的名称一定要和类文件的名称相同，这个类是供外部使用的。在包块之
外，还可以定义多个类，这些类的名称和类文件的名称不同，而且只能由当前类中的成员可
以访问。对于这种类，有些资料称为包外类，有些资料称为助手类。在这里作者使用包外类
这一名称。

```
package {                                        //sampleClass.as 文件
    import flash.display.MovieClip;
    public class sampleClass extends MovieClip{  //sampleClass.as 文件的主类
        public function sampleClass():void{
            }
        }
}
//在 package 大括号后可视为包的私有类
class A{                                          //包外类
}
class B{                                          //包外类
}
```

这里定义 sampleClass.as 类文件的包外类 A 和 B,但只有当前类文件中的成员类可以访问。

8.5　链接类

如果希望在程序中使用 Animate"库"中的元件、声音、位图等资源,需要使用链接类。这里所说的链接类(元件类)实际上指为 Animate 库中的元件指定一个相关联的类,用于将元件和类绑定。链接类是操纵资源库中的元件创建元件实例的必要步骤,这里通过范例说明如何先设置元件链接类,然后利用循环创建多个元件对象实例,具体方法如下所述。

(1) 执行"文件"→"新建"命令,系统将弹出"新建文档"窗口,在窗口中选择"高级"类型的"ActionScript 3.0"平台选项。然后单击"确定"按钮,新建一个影片文档,并执行"文件"→"保存"命令,将文件命名为"转动的地球.fla"。

(2) 执行"插入"→"新建元件"命令,在"创建新元件"对话框中输入元件名称(例如Ball)、选择元件类型(例如"影片剪辑"),然后单击"确定"按钮,并绘制一个简单的球形图案,如图 8-1 所示。

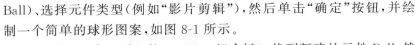

图 8-1　元件 Ball

(3) 打开"库"面板(按 Ctrl+L 组合键),找到新建的元件 Ball,然后右击,执行"属性"命令,在打开的"元件属性"对话框中选中"为ActionScript 导出"和"在第 1 帧中导出"复选框,输入类名,如图 8-2所示,单击"确定"按钮。

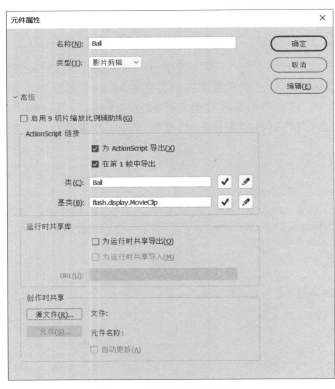

图 8-2　"元件属性"对话框

（4）在 Animate 文件中单击图层 1 的第 1 帧，按 F9 键打开"动作"面板，输入以下代码：

```
var mc1:Ball;
for (var i:int = 0; i < 10; i++) {
    mc1 = new Ball();
    mc1.x = 200 + 20 * i;
    mc1.y = 150 + 10 * i;
    addChild(mc1);
}
```

按 Ctrl＋Enter 组合键测试，效果如图 8-3 所示。可见，可以通过脚本代码创建 10 个 Ball 元件实例并控制它们在舞台上的显示位置。

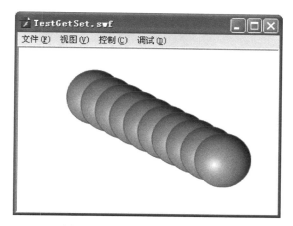

图 8-3　创建 10 个 Ball 元件实例

如果在 Animate 中设计了一个元件，同时还希望这个元件实现一些具体的功能，例如响应单击 Click 事件，向右移动 5 像素的距离，这除需要设置相应的链接类名外，还需要编写相应功能的代码段。例如，设置影片剪辑元件（如 Ball 元件）的链接类名为 Ballmove（在如图 8-2 所示的"元件属性"对话框中设置），然后在 Animate 影片文件所在的同一个文件夹下创建一个类文件 Ballmove.as（或者在"库"面板中右击该元件，执行"编辑类"命令修改 Animate 自动创建的 Ballmove 类），并在这个文件中具体实现这个 Ballmove 类。

Ballmove.as 文件的脚本代码如下：

```
package {
    import flash.display.Sprite;
    import flash.events.MouseEvent;
    public class Ballmove extends Sprite {
        public function Ballmove() {
            this.addEventListener(MouseEvent.CLICK,clickHandler);
        }
        function clickHandler(e:MouseEvent) {
            x += 5;
        }
    }
}
```

在 Animate 文件中单击图层 1 的第 1 帧，按 F9 键，打开"动作"面板，输入以下代码：

```
var mc1:Ballmove;
for (var i:int = 0; i < 10; i++) {
    mc1 = new Ballmove();
    mc1.x = 200 + 20 * i;
    mc1.y = 150 + 10 * i;
    addChild(mc1);
}
```

按 Ctrl＋Enter 组合键测试，可见在舞台上创建了 10 个 Ball 元件实例，不同的是这些元件实例被单击会向右移动 5 个像素的距离。

8.6　文档类

文档类(Document class)是 ActionScript 3.0 中引入的一个全新的概念。通常，一个 Animate 影片文件(SWF)运行时，程序的入口是主场景时间轴的第 1 帧的代码，如果一个影片使用了文档类，那么这个 Animate 影片的运行就会从文档类开始。

一个文档类就是一个继承自 Sprite 或 MovieClip 的类，并作为 Animate 影片文件 (SWF)的主类。客户运行 SWF 时，这个文档类的构造函数会被自动调用，它就成为程序的入口，任何想要做的事都可以写在上面。例如，创建影片剪辑、画图、读取资源等。如果在 Animate CC IDE(集成开发环境)中写代码，可以使用文档类，也可以选择继续在时间轴上写代码。如果使用 Flex Builder 2 开发环境，由于没有时间轴，所以唯一的办法就是写在文档类中。

定义文档类的方法和自定义类的方法一样，下面是一个文档类的框架。

```
package {
    import flash.display.MovieClip;
    public class main extends MovieClip {
        public function main() {
            init();
        }
        private function init():void {
            //写代码处
        }
    }
}
```

使用默认包，导入并继承 MovieClip 类。构造函数只有一句，调用 init()方法。当然，用户也可以把所有代码写在构造函数里，但是要养成一个好习惯，就是尽量减少构造函数中的代码，所以把代码写到了另一个方法中，这样在影片编译执行时就会调用 init()方法中的代码。

在 Animate 中实现文档类还需要做一些设置和约定。首先，文档类所在的脚本文件 (例如 main.as)必须与其对应的 Animate 文件(扩展名为.fla)放在同一文件夹下。其次，在该 Animate 文件的"属性"面板上的"文档类"框中输入该文档类的类名(如 main)。

另外需要注意的是,用户定义的文档类必须继承自 MovieClip 类或 Sprite 类,如果还需要在影片的时间轴上写代码,则文档类必须以 MovieClip 类为父类。但是在使用一个文档类时应尽量避免在 fla 文件的主时间轴上加入任何代码,因为这样做有可能导致与编译器加入的代码发生冲突,从而阻止影片的正常编译或运行。

具体步骤如下:

(1) 打开 Animate 软件后,执行"文件"→"新建"命令,系统将弹出"新建文档"窗口,在窗口中选择"高级"类型的 ActionScript 3.0 选项创建 FLA 文件。在"属性"面板中可以看到一个名为文档类(Document Class)的区域(如图 8-4 所示),只需在其中输入类名 main,然后执行"文件"→"保存"命令将文件命名为 Test.fla 即可。

图 8-4 设置 Animate 的文档类

注意:输入的是类名,而不是文件名,所以这里不需要输入扩展名.as。如果这个类包含在一个包中,那么就需要输入类的完整路径,例如 com.friend.chapter2.main。

(2) 执行"文件"→"新建"命令,系统将打开"新建文档"对话框,在该对话框的高级类型中选择"ActionScript 3.0 类"选项,这样在 Animate 中新建了一个 ActionScript 类文件,将其命名为 main.as,输入上面的代码,并保存到刚刚创建的 Animate 文件 Test.fla 所在的文件夹中。

8.7 动态类

动态类可以在运行的时候给它动态地附加成员(属性或方法),非动态类(例如 String 类)是"密封"类,不能在运行时向密封类中添加属性或方法。

在声明类时,可以通过使用 dynamic 属性创建动态类。例如,下面的代码创建了一个名为 Employee 的动态类。

```
dynamic class Employee                          //动态类
```

```
{
    private var privateGreeting:String = "hi";
    public var publicGreeting:String = "hello";
    function Employee() {
        trace("Employee instance created");
    }
}
```

如果要在以后实例化 Employee 类的实例,可以在类定义的外部向该类中添加属性或方法。

例如,下面的代码创建 Employee 类的一个实例,并向该实例中添加了两个名称分别为 sName 和 Age 的属性。

```
var myEmployee:Employee = new Employee();
myEmployee.sName = "张歌";
myEmployee.Age = 30;
trace(myEmployee.sName, myEmployee.Age);          //输出:张歌 30
```

添加到动态类实例中的属性 sName、Age 是运行时实体,因此会在运行时完成所有类型检查。注意,不能向以这种方式添加的属性中添加类型注释。

用户还可以定义一个函数并将该函数附加到 myEmployee 实例的某个属性,从而向 myEmployee 实例中添加方法。

下面的代码将 trace 语句移到一个名为 traceEmployee()的方法中。

```
var myEmployee:Employee = new Employee();
myEmployee.sName = "张歌";
myEmployee.Age = 30;
myEmployee.traceEmployee = function ()
{
    trace(this.sName, this.Age);
};
myEmployee.traceEmployee();                       //输出:张歌 30
```

但是,以这种方式创建的方法对于 Employee 类的任何私有属性或方法都不具有访问权限,而且即使是对 Employee 类的公共属性或方法的引用也必须用 this 关键字或类名进行限定。下面的示例说明了 traceEmployee()方法,该方法尝试访问 Employee 类的私有变量和公共变量。

```
myEmployee.traceEmployee = function ()
{
    trace(myEmployee.privateGreeting);            //输出:undefined
    trace(myEmployee.publicGreeting);             //输出:hello
};
myEmployee.traceEmployee();
```

8.8 Tween 类

Animate 现在支持一个很特别的新类——Tween 类,用于实现舞台上影片剪辑的缓动效果(补间动画)。这个类包位于 fl. transition. * 中。其实,这些包中的类效果的原理都是监听 ENTER_FRAME 事件的。在动画播放时，按帧频改变目标的属性，从而产生动画的效果，利用它可以容易地开发影片剪辑对象的运动效果。Tween 类的使用方法如下：

```
someTween = new mx.transitions.Tween(object, property, function, begin, end, duration, useSeconds)
```

对其参数的解释如下所述。

（1）object：一个用户想要增加 Tween 动作的影片剪辑（MC）的实例名。

（2）property：该 MC 的一个属性，即为将要添加 Tween 动作的属性。

（3）function：运动方法（easing 类的一个方法），运动方法有 Strong、Back、Elastic、Regular、Bounce 和 None 6 类，每一类都有 easeIn、easeOut、easeInOut 和 easeNone 4 种方法。

（4）begin：属性开始时的数值。

（5）end：属性结束时的数值。

（6）duration：动作持续的帧数/时间。

（7）useSeconds：一个布尔值，决定是使用帧数计时（为 false）还是使用秒数计时（为 true），默认为 false。

Tween 对象一旦初始化，动画就开始了。Tween 类补间动画可以触发 6 种事件，最常用的是 TweenEvent.MOTION_FINISH。动画一结束，就会触发这个事件。因为 Tween 是外部类，所以首先应导入"import fl.transitions.Tween;"。将 Tween 类中的 easing 方法导入，即"import fl.transitions.easing.*;"。

6 类运动方法的介绍如下所述。

（1）Strong：较慢的运动。此效果类似于 Regular 缓动类，但它更明显。

（2）Back：过渡范围外扩展动画一次，以产生从其范围外回拉的效果。

（3）Bounce：过渡范围的弹跳效果。弹跳数与持续时间相关，持续时间越长，弹跳数越多。

（4）Elastic：超出过渡范围的弹性效果。弹性量不受持续时间影响。

（5）Regular：较慢的运动。加速效果、减速效果或这两种效果。

（6）None：无任何减速或加速效果的运动。此过渡也称为线性过渡。

这 6 种缓动计算类的每一种都有 3 个缓动方法，下面简单介绍这些缓动方法。

（1）easeIn：在过渡的开始提供缓动效果。

（2）easeOut：在过渡的结尾提供缓动效果。

（3）easeInOut：在过渡的开始和结尾提供缓动效果。

（4）easeNone：指明不使用缓动计算，只在 None 缓动类中提供。

例如，控制小球从左向右移动，最后又回弹的效果（如图 8-5 所示），并且动画时间为 3s。在 Animate 文件中添加小球影片剪辑 mc_mc、输入文本框 input_txt 和动态文本框 war_txt 以及两个按钮 reset_btn（"重置"按钮）和 play_btn（"播放"按钮）。其中，"重置"按钮将小球重新移到左侧，"播放"按钮将小球动画移到输入文本框指定的位置。

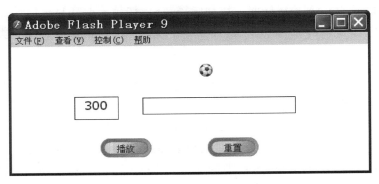

图 8-5　控制小球从左向右移动的界面

在第 1 帧加入以下脚本代码:

```
import fl.transitions.Tween;
import fl.transitions.easing. * ;
var intN:Number;
reset_btn.addEventListener(MouseEvent.MOUSE_DOWN,resetmc);
play_btn.addEventListener(MouseEvent.MOUSE_DOWN,playmc);
function resetmc(event:MouseEvent):void {
    var mytween:Tween = new Tween(mc_mc,"x",Elastic.easeOut,0,20,3,true);
}
function playmc(event:MouseEvent):void {
    intN = Number(input_txt.text);
    if (isNaN(intN)) {
        war_txt.text = "请输入数字";
        }else if (intN < 0) {
        war_txt.text = "数值应大于 0";
        } else if (intN > 400) {
        war_txt.text = "数值应小于 400";
    } else {
        var mytween:Tween = new Tween(mc_mc,"x",Elastic.easeOut,0,intN,3,true);
    }
}
```

例如,在汉诺塔游戏中,盘子从 C 柱移到 A 柱,可以看成沿水平方向 x 移动,在移动时以像素为单位缓慢移动,这样会产生动画效果。实现盘子 movedPlate 沿水平方向 x 从 movedPlate.oldx 移动到 $140+1 \times t$ 位置,并且动画时间为 2s 的代码如下:

```
//缓动运动效果
xTween = new Tween(movedPlate, "x", Bounce.easeOut, movedPlate.oldx,140 + 1 * t, 2, true);
```

8.9　ActionScript 3.0 API 类概览

学习 ActionScript 3.0,除了要学习 ActionScript 的基本语法以外,还需要了解 ActionScript 3.0(Flash Player)提供的相关 API 类。这些 API 类位于 flash. * 包中,有的用于图形和动画的显示,有的用于错误处理,有的用于异常处理,有的则用于网络访问。这些 API 类都被放在特定的包中，需要使用时在 ActionScript 代码中使用 import 语句进行导入。本节将对 ActionScript 3.0 中相对常用的包进行简单介绍。ActionScript 3.0 中常用的 API 类被放在表 8-1 所列的各个包中。

表 8-1 ActionScript 3.0 常用的 API 类

包 名	说 明
flash.display	包含图形、图像显示的类
flash.errors	包含异常类
flash.events	包含事件类
flash.external	包含外部接口调用的类
flash.filters	包含各种滤镜类
flash.geom	包含几何对象类
flash.media	包含与多媒体相关的类
flash.net	包含与网络通信相关的类
flash.printing	包含与打印相关的类
flash.system	包含与系统相关的函数与类
flash.text	包含与文本处理相关的类
flash.utils	包含与 ActionScript 相关的工具类
flash.filesystem	包含 AIR 用于文件系统访问的类
flash.data	包含 AIR 用于数据访问的类

表 8-1 列举了 ActionScript 3.0 应用开发中经常用到的 API 类所在的包，这些包基本覆盖了 ActionScript 3.0 所提供的功能特性。

1. flash.display 包

flash.display 包中包括 MovieClip、Sprite、Stage、Graphics、Shape、SimpleButton、Loader 等类，这些类的实例都可以在 Flash Player 中呈现给用户。

2. flash.errors 包

flash.errors 包中包含异常类型，这些类型可以使用 try…catch 语句捕获并进行处理。flash.errors 包中的异常类有 InvalidSWFError、IOError、EOFError 等。另外，flash.errors 包还包含了 AIR 程序中可能出现的 SQLError 类。注意，其他的一些异常对象被定义在顶级包中，而不是在 flash.errors 包中。这些异常类也非常常用，例如 ArgumentError、DefinitionError、EvalError 等。

3. flash.events 包

flash.events 包中包含用于 ActionScript 3.0 事件处理的事件对象类，例如 FocusEvent、FullScreenEvent、MouseEvent 等。事件类型的对象在特定的事件流中传递，事件对象也包含事件发生的一些信息。例如，键盘的按键码、鼠标单击的坐标位置、下载目标的总量和当前载入量等。

4. flash.external 包

flash.external 包中只包含 ExternalInterface 一个类，该类用于 Flash Player 与宿主程序进行通信。通过 ExternalInterface 类，ActionScript 可以和网页中的 JavaScript 进行通信。如果 Flash Player ActiveX 控件被嵌入到桌面程序中，ExternalInterface 类可以和桌面

宿主程序进行通信。

5. flash. filters 包

flash. filters 包中包含各种滤镜类,通过这些滤镜类 ActionScript 3.0 可以创造出更多不同的效果。这些滤镜包括位图滤镜 BitmapFilter、模糊滤镜 BlurFilter、投影滤镜 DropShadowFilter、发光滤镜 GlowFilter 等。

6. flash. geom 包

flash. geom 包中包含用于表现几何对象的数据结构。例如,Point 类用于表现一个点,Rectangle 类用于表现一个矩形,Matrix 类用于表现一个矩阵,Vector3D 类用于表现一个三维空间上的矢量。通过这些几何类,ActionScript 3.0 可以非常轻松地实现变换、运动等效果。

7. flash. media 包

flash. media 包中包含一系列多媒体工具类。例如,Camera 类用于控制摄像头,Microphone 类用于管理麦克风,Sound、SoundChannel 等音频类用于播放并控制声音,Video 类用于视频内容的播放。通过这些多媒体工具类,用户可以使用 ActionScript 3.0 编写在线多媒体播放器、视频会议等应用程序。

8. flash. net 包

flash. net 包中包含一组用于网络通信的工具类,它们实现与服务器的连接、从服务器下载数据、把数据上传到服务器等功能。flash. net 包中的类包括 NetConnection 类、NetStream 类、SharedObject 类、XMLSocket 类,以及 URLLoader 类和 URLStream 类等。另外,flash. net 包中还包含了用于网络访问的函数,例如,navigateToURL( ) 函数和 sendToURL( )函数等。

9. flash. printing 包

flash. printing 包中包含 PrintJob、PrintJobOptions、PrintJobOrientation 用于打印控制的类。通过 PrintJob 类,ActionScript 3.0 可以将可视对象输出到打印机。

10. flash. system 包

flash. system 包中包含与系统的各项特性、输入法、安全相关的类。其中,Capabilities 类用于查询客户端系统的各项特性,IME 类用于输入法控制,Security、SecurityDomain、SecurityPanel 类与 ActionScript 3.0 运行的安全性有关,System 类用于查询系统信息,控制系统运行。

11. flash. text 包

flash. text 包中包含与文本相关的类,它们控制文本的显示、字体类型、文字样式以及格式化方式等。例如,TextField 表现一个文本对象,Font 类用于表现文本字体,StyleSheet 类表现 CSS 样式表,TextFormat 类用于文本格式化等。

12. flash. utils 包

flash. utils 包中包含 ActionScript 3.0 中会用到的工具类和工具方法。其中,最为常用的是计时器类 Timer。ActionScript 3.0 不再建议使用 setInterval( )等计时器函数,而是使用 Timer 类。Timer 类提供了计时器功能,每隔一定的时间就调度指定的监听器函数。

13. flash. filesystem 包

flash. filesystem 包中的 API 只有在 AIR 运行时才被支持,它提供了用于访问本地文件系统的 API。flash. filesystem 包中的 File 对象提供文件引用、文件浏览、目录和文件管理等功能。FileStream 对象则用于文件的读写操作。

14. flash. data 包

flash. data 包中的 API 只有在 AIR 运行时才被支持,它提供了 ActionScript 3.0 访问本地 SQLite 数据库的功能。flash. data 包中的 SQLConnection 类用于数据库连接,SQLStatement 类用于 SQL 语句的执行,而 SQLResult 类用于查询结果的访问遍历。

习题

1. 设计一个坦克影片剪辑元件链接类,它具有监听方向键信息控制坦克移动的功能,被鼠标单击时会产生爆炸的效果。

2. 设计一个连连看方块的影片剪辑元件链接类,它具有构造显示不同类型方块的功能,被鼠标单击时会产生消失的效果。

3. Animate 现在支持一个很特别的新类——Tween 类,它用于实现舞台上影片剪辑的什么效果? 举例说明。

4. flash. display 包中包含什么类? 作用是什么? 哪个包中包含了一组用于网络通信的工具类?

第 9 章　Animate 组件

9.1　组件概述

组件是在创作过程中包含有参数的复杂的影片剪辑,它提供了简单的方法,供用户在动画中重复使用复杂的元素,而无须了解或编辑 ActionScript,实际上就是熟悉使用 Animate 脚本的程序员在影片剪辑中建立的一个应用程序,然后用一种可重复使用的格式来发布,可以供任何人使用的影片剪辑。

组件的概念是从 Flash MX 开始出现的,但其实在 Flash 5 的时候已经有了组件的雏形,在 Flash 5 中有一种特殊的影片剪辑,能通过参数面板设置它的功能,被称为 Smart Clip(SMC)。用户可以将具有完整功能的程序封装在影片剪辑中,并且提供一种能够调整此影片剪辑属性的接口,以后当某个影片需要用到这些功能时,只要把 SMC 拖放到舞台并调整它的属性即可使用。组件是 SMC 的改良品,除了参数设置接口之外,组件还具备一些让程序调用的方法。Animate 提供了更强大的组件功能,利用它内置的 User Interface(UI,用户界面)等组件可以创建功能强大、效果丰富的程序界面。

Animate 提供了 UI 组件和 Video 组件,在操作时执行"窗口"→"组件"命令即可打开"组件"面板,如图 9-1 所示。各类组件的具体功能及含义如下所述。

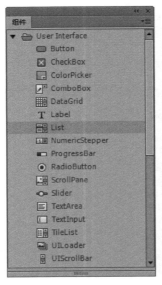

图 9-1　"组件"面板

（1）User Interface 组件：即 UI 组件，用于设置用户界面，并通过界面使用户与应用程序进行交互操作。在 Animate 中，大多数交互操作都是通过该组件实现的，包括编程语言所用到的常用控件，即按钮、单选按钮、复选框、标签、列表框、下拉列表框等 17 个组件。

（2）Video 组件：主要用于对播放器中动画的播放状态和播放进度等属性进行交互操作，在该组件类别下包括 BackButton、PauseButton、PlayButton 和 VolumeBar 等 14 个组件。

按照组件文件的发布格式，ActionScript 3.0 中的组件可分为两种，即基于 fla 的组件和基于 SWC 的组件。所有的 UI 组件都是 fla 文件格式，这些组件的定义文件位于 Animate 安装文件夹下的"C：\Program Files\Adobe\Adobe Animate CC\Common\Configuration\Components\User Interface.fla"，打开这个文件可以看到所有用户界面组件的原始定义，基于 fla 文件格式的组件允许用户静态地修改组件的外观。在视频组件中最重要的组件 FLVPlayback 是基于 SWC 格式的组件，这是一种经过编译的文件格式，使用这种格式的组件在影片运行时可以提高运行速度。

9.2 用户界面组件

在 Animate 中，用户界面组件包括 17 个组件，下面分别讲解常用组件的属性、方法及应用。

9.2.1 Button 组件

Button 组件也就是按钮组件，它是任何表单或 Web 应用程序的一个基础部分。每当需要让用户启动一个事件时都可以使用按钮。例如，大多数表单都有"提交"按钮，也可以给演示文稿添加"前一个"和"后一个"按钮。按钮组件是一个可调整大小的矩形用户界面按钮，在"组件"面板中选择 Button 组件，按住左键不放将其拖放到舞台中即可创建按钮，然后选中舞台中添加的按钮，执行菜单"窗口"→"属性"命令打开其"属性"面板，选择"显示参数"按钮，在弹出的"组件参数"窗口中可对按钮的参数进行设置，如图 9-2 所示。

图 9-2　Button 组件的"组件参数"面板

9.2.2 RadioButton 组件

RadioButton 组件也就是单选按钮组件,它是任何表单或 Web 应用程序中的一个基础部分。如果需要让用户从一组选项中做出一个选择,可以使用单选按钮。例如,在表单上询问报名考试的学生的性别时就可以使用单选按钮。使用单选按钮组件可以强制用户只能选择一组选项中的一项。RadioButton 组件必须用于至少有两个 RadioButton 实例的组中,在任何给定的时刻都只有一个组成员被选中。选择组中的一个单选按钮将取消选择组内当前选定的单选按钮,用户可以启用或禁用单选按钮,在禁用状态下,单选按钮不接收鼠标或键盘输入。打开其"属性"面板,选择"显示参数"按钮,在弹出的"组件参数"窗口中可以设置 RadioButton 组件的参数,如图 9-3 所示。

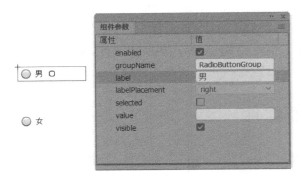

图 9-3   RadioButton 组件的"组件参数"设置

下面的示例使用 ActionScript 创建 3 个 RadioButton,分别表示红色、蓝色和绿色,并绘制一个灰色的框。每个 RadioButton 的 value 属性指定与此按钮关联的颜色的十六进制值。当用户单击其中一个 RadioButton 时,clickHandler()函数将调用 drawBox()函数,同时传递此 RadioButton 的 value 属性中的颜色值为此框着色。操作步骤如下所述。

(1) 新建一个 Animate 文档(ActionScript 3.0),将一个 RadioButton 组件拖到"库"面板中。然后打开"动作"面板,在主时间轴中选择第 1 帧,并输入如下 ActionScript 代码。

```
import fl.controls.RadioButton;
import fl.controls.RadioButtonGroup;
var redRb:RadioButton = new RadioButton();
var blueRb:RadioButton = new RadioButton();
var greenRb:RadioButton = new RadioButton();
var rbGrp:RadioButtonGroup = new RadioButtonGroup("colorGrp");
var aBox:MovieClip = new MovieClip();
drawBox(aBox, 0xCCCCCC);
addChild(redRb);
addChild(blueRb);
addChild(greenRb);
addChild(aBox);
redRb.label = "Red";
redRb.value = 0xFF0000;
blueRb.label = "Blue";
blueRb.value = 0x0000FF;
```

```
greenRb.label = "Green";
greenRb.value = 0x00FF00;
redRb.group = blueRb.group = greenRb.group = rbGrp;
redRb.move(100, 260);
blueRb.move(150, 260);
greenRb.move(200, 260);
rbGrp.addEventListener(MouseEvent.CLICK, clickHandler);
function clickHandler(event:MouseEvent):void {
    drawBox(aBox, event.target.selection.value);
}
function drawBox(box:MovieClip,color:uint):void {
    box.graphics.beginFill(color, 1.0);
    box.graphics.drawRect(125, 150, 100, 100);
    box.graphics.endFill();
}
```

（2）执行"控制"→"测试影片"→"测试"命令，运行应用程序，效果如图 9-4 所示。

9.2.3　CheckBox 组件

CheckBox 组件就是复选框组件，它是任何表单或 Web 应用程序中的一个基础部分。每当需要收集一组非相互排斥的值时都可以使用复选框。例如，一个收集客户个人信息的表单可能有一个爱好列表供客户选择，在每个爱好的旁边都有一个

图 9-4　3 个 RadioButton

复选框，如图 9-5 所示。复选框组件是一个可以选中或取消选中的方框，当它被选中后，框中会出现一个复选标记。用户也可以在应用程序中启用或者禁用复选框（由 enabled 属性决定）。如果复选框已启用，并且用户单击它或者其标签，复选框会接收输入焦点并显示为按下状态。如果用户在按下鼠标按钮时将指针移到复选框或其标签的边界区域之外，则组件的外观会返回到其最初状态，并保持输入焦点。在组件上释放鼠标之前，复选框的状态不会发生变化。

图 9-5　CheckBox 组件的"组件参数"设置

9.2.4　ComboBox 组件

ComboBox 组件就是下拉列表框组件，应用于需要从列表中选择一项的表单或应用程

序中。组合框组件由 3 个子组件组成,分别是 Button 组件、TextInput 组件和 List 组件。组合框组件可以是静态的,也可以是可编辑的。使用静态组合框,用户可以从下拉列表框中做出一项选择。使用可编辑的组合框,用户可以在列表顶部的文本字段中直接输入文本,也可以从下拉列表框中选择一项。如果下拉列表框超出了文档底部,该列表将会向上打开,而不是向下。当在列表框中进行选择后,所选内容的标签会被复制到组合框顶部的文本字段中,在进行选择时既可以使用鼠标也可以使用键盘。在"组件参数"窗口中可以设置 ComboBox 组件的参数,如图 9-6 所示。其中,dataProvider 参数提供 ComboBox 组件选项的显示数据及对应的值数据,其设置界面如图 9-7 所示,当然也可以将一个数组赋给 dataProvider 参数。

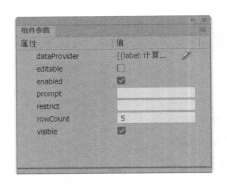

图 9-6　ComboBox 组件的
"组件参数"设置

图 9-7　dataProvider 设置界面及 ComboBox
组件运行效果

下面的示例通过 ComboBox 组件选择大学网站。在 Array 数组中保存大学网站信息,其中使用 label 属性存储学校名称,使用 data 属性存储每个学校网站的 URL,然后通过设置 ComboBox 的 dataProvider 属性将该 Array 分配给 ComboBox。操作步骤如下所述。

(1) 新建一个 Animate 文档(ActionScript 3.0),将一个 ComboBox 组件从"组件"面板拖曳到"库"面板中,然后打开"动作"面板,在主时间轴上选择第 1 帧,并输入如下 ActionScript 代码。

```
import fl.controls.ComboBox;
import fl.data.DataProvider;
import flash.net.navigateToURL;
var sfUniversities:Array = new Array(
{label:"郑州大学",data:"http://www.zzu.edu.cn/"},
{label:"中原工学院", data:"http://www.zzti.edu.cn/"},
{label:"河南工业大学", data:" http://www.haut.edu.cn/ "},
{label:"河南大学", data:" http://www.henu.edu.cn/ "}
);
var aCb:ComboBox = new ComboBox();
aCb.dropdownWidth = 210;
aCb.width = 200;
aCb.move(150, 50);
aCb.prompt = "河南的大学";
```

```
aCb.dataProvider = new DataProvider(sfUniversities);
aCb.addEventListener(Event.CHANGE, changeHandler);
addChild(aCb);
function changeHandler(event:Event):void {
    var request:URLRequest = new URLRequest();
    request.url = ComboBox(event.target).selectedItem.data;
    navigateToURL(request);
    aCb.selectedIndex = -1;
}
```

（2）执行"控制"→"测试影片"→"测试"命令，运行应用程序，效果如图 9-8 所示。当用户从列表中选择大学时，将触发 Event.CHANGE 事件，并调用 changeHandler()函数，该函数将 data 属性加载到 URL 请求中，以访问学校的网站。

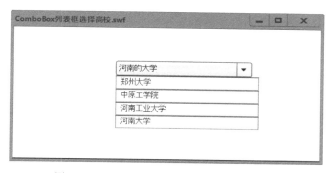

图 9-8　通过 ComboBox 组件选择大学网站

注意：最后一行将 ComboBox 实例的 selectedIndex 属性设置为−1，以便在列表关闭时重新显示提示，否则将显示所选择的学校名称而不是提示。

9.2.5　Label 组件

Label 组件就是标签组件，一个标签组件就是一行文本，指定一个标签可以采用 HTML 格式，也可以控制标签的对齐和大小。Label 组件没有边框，不能具有焦点，并且不广播任何事件。在应用程序中，经常使用一个 Label 组件为另一个组件创建文本标签作为提示信息。在"组件参数"窗口中可以设置 Label 组件的参数，如图 9-9 所示。

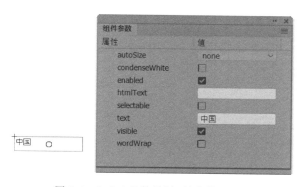

图 9-9　Label 组件的"组件参数"设置

9.2.6 List 组件

List 组件就是列表框组件,它是一个可滚动的单选或多选列表框。在应用程序中,可以建立一个列表,以便用户可以在其中选择一项或多项。例如,在报考全国计算机等级考试二级中选择报考的科目,用户在列表中上下滚动,并通过单击选择一项,如图9-10所示。

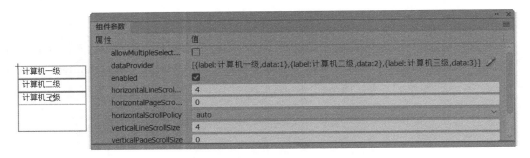

图 9-10   List 组件的"组件参数"设置

其中,dataProvider 参数提供 List 组件选项的显示数据及对应的值数据,其设置界面同 ComboBox 组件的 dataProvider 设置界面(如图9-7所示)。

下面的示例创建一个由颜色名称组成的 List,当用户选择某种颜色时,它将该颜色应用于影片剪辑。使用 List 组件控制影片剪辑实例的步骤如下所述。

(1) 创建一个 Animate 文档(ActionScript 3.0),将一个 List 组件从"组件"面板拖到舞台上。

(2) 在"属性"面板中为该组件指定相应值,这里输入 aList 作为实例名称,60 作为 H 值,100 作为 X 值,150 作为 Y 值。

(3) 打开"动作"面板,在主时间轴上选择第1帧,然后输入如下 ActionScript 代码。

```
aList.addItem({label:"Blue", data:0x0000CC});
aList.addItem({label:"Green", data:0x00CC00});
aList.addItem({label:"Yellow", data:0xFFFF00});
aList.addItem({label:"Orange", data:0xFF6600});
aList.addItem({label:"Black", data:0x000000});
var aBox:MovieClip = new MovieClip();
addChild(aBox);
aList.addEventListener(Event.CHANGE, changeHandler);
function changeHandler(event:Event) {
    drawBox(aBox, event.target.selectedItem.data);
};
function drawBox(box:MovieClip,color:uint):void {
    box.graphics.beginFill(color, 1.0);
    box.graphics.drawRect(225, 150, 100, 100);
    box.graphics.endFill();
}
```

(4) 执行"控制"→"测试影片"→"测试"命令,运行应用程序,单击此 List 组件中的颜色,可以看到颜色会显示在影片剪辑中。

习题

1. ActionScript 3.0 中的组件可以分为哪两种？
2. 使用 List 组件将学生姓名显示出来。
3. 使用 CheckBox 组件设计一个爱好调查问卷，并显示到标签中。

使用 ActionScript 3.0 的基本绘图命令可以绘制围绕图形边沿的线条以及填充图形。一种新的高级的绘图命令,允许接受 Vector(向量)对象(数组类型)作为绘图参数。如果使用有限数量的坐标快速绘制简单图形,可以使用 flash.display.Graphics 类中的基本绘图命令。如果使用许多坐标点创建一个较为复杂的图形,或者想要通过编程方式快速改变图形的点、颜色填充或将成型的图形及其属性应用到其他图形中,那么请使用更高级的图形数据类和命令。

10.1 Graphics 类

ActionScript 3.0 中的绘图是通过 Graphics 类实现的,Graphics 类直接继承 Object 类。它具有很多绘图方法,大致分为两种:一种是定义绘图样式的方法;另一种是用于绘制和清除图形的方法。

Graphics 类有关定义绘图样式的方法包括线条样式和填充样式两类,如表 10-1 所示。用于绘制和清除图形的方法如表 10-2 所示。

表 10-1　Graphics 类的绘图样式方法

方 法 名	说　明	方 法 名	说　明
lineStyle	定义线条样式	beginGradientFill	定义渐变填充样式
lineGradientStyle	定义渐变线条样式	beginBitmapFill	定义位图填充
beginFill	定义固体填充样式	endFill	结束填充方法

表 10-2　Graphics 类的绘制和清除图形方法

方 法 名	说　明	方 法 名	说　明
moveTo	定义绘制线条的起点	drawEllipse	绘制椭圆
lineTo	定义绘制线条的终点	drawRect	绘制矩形
curveTo	绘制曲线	drawRoundRect	绘制圆角矩形
drawCircle	绘制圆形	clear	清除绘图

Graphics 类不允许用户创建实例,如果要使用 Graphics 类的方法,需要借助 Shape 类和 Sprite 类的实例,这些实例具有 graphics 属性。graphics 属性是 Graphics 类的实例,通过 graphics 属性可以调用绘图的方法。其语法如下:

```
显示实例名.graphics.lineStyle()
```

我们经常使用 Shape 类绘制图形,因为 Shape 类只有 graphics 属性和构造函数,所以使用 Shape 类绘制图形的效率会更高。当需要图形的交互功能时,可以考虑使用 Sprite 类和 MovieClip 类。

在绘制之前,必须先设置 Graphics 对象的线条样式。如果没有设置,默认线条样式为 undefined,而且线条和填充都不能被渲染。lineStyle() 方法用于设置 Graphics 对象的线条样式。lineStyle() 方法接受多个参数(参数都是可选的),主要的参数如下所述。

(1) thickness:定义线条的宽度,默认值为 1,范围为 0~255。

(2) color:线条的颜色,默认为 0x000000。

(3) alpha:线条的透明度,范围为 0~1,默认为 1。

(4) pixelHinting:布尔型,指示线条是否包住整个像素,默认为 false。

绘制填充图形时需用 Graphics.beginFill(color) 方法设置填充色,如果填充结束,需要调用 Graphics.endFill() 方法结束填充。在操作中,除了可以使用纯色填充外,还可以使用渐变填充和位图填充。

10.2　绘制图形

10.2.1　画线

画一条直线是最基本的绘图,Animate 会把笔刷当前的绘画位置作为起点,然后还需要指定一个坐标作为目标位置,使用 Graphics.lineTo() 方法可以从当前绘画位置到目标位置创建一条直线。Graphics.lineTo() 方法的格式如下:

```
lineTo(x:Number, y:Number):void
```

功能:使用当前线条样式绘制一条从当前绘画位置开始到 (x, y) 结束的直线,当前绘画位置随后会设置为 (x, y)。

例如:

```
var sampleSprite:Sprite = new Sprite();
addChild(sampleSprite);
sampleSprite.graphics.lineStyle(12, 0x000000);      //定义画图的线条样式
sampleSprite.graphics.lineTo(100, 100);             //从当前位置到(100,100)画一条直线
```

运行效果如图 10-1 所示。

当 Grahics.lineTo() 方法被调用时,显示对象所关联的 Graphics 对象就会画出相应的图形。例如,上面的直线由 sampleSprite 所关联的 Graphics 画出。

lineTo() 方法把笔刷的当前位置作为起点,类似的方法还有 curveTo()、moveTo()。默认笔刷的起始坐标为 $(0,0)$。moveTo() 方法不会画出东西,它直接把笔刷移动到目标位置。

图 10-1　画一条直线

以下代码用于实现绘制线段的功能。

```
var canvas: MovieClip = new MovieClip();          //canvas 是一个影片剪辑对象
addChild(canvas);
drawLine();
function drawLine():void
{
      canvas.graphics.lineStyle(12, 0x000000);    //lineStyle()方法用于定义画图的线条样式
      canvas.graphics.moveTo(0, 0);               //设置(0, 0)为当前绘画点
      canvas.graphics.lineTo(100, 100);           //以当前绘画点为起点画一条直线到目标点
}
```

10.2.2　画曲线

在设置好线条样式后,就可以使用 curveTo()方法画曲线了。使用 curveTo()方法画出的曲线接近于贝塞尔曲线,它需要 3 个点,即开始点、控制点和目标点。开始点一般是笔刷的当前位置;控制点决定曲线的形状,它是根据起始点和目标点的切线计算出来的;目标点指定曲线的目标终点。如果不指定控制点,则画出的就是直线。

curveTo 方法的格式如下:

```
curveTo(controlX:Number, controlY:Number, anchorX:Number, anchorY:Number):void
```

curveTo()方法带有 4 个参数,即 controlX、controlY、anchorX、anchorY。其中,controlX 和 controlY 是控制点的坐标,anchorX 和 anchorY 是终点坐标,起点坐标可由 moveTo 方法指定。使用 curveTo()方法的关键是控制点的确定,控制点相当于曲线起始点和终点切线的交点。

下面的例子画出了控制点为(0,100)和目标点为(100,100)的曲线。

```
var canvas:MovieClip = new MovieClip();          //canvas 是一个影片剪辑对象
addChild(canvas);
drawCurve();
function drawCurve():void
{
    canvas.graphics.lineStyle(1, 0x000000);
    canvas.graphics.moveTo(100, 0);
    canvas.graphics.curveTo(100, 100, 200, 200);
}
```

其运行效果如图 10-2 所示。

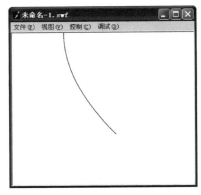

图 10-2　绘制曲线

10.2.3　画矩形

对于简单的矩形,也可以使用 lineTo()方法画出其 4 条线段。

```
var sampleSprite:Sprite = new Sprite();
addChild(sampleSprite);
sampleSprite.graphics.lineStyle(1, 0, 100);      //指定 1 像素、实心的黑线
sampleSprite.graphics.lineTo(100, 0);            //画出 4 条线段
```

```
sampleSprite.graphics.lineTo(100, 50);
sampleSprite.graphics.lineTo(0, 50);
sampleSprite.graphics.lineTo(0, 0);
```

使用这种方法需要调用 4 次 lineTo( )方法,而且很难画出圆角矩形,其运行效果如图 10-3 所示。

绘制直角矩形可以使用 drawRect( )方法,绘制圆角矩形使用 drawRoundRect( )方法。

```
drawRect(x:Number, y:Number, width:Number, height:Number):void
```

该方法需要 4 个参数,即左上角的 x、y 坐标和直角矩形宽度 width、高度 height。

```
drawRoundRect(x:Number, y:Number, width:Number, height:Number, ellipseWidth:Number, ellipseHeight:
Number = NaN):void
```

该方法前 4 个参数的作用同上,ellipseWidth 用于绘制圆角的椭圆的宽度(以像素为单位);ellipseHeight 用于绘制圆角的椭圆的高度(以像素为单位),如果未指定值,则默认值与为 ellipseWidth 参数提供的值相匹配。

下面的代码画了一个 100×50 像素的矩形,左上角坐标为(0,0),并且填充绿色。

```
var sampleSprite:Sprite = new Sprite();
addChild(sampleSprite);
sampleSprite.graphics.lineStyle(5, 0xFF0000);
sampleSprite.graphics.beginFill(0x00FF00);          //定义填充色为绿色
sampleSprite.graphics.drawRect(0, 0, 100, 50);      //画矩形
sampleSprite.graphics.endFill();
```

运行效果如图 10-4 所示。

图 10-3　通过画出 4 条线段绘制矩形

图 10-4　运行效果

10.2.4　课堂案例——动态绘制矩形

使用 ActionScript 3.0 实时动态地绘制矩形,其运行界面如图 10-5 所示。

在这个案例中用到 3 个鼠标事件,分别是 MouseEvent. MOUSE_DOWN、MouseEvent. MOUSE_UP 和 MouseEvent. MOUSE_MOVE。监听 MOUSE_DOWN 事件用来记录鼠标按下位置的 x 坐标和 y 坐标,这也是矩形绘制的起点;监听 MOUSE_MOVE 事件用来绘制矩形,通过鼠标移动的距离可以确定矩形的长和宽;监听 MOUSE_UP 事件结束了所

有的绘制动作。

绘制矩形需要用到 drawRect()方法,该方法需要传递 4 个参数,即 x 坐标、y 坐标、矩形的长度和宽度。前两个参数在 MOUSE_DOWN 事件处理函数中已经获得,用户能够通过计算鼠标移动后的位置和原始位置的差值计算出矩形的长和宽。

图 10-5 动态绘制矩形

```
mysprite.graphics.drawRect(dx,dy,mouseX – dx,mouseY – dy);
```

制作步骤如下所述。

(1) 打开 Animate 软件,然后执行"文件"→"新建"命令,系统将打开"新建文档"对话框,在该对话框中选择 ActionScript 3.0 选项。

(2) 选中主时间轴中的第 1 帧,然后执行菜单栏中的"窗口"→"动作"命令,打开"动作"面板,输入如下代码:

```
import flash.events.MouseEvent;
var dx:Number;
var dy:Number;
var vx:Number;
var mysprite:Sprite = new Sprite();
addChild(mysprite);
stage.addEventListener(MouseEvent.MOUSE_DOWN,ondown);
stage.addEventListener(MouseEvent.MOUSE_UP,onup);
function ondown(e:MouseEvent):void {          //记录鼠标按下位置的 x 坐标和 y 坐标
    dx = mouseX;
    dy = mouseY;
    stage.addEventListener(MouseEvent.MOUSE_MOVE,onmove);
}
function onmove(e:MouseEvent):void {          //绘制矩形
    mysprite.graphics.clear();
    mysprite.graphics.lineStyle(2,0xff0000);
    mysprite.graphics.drawRect(dx,dy,mouseX – dx,mouseY – dy);
}
function onup(e:MouseEvent):void {          //结束矩形的绘制
    stage.removeEventListener(MouseEvent.MOUSE_MOVE,onmove);
}
```

10.2.5 画圆和椭圆

1. 画圆

Graphics 类提供的 drawCircle()方法可以简单地画圆,drawCircle()方法的格式如下:

```
drawCircle(x:Number, y:Number, radius:Number):void
```

其参数的作用如下所述。

x:圆中心的 x 坐标。

y:圆中心的 y 坐标。

radius：圆的半径。

下面画出了圆中心点在(100,100)、半径为 50 的圆,同时绘制一个圆中心点在(300，30)、半径为 50 的填充圆,运行效果如图 10-6 所示。

```
var sampleSprite:Sprite = new Sprite();
addChild(sampleSprite);
sampleSprite.graphics.lineStyle(2,0xff0000);
sampleSprite.graphics.drawCircle(100, 100, 50);
drawCircle();
function drawCircle():void                    //画圆
{
    sampleSprite.graphics.lineStyle(1, 0x000000);
    //beginFill()方法用于单色填充之后绘制的图形,直到调用 endFill()方法为止
    //两个参数分别为填充的颜色值和不透明度
    sampleSprite.graphics.beginFill(0xFF0000, 0.5);
    //drawCircle()方法用于绘制圆形
    //3 个参数分别为圆心的 x 坐标、圆心的 y 坐标、圆的半径
    sampleSprite.graphics.drawCircle(300, 30, 30);
    //endFill()方法用于呈现 beginFill()方法和 endFill()方法之间绘制的图形的填充效果
    sampleSprite.graphics.endFill();
}
```

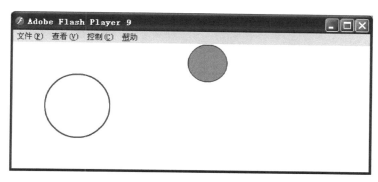

图 10-6　画圆

2. 画椭圆

用户可以通过 drawEllipse()方法绘制椭圆,drawEllipse()方法的格式如下：

```
drawEllipse(x:Number, y:Number, width:Number, height:Number):void
```

其参数的作用如下所述。

x：椭圆中心的 x 坐标。

y：椭圆中心的 y 坐标。

width 为椭圆在 x 方向上的半径。

height 为椭圆在 y 方向上的半径。

下面的代码定义了 Pen 对象并画出一个椭圆。

```
var pen:Pen = new Pen(sampleSprite.graphics);
pen.drawEllipse(100, 100, 100, 50);
```

而下面的代码画出一个填充的椭圆。

```
canvas.graphics.lineStyle(1,0x000000);
canvas.graphics.beginFill(0xFF0000);
//drawEllipse()方法用于绘制椭圆
//前两个参数：椭圆左侧顶点的 x 坐标和 y 坐标
//后两个参数：椭圆的宽和高
canvas.graphics.drawEllipse(0, 200, 100, 50);
canvas.graphics.endFill();
```

10.2.6 课堂案例——贪吃蛇游戏

"贪吃蛇"曾经是十分流行的游戏，现在成了 Animate 经典教材的典型实例。在该游戏中，玩家操纵一条贪吃的蛇在长方形场地里行走，蛇按玩家所按的方向键折行，"蛇头"吃到"豆"后，蛇身会变长，如果蛇碰上墙壁或者自身，游戏结束。游戏的运行界面如图 10-7 所示。

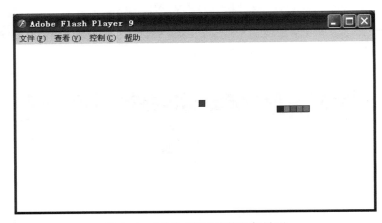

图 10-7 "贪吃蛇"游戏的运行界面

制作步骤如下所述。

(1) 创建"贪吃蛇"的身体关节。

这里使用了继承 Shape 的 Snake 类。此类中使用 graphics.drawRect()方法绘制一个随机颜色的小方块，还提供了公开的属性 vx、vy 和 radius，这些属性用来自定义方块的运动速度和大小。

执行"文件"→"新建"命令，系统将打开"新建文档"对话框，在该对话框中选择"高级"类型的"ActionScript 3.0 类"选项，在 Animate 中新建一个 ActionScript 文件，将其保存为 Snake.as。Snake 类的具体代码如下：

```
package {
    import flash.display.Shape;
    public class Snake extends Shape{
        public var vx:int;                    //方块的运动速度
        public var vy:int;
        public var radius:int;                //方块的大小
        public function Snake(radius:uint,color:int) {
```

```
                    this.graphics.lineStyle(1, 0x000000);
                    this.graphics.beginFill(color);        //以 color 颜色填充
                    //使用 graphics.drawRect()方法绘制一个 color 颜色的小方块
                    this.graphics.drawRect(0, 0, radius, radius);
                    this.width = radius;
                    this.graphics.endFill();
                }
            }
        }
```

（2）创建"贪吃蛇"。

这里使用 for 循环语句创建 Snake 实例，并将每一个实例添加到数组中，再使用 for 循环语句将这些实例排成一条直线。第二个实例的 x 坐标等于第一个实例的 x 坐标减去实例本身的宽度。参照此方法将小方块排成一条直线。

```
nodes = new Array();
for (var i:uint = 0; i < ballOriginCount; i++) {
    var b:Snake = new Snake(radius,Math.random() * 0xffffff);
    nodes.push(b);
    b.x = 10 * radius;
    b.y = 10 * radius;
    b.vx = b.width;
    addChild(b);
}
for (i = 1; i < ballOriginCount; i++) {
    nodes[i].x = nodes[i-1].x - nodes[i].width;
}
```

（3）移动"贪吃蛇"。

"贪吃蛇"移动的前提在于后面的关节追随前一个关节的步伐移动，这就要求后面的关节要"记住"前面关节的位置。

```
//蛇尾追蛇头,for 循环用来传递上一关节的位置坐标(x,y)到本关节
for (var i = nodes.length-1; i > 0; i--) {
    nodes[i].x = nodes[i-1].x;
    nodes[i].y = nodes[i-1].y;
}
```

在头关节的 x 轴上加上 vx 属性值、在 y 轴上加上 vy 属性值来实现头关节的移动。

```
nodes[0].x = nodes[0].x + nodes[0].vx;          //设置蛇头关节的新位置
nodes[0].y = nodes[0].y + nodes[0].vy;
```

这样最终实现了"贪吃蛇"的移动。在循环之前加入检测代码，判断"贪吃蛇"是否碰壁，如果碰壁则停止运动。

（4）控制"贪吃蛇"的运动方法。

给舞台上添加 KeyboardEvent.KEY_DOWN 事件，监听键盘按键，这样只要控制蛇的头关节就可以了，后面的关节会依据上面的方法做跟随运动。当按向下键的时候，将头关节的 vy 值加上关节的宽度值，而将 vx 的值设为 0，这样保证了"贪吃蛇"会朝下运动。对于按其他方向键的情况请读者自己分析。

第10章　ActionScript的绘图功能

（5）在此游戏中首先会在场地的特定位置出现一个"豆"，豆要不断被"贪吃蛇"吃掉，当豆被吃掉后，原豆消失，又在新的位置出现新的豆。为了设计的简单，这些豆也是由 Snake 类创建的对象，因为豆也是一个小方块。出现一个豆的代码如下：

```
target = new Snake(radius,Math.random() * 0xffffff);
target.x = int(Math.random() * 20) * radius;
target.y = int(Math.random() * 15) * radius;
addChild(target);
```

选中主时间轴上的第 1 帧，执行菜单栏中的"窗口"→"动作"命令，打开"动作"面板，输入以下完整的代码：

```
var radius:uint = 15;                                    //"贪吃蛇"身体关节的大小为 15 像素
var ballOriginCount:uint = 5;                            //"贪吃蛇"身体初始为 5 节
var sW:Number = stage.stageWidth;
var sH:Number = stage.stageHeight;
var nodes:Array;
var target:Snake;                                        //食物对象
init();
stage.addEventListener(KeyboardEvent.KEY_DOWN,keyDowmHandler);
stage.addEventListener(Event.ENTER_FRAME,moveSnake);
function init():void {
    nodes = new Array();
    for (var i:uint = 0; i < ballOriginCount; i++) {
        var b:Snake = new Snake(radius,Math.random() * 0xffffff);
        nodes.push(b);
        b.x = 10 * radius;
        b.y = 10 * radius;
        b.vx = b.width;
        addChild(b);
    }
    for (i = 1; i < ballOriginCount; i++) {
        nodes[i].x = nodes[i - 1].x - nodes[i].width;
    }
    target = new Snake(radius,Math.random() * 0xffffff);
    setFoodPosition();                                   //设置食物的位置
    addChild(target);
}
function setFoodPosition():void {                        //设置食物的位置
    //不让食物产生在蛇身上
    var isHitSnake = true;
    while (isHitSnake) {
        target.x = int(Math.random() * 20) * radius;
        target.y = int(Math.random() * 15) * radius;
        for (var i = 0; i < nodes.length; i++) {
            if (target.x == nodes[i].x && target.y == nodes[i].y) {
                isHitSnake = true;
```

```
                    break;
                }
                isHitSnake = false;
            }
        }
    }
    function keyDowmHandler(e:KeyboardEvent):void {        //改变方向
        var b:Snake = nodes [0];                           //"贪吃蛇"的头关节
        if (e. keyCode == Keyboard. DOWN && b. vx!= 0) {    //向下
            b. vy = b. width;
            b. vx = 0;
        } else if (e. keyCode == Keyboard. UP && b. vx!= 0) {     //向上
            b. vy = - b. width;
            b. vx = 0;
        } else if (e. keyCode == Keyboard. LEFT && b. vy!= 0) {   //向左
            b. vx = - b. width;
            b. vy = 0;
        } else if (e. keyCode == Keyboard. RIGHT && b. vy!= 0) {  //向右
            b. vx = b. width;
            b. vy = 0;
        }
    }
function moveSnake(event:Event):void {
    var b:Snake = nodes[0];                                       //"贪吃蛇"的头关节
    //检测是否碰壁
    if (b. x < b. radius ‖ b. x > sW - 2  *  b. radius ‖ b. y < b. radius ‖ b. y > sH - 2  *  b. radius) {
        stage. removeEventListener(Event. ENTER_FRAME, moveSnake);
    }
    //蛇尾追蛇头
    for (var i = nodes. length - 1; i > 0; i -- ) {
        nodes[i]. x = nodes[i - 1]. x;
        nodes[i]. y = nodes[i - 1]. y;
    }
    //设置蛇头关节的新位置
    nodes[0]. x = nodes[0]. x + nodes[0]. vx;
    nodes[0]. y = nodes[0]. y + nodes[0]. vy;
    //如果碰到自己的身体,结束移动
    for (var i:int = nodes. length - 1; i > 0; i -- ) {
        if (nodes[0]. x == nodes[i]. x && nodes[0]. y == nodes[i]. y) {
            trace("11111");
            stage. removeEventListener(Event. ENTER_FRAME, moveSnake);
        }
    }
    isMeetFood( );                                                //是否吃到食物
}
//增加节点
function addNode( ) {
    var n1:Snake = new Snake(radius, Math. random( )  *  0xffffff);
```

```
        n1.x = nodes[length - 1].x;
        n1.y = nodes[length - 1].y;
        addChild(n1);
        nodes.push(n1);
    }
//是否吃到食物
function isMeetFood() {
        if (nodes[0].x == target.x && nodes[0].y == target.y) {
            //重新设置食物的位置
            //target.x = int(Math.random() * 20) * radius;
            //target.y = int(Math.random() * 15) * radius;
            setFoodPosition();                      //设置食物的位置
            addNode();
        }
    }
```

本实例实现"贪吃蛇"的主要功能,实现"贪吃蛇"吃"食物"的功能,读者可进一步完善,让游戏具有积分、计时等功能。

10.3　位图处理

在影片中使用数字图像时会遇到两种不同类型的图形,即位图和矢量图。Graphics 类中提供了绘制矢量图的方法,对于位图,可以使用 Loader 类从外部导入,也可以使用 ActionScript 3.0 提供的位图相关类创建。Bitmap 类和 BitmapData 类就是 ActionScript 3.0 中用于处理位图的两个重要的类。

10.3.1　Bitmap 类和 BitmapData 类

位图图像有几个重要的指标,包括图像的宽度和高度(以像素为单位)以及每个像素颜色的位数。在使用 RGB 颜色模型的位图图像中,像素由 3 字节组成,即红、绿和蓝。每字节包含一个 0~255 的值,3 字节共计 24 位。

位图图像的品质由图像分辨率和颜色深度位值共同确定。分辨率与图像中包含的像素数有关,像素数越大,分辨率越高,图像也就越精确。颜色深度与每个像素可包含的信息量有关。例如,颜色深度值为每像素 48 位的图像与 16 位图像相比,其阴影具有更高的平滑度。

由于位图图像跟分辨率有关,因此不能很好地进行缩放。当放大位图图像时,这一特性显得尤为突出,通常放大位图有损其细节和品质。

Animate 支持 GIF、JPEG 和 PNG 3 种格式的位图,对于使用 GIF 或 PNG 格式的位图图像还可以为每个像素增加一个额外的字节——Alpha 通道,表示像素的透明度值。

1. Bitmap 类和 BitmapData 类简介

这两个类是 ActionScript 3.0 处理位图的主要工具,它们的继承关系如下:

Bitmap→DisplayObject→EventDispatcher→ObjectBitmapData→Object

由此可以看出,Bitmap 类面向显示,而 BitmapData 类面向数据,它是位图的内部表示。用 Bitmap 类显示的位图可以是使用 flash.display.Loader 类加载的图像,也可以是使用

Bitmap()构造函数创建的图像。如果要使用这个构造函数创建位图,需要提供一个BitmapData类对象作为参数。

BitmapData类实现了位图呈现操作与Animate播放器的内部表示及更新分隔开来,BitmapData类可以处理Bitmap对象中的数据(像素),处理以后的位图数据会立即显示在对应的Bitmap对象中。

用户可以使用BitmapData类提供的方法创建任意大小的透明或不透明的位图图像,并在运行时采用多种方式操作这些图像。对于使用flash.display.Loader类加载的位图图像,也可以访问到它对应的BitmapData对象。

BitmapData对象包含像素数据的数组,数组中的每个元素都是一个32位的整数,它描绘了位图中单个像素的属性。这32位整数都是4个8位通道值(0~255)的组合,这些值描述像素的Alpha透明度以及红色、绿色、蓝色(RGB)值。

2. 属性和方法

Bitmap类的属性和方法比较少,其中最常用的是bitmapData属性,它指定了被引用的BitmapData对象。例如:

```
var myPic:Bitmap = new Bitmap();      //Bitmap 对象
//使用 Bitmap 对象的 bitmapData 属性得到 BitmapData 对象的引用
var myBitmap:BitmapData = myPic.bitmapData;
```

在实际针对位图的操作中,都是以BitmapData类为主的,这个类包括4个只读属性,如表10-3所示。

表 10-3　BitmapData 类的属性

属　　性	含　　义
height	位图图像的高度,以像素为单位
rect	定义位图图像大小和位置的矩形
transparent	定义位图图像是否支持每像素具有不同的透明度
width	位图图像的宽度,以像素为单位

BitmapData类提供了一系列方法用于操作位图图像,这些方法涉及创建与绘制位图、处理图像像素、复制位图等行为,表10-4列出了几个常用的方法。

表 10-4　BitmapData 类的方法举例

方　　法	含　　义
BitmapData()	创建一个具有指定宽度和高度的 BitmapData 对象
colorTransform()	使用 colorTransform 对象调整位图图像的指定区域中的颜色值
draw(source)	使用矢量渲染器在位图图像上绘制 source 显示对象
getPixel(x:int, y:int)	返回 BitmapData 对象中特定点处的 RGB 像素值
getPixels(rect:Rectangle)	从像素数据的矩形区域生成一个字节数组
copyPixels(source:BitmapData, sourceRect: Rectangle, destPoint:Point)	将源位图 source 上某个区域 sourceRect 的像素复制到目标区域的某个坐标点 destPoint 处
setPixel(x:int, y:int, color:uint)	设置 BitmapData 对象的单个像素

续表

方　法	含　义
setPixels（rect：Rectangle， inputByteArray：ByteArray）	将字节数组转换为像素数据的矩形区域
hitTest()	在一个位图图像与一个指定对象之间执行像素级的单击检测
noise()	使用表示随机杂点的像素填充图像
scroll(x:int，y:int)	按某一(x，y)像素量滚动图像
threshold()	根据指定的阈值测试像素，将通过测试的像素设置为新的颜色值

这些方法操作的位图图像可以是导入的位图(loader. content)或者是用户自己创建的位图。创建新位图需要使用构造函数 BitmapData()，它的声明如下：

```
public function BitmapData(width:int, height:int, transparent:Boolean = true,
            fillColor:uint = 0xFFFFFFFF)
```

前两个参数表示新建位图的宽和高；参数 transparent 表示位图是否支持每个像素包含不同的透明度，默认支持；fillColor 参数表示用于填充位图图像区域的 32 位 RGB 颜色值，如果参数 transparent 被传递了 false 值，则只使用 32 位中的 24 位表示不透明的图像。

下面的代码用 BitmapData()构造函数创建了一个宽、高均为 150 像素，具有 50%透明度的蓝色 BitmapData 对象。

```
var myBitmap:BitmapData = new BitmapData(150, 150, true, 0x800000FF);
```

如果要显示这个位图图像，那么需要以 myBitmap 对象为参数创建一个 Bitmap 类的对象。

```
var myPic:Bitmap = new Bitmap(myBitmap);
addChild(myPic);
```

这 3 行代码会在舞台的左上角显示一个 myBitmap 对象中包含 150×150 像素大小的矩形位图，如图 10-8 所示。

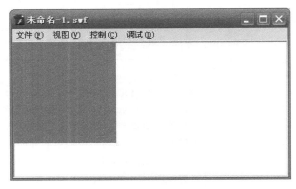

图 10-8　显示创建的位图

对于使用 Loader 类对象导入的位图，可以使用下面的代码获得对其中像素数据的引用。

```
var myLoader:Loader = new Loader();
myLoader.contentLoaderInfo.addEventListener(Event.COMPLETE,completeHd);
myLoader.load(new URLRequest("image.GIF"));
function completeHd(e:Event){
    var myPic:Bitmap = Bitmap(e.target.content);        //先转换为 Bitmap 对象
    //使用 Bitmap 对象的 bitmapData 属性得到 BitmapData 对象的引用
    var myBitmap:BitmapData = myPic.bitmapData;
}
```

10.3.2 复制位图里的部分像素

图 10-9 所示为一个方向(一般都是 4 个方向)的跑步动作序列图。假如想获取一个姿态的位图,可利用 BitmapData.copyPixels(sourceBitmapData,sourceRect,destPoint)将源位图上某个区域的像素复制到目标区域的某个坐标点处。

图 10-9 跑步动作序列 Snap1.jpg

下面利用 BitmapData.copyPixels 实现从跑步动作序列文件 Snap1.jpg 中截取第 1、第 3 个动作的操作(按图中动作从左到右截取),步骤如下所述。

(1) 执行"文件"→"新建"命令,在打开的"新建文档"对话框中选择"ActionScript 3.0 类"选项。然后执行"窗口"→"属性"命令打开"属性"面板,在"属性"面板中设置文档类为"Sample0310"。

(2) 执行"文件"→"新建"命令,系统将打开"新建文档"对话框,在该对话框中选择"ActionScript 3.0 类"选项,这样在 Animate 中新建了一个 ActionScript 文件,将其保存为 Sample0310.as。Sample0310 类的具体代码如下:

```
package {
    import flash.display.Bitmap;
    import flash.display.BitmapData;
    import flash.display.Loader;
    import flash.display.Sprite;
    import flash.events.Event;
    import flash.geom.Point;
    import flash.geom.Rectangle;
    import flash.net.URLRequest;
    public class Sample0310 extends Sprite
    {
        private var loader:Loader;
        private var imageContainer:Bitmap;
        public function Sample0310()
        {
            imageContainer = new Bitmap();
            //新建位图宽 120、高 80
            imageContainer.bitmapData = new BitmapData(120,80,false,0x00FFFF);
```

第10章 ActionScript的绘图功能

246

```
                    this.addChild(imageContainer);
                    loader = new Loader();
                    loader.load(new URLRequest("Snap1.jpg"));
                    loader.contentLoaderInfo.addEventListener(
                                Event.COMPLETE,onLoadComplete);
                }
                private function onLoadComplete(target:Event):void
                {
                    var image:Bitmap = loader.content as Bitmap;
                    //复制 Snap1.jpg 图中 Rectangle(0,0,60,80)矩形区域的内容
                    imageContainer.bitmapData.copyPixels(image.bitmapData,
                                new Rectangle(0,0,60,80),new Point(0,0));
                    //复制 Snap1.jpg 图中 Rectangle(120,0,60,80)矩形区域的内容
                    imageContainer.bitmapData.copyPixels(image.bitmapData,
                                new Rectangle(120,0,60,80),new Point(60,0));
                }
            }
        }
```

图 10-10　截取的第 1、第 3 个动作

（3）按 Ctrl＋Enter 组合键测试并预览动画效果，如图 10-10 所示。

10.3.3　使用 BitmapData 类滚动位图

使用 BitmapData 类的 scroll(x,y)方法可以将图像按一定量的(x,y)像素进行滚动，滚动区域之外的边缘区域保持不变。

下面使用 BitmapData 类实现位图的滚动。

（1）执行"文件"→"新建"命令，在打开的"新建文档"对话框中选择"ActionScript 3.0 类"选项。然后选择"窗口"→"属性"命令打开"属性"面板，在"属性"面板中设置文档类为 Sample0320。

（2）执行"文件"→"新建"命令，在打开的"新建文档"对话框中选择"高级"类型的 "ActionScript 3.0 类"选项，这样在 Animate 中新建了一个 ActionScript 类文件，将其保存为 Sample0320.as。Sample0320 类的具体代码如下：

```
package {
    import flash.display.Bitmap;
    import flash.display.BitmapData;
    import flash.display.LoaderInfo;
    import flash.display.Shape;
    import flash.display.Sprite;
    import flash.events.Event;
    public class Sample0320 extends Sprite
    {
        private var image:Bitmap;
        public function Sample0320()                    //滚动自绘的圆形位图
        {
            var circle:Shape = new Shape();
```

```
        circle.graphics.beginFill(0xFF0000);    //设置填充色为红色
        //在 circle 形状上绘制 10 个圆
        for(var i:int = 20;i <= 200;i = i + 20)
            circle.graphics.drawCircle(i,i,10);
        circle.graphics.endFill();
        image = new Bitmap();
        image.bitmapData = new BitmapData(stage.stageWidth,
                    stage.stageHeight,false,0x000000);
        image.bitmapData.draw(circle);          //在位图上绘制可视化对象 circle
        this.addChild(image);                   //将位图加入舞台
        //帧频事件
        this.addEventListener(Event.ENTER_FRAME,onEnterFrame);
    }
    private function onEnterFrame(event:Event):void
    {
        if(image!= null)
        {   //向左上角以 45°移动,移动一次(x,y)坐标减一个像素
            image.bitmapData.scroll( - 1, - 1);
        }
    }
}
```

本例在 circle 形状中绘制了 10 个红色的圆形,然后将 circle 形状对象画到位图 image上。帧频事件不停地移动位图,从而滚动位图 image,如图 10-11 所示。

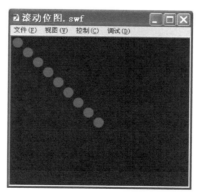

图 10-11　滚动自绘的圆形

当然,用户也可以加载现成的图片来滚动,将构造函数的代码修改如下:

```
public function Sample0320()                    //滚动现成的图片
{
    var myLoader:Loader = new Loader();
    myLoader.contentLoaderInfo.addEventListener(
                    Event.COMPLETE,completeHd);
    myLoader.load(new URLRequest("Snap1.jpg"));
}
    function completeHd(e:Event){
        image = Bitmap(e.target.content);       //先转换为 Bitmap 对象
```

```
        this.addChild(image);                              //将位图加入舞台
        //帧频事件
      this.addEventListener(Event.ENTER_FRAME,onEnterFrame);
    }
```

按 Ctrl＋Enter 组合键测试并预览动画效果,这时可以看到 Snap1.jpg 图片沿着向左上角 45°的路径移动,如图 10-12 所示。

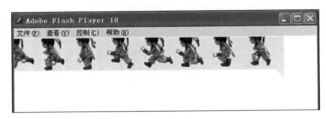

图 10-12 滚动现成的图片

习题

1. Graphics 类用于绘制和清除图形的方法有哪些?

2. ActionScript 3.0 提供的位图相关类创建位图,其用于处理位图的两个重要的类是什么?

3. 使用 Graphics 类中绘制图形的方法绘制俄罗斯方块的 7 种方块图案。

第11章　拼图游戏

11.1　拼图游戏介绍

视频讲解

拼图游戏是计算机中常见的游戏之一，用户通过移动切分后的图形方块最终拼出指定的图形，从而完成游戏。本例中制作的是一个 3×3 的拼图，即由 9 个切分的小图块（其中有一块不显示图形）构成一幅完整的画面。

为方便叙述，这里将不显示图形的方块称为空图块，将其他图形方块称为图块。按键盘方向键移动空块的相邻图块（上、下、左、右 4 个方向），且只能移动这些相邻图块中的一块到空块的位置，如图 11-1 所示。其中，图 11-1(a)是游戏刚启动时的效果，图 11-1(b)是移动了最上排中间图块后的效果。

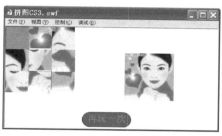
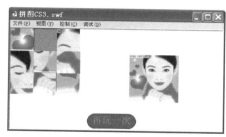

(a) 游戏刚启动　　　　　　　　　　　(b) 移动了最上排中间图块后

图 11-1　拼图游戏

在游戏过程中，按空格键或单击"再玩一次"按钮可以重置游戏，即随机地重新排列各个图块的位置。在所有图块的位置都排列正确后，画面上将显示"恭喜成功"几个字。

11.2　拼图游戏的设计思路

11.2.1　制作 3×3 图块

（1）首先需要选择一幅合适的图片，这里执行"文件"→"导入"→"导入到舞台"命令，从外部导入一幅人物的图片到影片中。

（2）单击工具箱中的"选择工具"按钮 ，选中图片后执行"修改"→"分离"命令（或 Ctrl＋B 组合键），将导入的图片打散，再执行"视图"→"标尺"命令，用辅助线将照片按田字形划分为 9 个正方块，如图 11-2 所示。

（3）使用"线条工具"在打散后的图形上横向绘制两条直线、纵向绘制两条直线，将图形分成 3×3＝9 块。

（4）因为游戏中需要使用鼠标拖曳小的图块，所以分别选择每一块被分割的图案，将其转换成影片元件。用"选择工具" 框选图片左上角的 1/9 块，执行"修改"→"转换为元件"命令，将其转换为影片剪辑，并命名为 Picture1，如图 11-3 所示。

图 11-2　把照片划分为 9 块　　　　　　　　图 11-3　转换为元件

（5）使用同样的方法转换其他部分，得到元件 Picture 2～Picture 9，这时"库"面板中有 9 个元件。注意，左上角的那块图形在转换为元件前内容要删掉，这样可作为空白块。

（6）在"属性"面板中分别为这 9 个元件添加"实例"名称，依次为 T1，T2，…，T9，如图 11-4 所示。

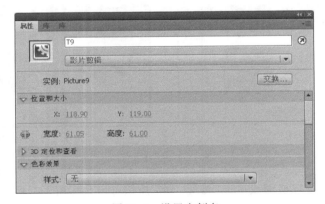

图 11-4　设置实例名

11.2.2　随机排列图块

实现图块的随机排列时，可以先将 9 个图块实例保存到某一数组中，然后在重置游戏时随机交换各图块实例在数组中的索引，最后根据各实例在数组中的索引号重新设置实例在场景中的位置。具体的实现代码如下：

```
public function Reset():void            //重置游戏时可调用此函数
{
    T_FinishText.visible = false;        //不显示"恭喜成功"文本
    m_Array = null;
    m_Array = new Array();
```

```
//push()函数可将影片实例放入数组的最末位,将 T1~T9 都压入数组
m_Array.push(T1);m_Array.push(T2);
m_Array.push(T3);m_Array.push(T4);
m_Array.push(T5);m_Array.push(T6);
m_Array.push(T7);m_Array.push(T8);
m_Array.push(T9);
m_nRow = 0; m_nCol = 0;
var temp:MovieClip;
var m, n:int;
for(var i:int = 0; i < 5; i ++)              //5 次随机交换图块
{
    //取得 1~8 的随机数, 0 号图块不改变
    m = int(Math. random() * 8 + 1);
    n = int(Math. random() * 8 + 1);
    temp = m_Array[m];
    m_Array[m] = m_Array[n];
    m_Array[n] = temp;
}
setPos();                                    //重新设置各图块的位置
}
public function setPos():void                //根据索引号设置数组元素的场景位置
{
    var row, col:int;
    for(row = 0; row < 3; row ++)
    {
        for(col = 0;col < 3; col ++)
        {
            m_Array[ row * 3 + col]. x = col * 100;
            m_Array[ row * 3 + col]. y = row * 100;
        }
    }
}
```

11.2.3 键盘输入信息的获取

第 6 章曾介绍过,在 ActionScript 语言中调用 addEventListener()函数可以实现对键盘或鼠标等事件的监听。当键盘事件发生时,系统会自动调用自定义的响应函数,并将按键信息传递给 KeyboardEvent 类型的参数。所以,在自定义的响应函数中可以通过类似下面的代码获取按键信息。

```
public function onKeyboardUp(e:KeyboardEvent):void
{
    switch(e. keyCode)                       //判断用户输入的键盘值
    {
    case Keyboard. UP:                       //向上键
        …                                     //进行按键处理
```

```
            break;
        case Keyboard.DOWN:          //向下键
            …                        //进行按键处理
            break;
        case Keyboard.LEFT:          //向左键
            …                        //进行按键处理
            break;
        case Keyboard.RIGHT:         //向右键
            …                        //进行按键处理
            break;
        case Keyboard.SPACE:         //空格键
            …                        //进行按键处理
            break;
        }
    }
```

11.2.4　移动图块的方法

移动图块实际上就是交换图块的索引号,同时重新设置各图块在场景中的位置。Exchange(row,col)将空图块移动到指定目标位置,参数 row、col 分别用于指定位置的行号与列号,空图块原来所在的位置是(m_nRow,m_nCol)。具体代码如下:

```
public function Exchange(row:int, col:int):void
{
    if(T_FinishText.visible == true)              //如果完成游戏则不能移动图块
        return;
    if(row < 0 || row >= 3 || col < 0 || col >= 3)
        return;
    var temp:MovieClip;
    var newIndex:int = row * 3 + col;             //目标位置所对应数组索引号
    var oldIndex:int = m_nRow * 3 + m_nCol;       //空块原位置所对应数组索引号
    temp = m_Array[newIndex];
    m_Array[newIndex] = m_Array[oldIndex];
    m_Array[oldIndex] = temp;
    m_nRow = row;                                 //记录空块位置
    m_nCol = col;
    setPos();                                     //重新设置各图块的位置
}
```

11.2.5　判断拼图是否完成的方法

若拼图完成,则在 m_Array 数组中各实例的索引顺序一定是{T1,T2,…,T9},所以只需要判断 m_Array 数组中的实例元素是否是此顺序即可。具体代码如下:

```
public function checkFinish():void
{
    if(m_Array[0] == T1 && m_Array[1] == T2 && m_Array[2] == T3 &&m_Array[3] == T4 && m_Array[4]
```

```
    == T5 && m_Array[5] == T6 &&m_Array[6] == T7 && m_Array[7] == T8 && m_Array[8] == T9)
        {
            T_FinishText.visible = true;        //"恭喜成功"文本框可见
        }
}
```

11.3   拼图游戏的实现步骤

11.3.1   创建 Animate 文件

打开 Animate 软件后,执行"文件"→"新建"命令,系统将弹出"新建文档"窗口。在窗口中选择"高级"类型的 ActionScript 3.0 选项来创建文件;或者在窗口中选择"角色动画"类型,在"预设"列表中选择"标准(640×480)"和 ActionScript 3.0 类型,来创建 Animate文件。

1. 设置文档属性

执行"修改"→"文档"命令,调出"文档设置"对话框。设置场景的尺寸为 300×450 像素,取消选中"使用高级图层"模式,然后单击"确定"按钮(注意此处不使用高级图层)。导入人物图到舞台的右侧,在属性面板设置文档类为 PuzzleGame。

在工具箱中选择"文本工具",在场景舞台的中间区域写上"恭喜成功",然后在"属性"面板中将文本设置为"动态文本",并将实例命名为 T_FinishText。

2. 制作"再玩一次"按钮

执行"插入"→"新建元件"命令,新增一个按钮元件,命名为"再玩一次"。单击工具箱中的"矩形工具"按钮 ▣,在打开的"矩形工具"的"属性"面板中设置边角半径为 30 点,画出按钮的图形,并新建一个"图层 2",单击工具箱中的"文本工具"按钮 **T**,输入静态文本"再玩一次",字体为"华文新魏",字号为 23,然后在两个图层的"点击"帧中分别按 F5 键插入相同帧,效果如图 11-5 所示。

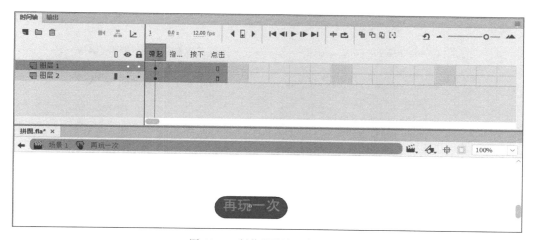

图 11-5   制作"再玩一次"按钮

单击图 11-5 中的"场景 1"回到场景中,然后将"库"面板中的"再玩一次"按钮添加到舞台上,并在"属性"面板中设置实例名为 Reset_btn。

提示:在文档属性设置中,打开"使用高级图层"选项后,就可以在图层上使用一些新的功能,包括添加"摄像头",调整图层深度,创建图层效果以及建立图层之间的父子关系等。关闭该选项则失去这些功能。Animate 某些脚本代码在打开"使用高级图层"时,会发生错误 ReferenceError:在 Main 上找不到属性 loopMode 且没有默认值。必须关闭高级图层才能在项目中使用某些代码。这是由于在 Animate 中的高级图层模式下,时间轴中的所有图层将发布为元件。使用 Animate 中的脚本访问这些元件时,必须将图层作为对象来调用它们。

11.3.2 设计文档类 PuzzleGame

执行"文件"→"新建"命令,系统将打开"新建文档"对话框,在该对话框中选择"高级"类型的"ActionScript 类"选项,在 Animate 中新建一个 ActionScript 类文件,将其命名为 PuzzleGame.as,并保存到刚刚创建的 Animate 文件所在的文件夹中。PuzzleGame 类的具体代码如下:

```
package{
    import flash.display.MovieClip;
    import flash.events.KeyboardEvent;
    import flash.ui.Keyboard;
    public class PuzzleGame extends MovieClip
    {
        public var m_Array:Array;
        public var m_nRow, m_nCol:int;
        public function PuzzleGame()              //构造函数
        {
            Reset();
            this.stage.addEventListener(KeyboardEvent.KEY_UP,onKeyboardUp);
            //注册"再玩一次"按钮事件监听,否则鼠标单击无反应
            Reset_btn.addEventListener(MouseEvent.CLICK,Reset);
        }
        public function Reset():void              //重置游戏时可调用此函数
        {
            T_FinishText.visible = false;              //不显示"恭喜成功"文本
            m_Array = null;
            m_Array = new Array();
            //push()函数可将影片实例放入数组的最末位,将 T1~T9 都压入数组
            m_Array.push(T1);m_Array.push(T2);
            m_Array.push(T3);m_Array.push(T4);
            m_Array.push(T5);m_Array.push(T6);
            m_Array.push(T7);m_Array.push(T8);
            m_Array.push(T9);
            m_nRow = 0; m_nCol = 0;
            var temp:MovieClip;
            var m, n:int;
            for(var i:int = 0; i < 5; i ++)              //5 次随机交换图块
```

```
        {
            //取得 1~8 的随机数,0 号图块不改变
            m = int(Math.random() * 8 + 1);
            n = int(Math.random() * 8 + 1);
            temp = m_Array[m];
            m_Array[m] = m_Array[n];
            m_Array[n] = temp;
        }
        setPos();                              //重新设置各图块的位置
    }
    public function setPos():void              //根据索引号设置数组元素的场景位置
    {
        var row, col:int;
        for(row = 0; row < 3; row ++)
        {
            for(col = 0;col < 3; col ++)
            {
                m_Array[row * 3 + col].x = col * 100;
                m_Array[row * 3 + col].y = row * 100;
            }
        }
    }
    public function onKeyboardUp(e:KeyboardEvent):void
    {
        switch(e.keyCode)
        {
        case Keyboard.UP:
            Exchange(m_nRow + 1, m_nCol);
            break;
        case Keyboard.DOWN:
            Exchange(m_nRow - 1, m_nCol);
            break;
        case Keyboard.LEFT:
            Exchange(m_nRow, m_nCol + 1);
            break;
        case Keyboard.RIGHT:
            Exchange(m_nRow, m_nCol - 1);
            break;
        case Keyboard.SPACE:
            Reset();
            break;
        }
        checkFinish();
    }
    public function Exchange(row:int, col:int):void
    {
        …//见前文
    }
    public function checkFinish():void
    {
```

```
            … //见前文
        }
    }
```

至此已完成拼图游戏的开发,运行程序效果如图 11-1 所示。

11.4　拼图游戏的改进

前面开发的拼图游戏功能单一,仅仅能够实现 3×3 的拼块游戏,如果改进成任意行列大小的拼图游戏,则使得游戏更具挑战性。对于任意行列大小的拼块游戏,需要动态地生成玩家指定的行列数的拼块,而不能事先制作每一个拼块影片剪辑。

为控制行列数,在 Animate 文件中添加两个文本,并在"属性"面板中将文本设置为输入文本且嵌入字体(否则输入内容不可见),然后将实例命名为 row_num 和 col_num。

11.4.1　动态制作 row_Count × col_Count 个图块

首先,加载 myphoto.jpg 图片,在图片加载完成时调用 onImageLoad() 函数完成生成 row_Count × col_Count 个图块的功能,每个图块是一个 Sprite,在 Sprite 中通过用图片填充的形式绘制矩形来生成每个图块,其中通过 matrix 矩阵位移 myphoto.jpg 图片控制填充每个图块的图案。

```
private function loadpic() {                              //读取图片
    _loader = new Loader();
    _loader.load(new URLRequest("myphoto.jpg"));
    //图片加载完成时生成 row_Count × col_Count 个图块
    _loader.contentLoaderInfo.addEventListener(Event.COMPLETE, onImageLoad);
}
//生成 row_Count × col_Count 个图块
private function onImageLoad(event:Event):void {
    var bitmap:BitmapData = new BitmapData(_loader.width, _loader.height);
    //每个拼块的大小(x_num, y_num)
    x_num = 240/col_Count;                               //宽度
    y_num = 180/row_Count;                               //高度
    bitmap.draw(_loader);
    pic_box = new Sprite();                              //包含拼块的容器
    pic_box.x = 10;
    pic_box.y = 10;
    addChild(pic_box);
    m_Array = new Array();                               //变化顺序的拼图数组
    d_Array = new Array();                               //将拼图块存入不变数组
    for (var j:int = 0; j < row_Count; j++) {
        for (var i:int = 0; i < col_Count; i++) {
            var matrix:Matrix = new Matrix();
            matrix.translate(- x_num * i, - y_num * j);
            //产生一个拼图块 Sprite
            var block:Sprite = new Sprite();
            block.x = x_num * i;
            block.y = y_num * j;
```

```
        m_Array.push(block);                           //将拼图块存入数组
        d_Array.push(block);                           //将拼图块存入不变数组
        //当鼠标滑过其 buttonMode 属性设置为 true 的 Sprite 时显示手形光标
        block.buttonMode = true;
        block.graphics.lineStyle();
        if(i == 0 &&j == 0){                           //空白拼块
            block.graphics.lineStyle(5);
            block.graphics.drawRect(0,0,x_num - 1, y_num - 1);
        }
        else{                                          //图形拼块
            block.graphics.beginBitmapFill(bitmap,matrix);    //myphoto.jpg 图片位移 matrix
            //通过背景图填充的方式分割图片
            block.graphics.drawRect(0,0,x_num - 1, y_num - 1);
            block.graphics.endFill();
        }
        pic_box.addChild(block);                       //为容器添加拼图块
        }
    }
}
```

11.4.2　判断拼图是否完成的方法

若拼图完成,m_Array 数组中的实例一定和保存原始顺序的 d_Array 数组中的实例一致,所以只需要判断 m_Array 数组中的实例元素是否是 d_Array 数组中的实例顺序,如果不一致则返回 false。

```
public function checkFinish():void
{
    var row, col:int;
    var flag:Boolean = true;
    for(row = 0; row < row_Count; row ++){
        for(col = 0;col < col_Count; col ++){
            //如果 m_Array 中的实例元素与 d_Array 数组中的实例顺序不一致则返回 false
            if(m_Array[row * col_Count + col]!= d_Array[row * col_Count + col]){
                flag = false;
                return;
            }
        }
    }
    if(flag == true)
      T_FinishText.visible = true;      //"恭喜成功"可见
}
```

11.4.3　行列数改变事件方法

当玩家在 row_num 和 col_num 文本实例中输入行列数时触发 Event.CHANGE 事件,其事件处理函数 con_change(e:Event)获取行列数,移除原来的拼图,并重新加载图片生成未打乱的拼块。

```
private function con_change(e:Event) {      //行列数改变事件
```

```
        row_Count = int(row_num.text);
        col_Count = int(col_num.text);
        removeChild(pic_box);
        loadpic();
    }
```

11.4.4 重新设计文档类 PuzzleGame

重新设计文档类 PuzzleGame 类,具体代码如下:

```
package
{
    import flash.display. * ;
    import flash.events. * ;
    import flash.ui.Keyboard;
    import flash.events.MouseEvent;
    import flash.text.TextField;
    import flash.display.Loader;
    import flash.net.URLRequest;
    import flash.geom.Matrix;
    public class PuzzleGame extends MovieClip
    {
        public var m_Array:Array;                  //变化顺序的拼图数组
        //每行块数 row_Count,每列块数 col_Count
        public var row_Count,col_Count;
        public var m_nRow, m_nCol:int;             //空白块的位置
        public var pic_box,small_box:Sprite;
        public var _loader:Loader;
        //每个拼块的大小(x_num,y_num)
        var x_num:int;
        var y_num:int;
        var d_Array:Array;                         //存储未打乱顺序的拼图数组
        public function PuzzleGame()
        {
            row_Count = 3;
            col_Count = 3;
            loadpic();                             //读取图片
            row_num.addEventListener(Event.CHANGE,con_change);
            col_num.addEventListener(Event.CHANGE,con_change);
            this.stage.addEventListener(KeyboardEvent.KEY_UP,onKeyboardUp);
            //注册"开始游戏"按钮事件监听,否则单击无反应
            Reset_btn.addEventListener(MouseEvent.CLICK,reset);
            T_FinishText.visible = false;          //"恭喜成功"不可见
        }
        public function reset(e:MouseEvent):void {
            //如果用户单击"开始游戏"按钮,则进行重置游戏的操作
            Reset();
        }
        //行列数改变事件
        private function con_change(e:Event) {
            row_Count = int(row_num.text);
```

```
        col_Count = int(col_num.text);
        removeChild(pic_box);
        removeChild(small_box);
        loadpic();
    }
    //读取图片
    private function loadpic() {
        _loader = new Loader();
        _loader.load(new URLRequest("myphoto.jpg"));
        //图片加载完成
        _loader.contentLoaderInfo.addEventListener(Event.COMPLETE, onImageLoad);
    }
    private function onImageLoad(event:Event):void {
        …//见前文
        //显示整个图片的缩略图
        small_box = new Sprite();
        small_box.x = 290;
        small_box.y = 10;
        addChild(small_box);
        small_box.addChild(_loader);
        //控制缩略图的大小
        small_box.width = 120;
        small_box.height = 120;
    }
    public function Reset():void
    {
        T_FinishText.visible = false;
        m_nRow = 0; m_nCol = 0;
        var temp:Sprite;
        var m, n:int;
        for(var i:int = 0; i < 5; i ++)
        {
            m = int(Math.random() * (row_Count * col_Count - 1) + 1);
            n = int(Math.random() * (row_Count * col_Count - 1) + 1);
            temp = m_Array[m];
            m_Array[m] = m_Array[n];
            m_Array[n] = temp;
        }
        setPos();
    }
    public function setPos():void
    {
        var row, col:int;
        for(row = 0; row < row_Count; row ++)
        {
            for(col = 0;col < col_Count; col ++)
            {
                m_Array[row * col_Count + col].x = col * x_num;
                m_Array[row * col_Count + col].y = row * y_num;
            }
        }
```

```
    }
    public function onKeyboardUp(e:KeyboardEvent):void
    {
        … //同前例
    }
    public function Exchange(row:int, col:int):void
    {
        if(T_FinishText.visible == true)
            return;
        if(row < 0 ‖ row >= row_Count ‖ col < 0 ‖ col >= col_Count)
            return;
        var temp:Sprite;
        var newIndex:int = row * col_Count + col;
        var oldIndex:int = m_nRow * col_Count + m_nCol;
        temp = m_Array[newIndex];
        m_Array[newIndex] = m_Array[oldIndex];
        m_Array[oldIndex] = temp;
        m_nRow = row;
        m_nCol = col;
        setPos();
    }
    public function checkFinish():void
    {
        … //见前文
    }
    }
}
```

改进后的游戏设计效果如图 11-6 所示。本章用 ActionScript 3.0 实现经典拼图游戏的基本功能,并且通过改进实现任意行列的拼图游戏,使得游戏更具有挑战性,从而更吸引玩家。

图 11-6　任意行列的拼图游戏

第12章 五子棋游戏

视频讲解

视频讲解

12.1 五子棋游戏介绍

五子棋是一种家喻户晓的棋类游戏,与围棋大致相同,棋子分为黑白两色,棋盘的格子数为 15×15,棋子放置于棋盘线的交叉点上。两人对局各执一色,轮流下一子,先将横竖或斜线上的 5 个或 5 个以上的同色棋子连成不间断的一排者为胜。本章开发五子棋游戏程序,该游戏具有显示执棋方棋子颜色并可以判断胜负的功能,游戏的运行界面如图 12-1 所示。

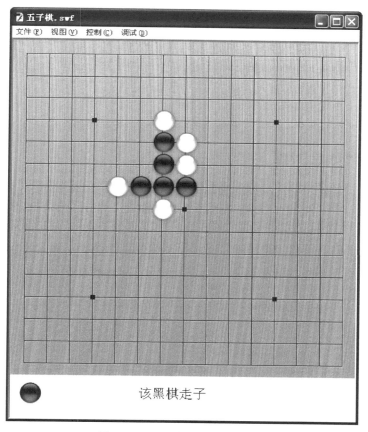

图 12-1 五子棋游戏的运行界面

12.2 五子棋游戏的设计思路

12.2.1 棋子和棋盘

开发游戏时,需要事先准备黑白两色棋子(如图 12-2 所示)和棋盘图片(如图 12-3 所示),这里设计棋子影片剪辑使用图 12-2 中的两张图,黑白两色棋子各一帧。游戏最初显示时,棋盘下方显示执棋方棋子影片剪辑,游戏过程中根据需要落子产生一个棋子影片剪辑播放不同帧。棋盘在设计时直接放在 fla 文件的舞台上。

BlackStone.png　WhiteStone.png

图 12-2　黑白两色棋子

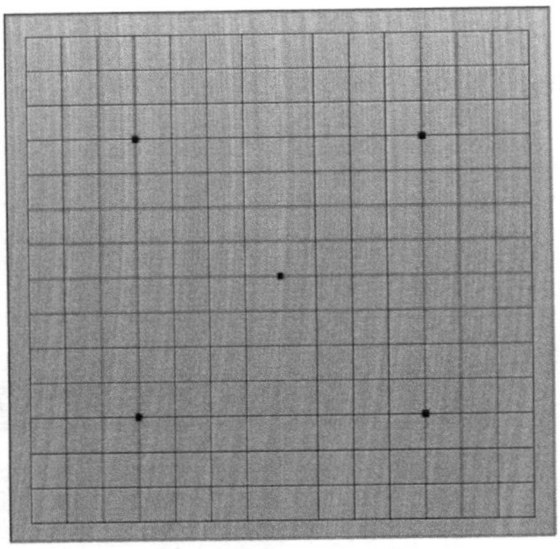

图 12-3　棋盘

这里为便于处理,使用 qizi 二维数组存储棋盘上的棋子信息。

12.2.2 判断胜负功能

使用 qizi[][]二维数组保存棋盘上的棋子信息,其中元素保存 1,表示此处为黑子;元素保存 2,表示此处为白子;元素保存 0,表示此处无棋子。对于五子棋游戏来说,规则非常简单,就是先在棋盘上横向、竖向、斜向形成连续的相同色的 5 个棋子的一方为胜。这里通过对 qizi 数组中的下棋方同色相连的数量进行统计,判断出输赢。

对于算法的具体实现大致分为以下 4 部分。

(1)判断 X=Y 轴上是否形成五子连珠。

(2)判断 X=-Y 轴上是否形成五子连珠。

(3)判断 X 轴上是否形成五子连珠。

(4)判断 Y 轴上是否形成五子连珠。

以上 4 种情况只要任何一种成立,就可以判断输赢。

本程序中的 isWin()函数扫描整个棋盘,判断是否连成五子,返回 true 或 false。这种方法由于需要扫描整个棋盘,所以效率较低。

```
//判断输赢信息
public function isWin():Boolean
{
```

```
var i,j,a:int;
var found:Boolean;
a = curQizi;
found = false;
//判断 X = Y 轴上是否形成五子连珠
for (i = 0; i < 11 && found == false; i++){
    for (j = 0; j < 11 && found == false; j++){
        if (qizi[i][j] == a && qizi[i + 1][j + 1] == a && qizi[i + 2][j + 2]
            == a && qizi[i + 3][j + 3] == a && qizi[i + 4][j + 4] == a){
            found = true;
        }
    }
}
//判断 X = - Y 轴上是否形成五子连珠
for (i = 4; i < 15 && found == false; i++){
    for (j = 0; j < 11 && found == false; j++){
        if (qizi[i][j] == a && qizi[i - 1][j + 1] == a && qizi[i - 2][j + 2]
        == a && qizi[i - 3][j + 3] == a && qizi[i - 4][j + 4] == a){
            found = true;
        }
    }
}
//判断 Y 轴上是否形成五子连珠
for (i = 0; i < 15 && found == false; i++) {
    for (j = 4; j < 15 && found == false; j++) {
        if (qizi[i][j] == a && qizi[i][j - 1] == a && qizi[i][j - 2] == a
                && qizi[i][j - 3] == a && qizi[i][j - 4] == a){
            found = true;
        }
    }
}
//判断 X 轴上是否形成五子连珠
for (i = 0; i < 11 && found == false; i++){
    for (j = 0; j < 15 && found == false; j++){
        if (qizi[i][j] == a && qizi[i + 1][j] == a && qizi[i + 2][j] == a
                &&qizi[i + 3][j] == a && qizi[i + 4][j] == a){
            found = true;
        }
    }
}
return found;
}
```

如果能得到刚下棋子的位置，就不用扫描整个棋盘，而仅仅在此棋子附近判断即可。程序中使用 checkWin( )函数判断这个棋子是否和其他的棋子连成五子，即判断输赢。checkWin( )函数是以刚下棋子的位置（px,py）为中心横向、纵向、斜向的判断来统计同色棋子的个数实现。

```
//checkWin()函数判断这个棋子是否和其他的棋子连成五子,即判断输赢
public function checkWin(px:int,py:int):Boolean
{
    var flag:Boolean = false;
    var i,i2,i3,i4,color,count,count2,count3,count4:int;
    count = 1;       //保存共有多少相同颜色的棋子相连
    color = qizi[px][py];
    //通过循环来做棋子相连的判断
    //横向的判断
    //判断横向是否有5个棋子相连,特点是纵坐标相同,即qizi[px][py]中的py值相同
    i = 1;
    while (InBoard(px + i, py) && color == qizi[px + i][py + 0]){
        count++;
        i++;
    }
    i = 1;
    while (InBoard(px - i, py) && color == qizi[px - i][py - 0]){
        count++;
        i++;
    }
    if (count >= 5)     {
        flag = true; return flag;
    }
    //纵向的判断
    i2 = 1;
    count2 = 1;
    while (InBoard(px, py + i2) && color == qizi[px + 0][py + i2]){
        count2++;
        i2++;
    }
    i2 = 1;
    while (InBoard(px, py - i2) && color == qizi[px - 0][py - i2]){
        count2++;
        i2++;
    }
    if (count2 >= 5)     {
        flag = true; return flag;
    }
    //斜方向的判断(右上 + 左下)
    i3 = 1;
    count3 = 1;
    while (InBoard(px + i3, py - i3) && color == qizi[px + i3][py - i3]){
        count3++;
        i3++;
    }
    i3 = 1;
    while (InBoard(px - i3, py + i3) && color == qizi[px - i3][py + i3]){
        count3++;
        i3++;
    }
    if (count3 >= 5)     {
```

```
            flag = true; return flag;
    }
    //斜方向的判断(右下 + 左上)
    i4 = 1;
    count4 = 1;
    while (InBoard(px + i4, py + i4) && color == qizi[px + i4][py + i4]){
        count4++;
        i4++;
    }
    i4 = 1;
    while (InBoard(px - i4, py - i4) && color == qizi[px - i4][py - i4]){
        count4++;
        i4++;
    }
    if (count4 >= 5)      {
        flag = true; return flag;
    }
    return flag;
}
```

InBoard()函数判断(x,y)是否在棋盘界内,如果在界内返回 true,否则返回 false。

```
private function InBoard(x, y : int) : Boolean {
    if (x >= 0 && x <= 14 && y >= 0 && y <= 14) {
        return true;
    } else {
        return false;
    }
}
```

12.3　五子棋游戏的实现步骤

12.3.1　创建 Animate 文件

打开 Animate 软件后,执行"文件"→"新建"命令,系统将弹出"新建文档"窗口,在窗口中选择"高级"类型的 ActionScript 3.0 选项。

1. 设置文档属性

执行"修改"→"文档"命令,调出"文档设置"对话框。设置场景的尺寸为 530×600 像素,背景颜色为白色,取消选中"使用高级图层"模式,然后单击"确定"按钮。在属性面板设置文档类为 Main。单击"文件"→"导入"→"导入到舞台",导入素材文件棋盘图片到舞台,同时从库中拖曳棋子影片剪辑元件到舞台添加棋子实例,实例名为 player。

在工具箱中选择"文本工具",然后在场景舞台上的中间区域写"五子棋"文字,并在"属性"面板中将文本设置为动态文本,将实例命名为 message_txt。

2. 设计"棋子"影片剪辑元件

执行"插入"→"新建元件"命令,在打开的"创建新元件"对话框中将元件名称设置为"棋子",将元件类型设置为"影片剪辑",单击"确定"按钮,Animate 界面将变为"棋子"元件的编辑区。导入如图 12-2 所示的两幅图,注意每幅图的大小为 35×35 像素,然后将链接类设置为 Qi。

12.3.2 设计游戏文档类 Main.as

执行“文件”→“新建”命令,系统将打开“新建文档”对话框,在该对话框中选择“高级”类型的“ActionScript 类”选项,这样会新建一个 ActionScript 类文件,将其命名为 Main.as,导入包和相关类:

```
package {
    import flash.display.*;
    import flash.events.*;
    import flash.text.*;
    import flash.utils.Timer;
```

类成员变量定义如下:

```
public class Main extends MovieClip
{
    //常量
    private static const BLACK:int = 1;
    private static const WHITE:int = 2;
    private static const KONG:int = 0;
    private var qizi:Array = new Array();      //构造一个 qizi[][]二维数组,用来存储棋子的状态
    private var curQizi:int = BLACK;           //当前走棋方
```

构造函数对保存棋盘上的棋子信息的 qizi 数组初始化,将每个元素初始化为 KONG(即整数 0)。同时添加棋盘上单击事件的监听,将其单击事件响应函数设置为 clickQi()。

```
public function Main():void                               //构造函数
{
    var i,j:int;
    for (i = 0; i <= 15; i++)  {
        qizi[i] = new Array();
        for (j = 0; j <= 15; j++)  {
            qizi[i][j] = KONG;
        }
    }
    stage.addEventListener(MouseEvent.CLICK,clickQi); //棋盘上单击事件的监听
    message_txt.text = "该黑棋走子";
    //指示黑棋走子
    player.gotoAndStop(1);
}
```

如果是走棋方单击棋盘,则此位置像素信息(event.stageX,event.stageY)可以转换成棋盘坐标(x1,y1),然后判断当前位置(x1,y1)是否可以放棋子(没有落过棋子),如果可以则产生新的棋子影片对象 qi,调用 gotoAndStop(curQizi)显示自己的棋子图形。最后 checkWin(x1,y1)判断是否连成五子,如果赢了,则移出棋盘监听,显示赢棋信息,结束游戏;如果未赢,则显示该对方走棋信息。

```
public function clickQi(event:MouseEvent)
{
    var x1:int,y1:int,n:int;
    x1 = (event.stageX - 4)/35;
    y1 = (event.stageY - 4)/35;
    trace(event.stageX);trace(x1);
    trace(event.stageY);trace(y1);
    if (qizi[x1][y1] == KONG)
    {
        var qi:Qi = new Qi();                                    //棋子实例
        qi.y = 35 * y1 + 4;                                      //确定位置
        qi.x = 35 * x1 + 4;
        if (curQizi == WHITE)    {
            qi.gotoAndStop(2);                                   //显示白棋图形
        }
        if (curQizi == BLACK)    {
            qi.gotoAndStop(1);                                   //显示黑棋图形
        }
        qizi[x1][y1] = curQizi;
        addChild(qi);                                            //加到显示列表
        //判断输赢
        if (checkWin(x1,y1) == true)                     //if (isWin() == true)
        {
            if (curQizi == WHITE)    {
                message_txt.text = "白棋胜利";
            }
            else    {
                message_txt.text = "黑棋胜利";
            }
            stage.removeEventListener(MouseEvent.CLICK,clickQi);     //结束游戏
            return;
        }
        //该对方走棋信息
        if (curQizi == WHITE){
            curQizi = BLACK;
            player.gotoAndStop(1);                               //指示黑棋走子
            message_txt.text = "该黑棋走子";
        }
        else    {
            curQizi = WHITE;
            player.gotoAndStop(2);                               //指示白棋走子
            message_txt.text = "该白棋走子";
        }
    }
    else  {
        message_txt.text = "不能落子!";
    }
    return;
}
```

至此完成了五子棋游戏的设计。前面开发的五子棋游戏仅仅能够实现两个人轮流下

棋,如果改成人机五子棋对弈则更具有挑战性。人机五子棋对弈需要人工智能技术,棋类游戏实现人工智能的算法通常有以下 3 种。

(1) 遍历式算法。

这种算法的原理是按照游戏规则遍历当前棋盘布局中所有可以下棋的位置,然后假设在第一个位置下棋,得到新的棋盘布局,再进一步遍历新的棋盘布局。如果遍历到最后也不能战胜对手,则退回到最初的棋盘布局,重新假设在第二个位置下棋,继续新的棋盘布局,这样反复遍历,直到找到能最终战胜对手的位置。这种算法使计算机的棋艺非常高,每一步都能找出最关键的位置。然而这种算法的计算量非常大,对 CPU 的要求很高。

(2) 思考式算法。

这种算法的原理是事先设计一系列判断条件,根据这些判断条件遍历棋盘,选择最佳的下棋位置。这种算法的程序往往比较复杂,而且只有本身棋艺很高的程序员才能制作出"高智商的计算机"。

(3) 棋谱式算法。

这种算法的原理是事先将常见的棋盘局部布局存储成棋谱,然后在走棋之前对棋盘进行一次遍历,依照棋谱选择关键的位置。这种算法的程序思路清晰,计算量相对较小,而且只要棋谱足够多,也可以使计算机的棋艺达到一定的水平。

建议读者采用棋谱式算法实现人机五子棋对弈。

第 13 章　飞机射击游戏

视频讲解

13.1　飞机射击游戏介绍

飞机射击游戏因其操作简单、节奏明快而成为纵轴射击的经典之作,其中"雷电"系列受到了广大玩家的欢迎,可以说是老少皆宜的游戏。

本章开发模拟"雷电"的飞机射击游戏,下方是玩家的飞机,用户按空格键能不断地发射子弹,上方是随机出现的敌方飞机。玩家可以通过键盘的方向键控制自己飞机的移动,当玩家飞机的子弹击中敌方飞机时,敌方飞机会出现爆炸效果,运行效果如图 13-1 所示。

图 13-1　飞机射击游戏的运行界面

13.2 飞机射击游戏的设计思路

13.2.1 游戏素材

游戏程序中用到了敌方飞机、我方飞机、子弹、敌机被击中的爆炸图片等,如图 13-2 所示。

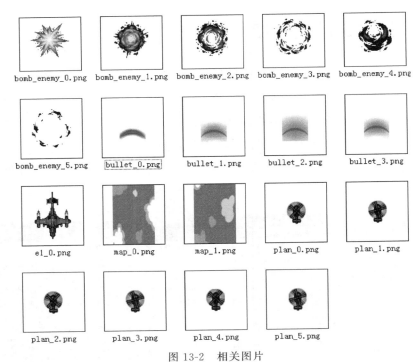

图 13-2　相关图片

13.2.2 地图滚动原理的实现

举个简单的例子,大家都坐过火车,坐火车的时候都遇到过自己坐的火车明明是停止的,但是旁边铁轨的火车在向后行驶,会有一种错觉感觉自己坐的火车是在向前行驶。飞行射击类游戏的地图原理和这个完全一样。玩家在控制飞机在屏幕中飞行的位置,背景图片一直向后滚动,从而给玩家一种错觉感觉自己控制的飞机在向前飞行。如图 13-3 所示,两张地图图片(存储在 p1、p2 影片剪辑元件中)在屏幕背后交替滚动,这样就会给玩家产生向前移动的错觉。

地图滚动的相关代码如下:

```
function updateBg() {
    / * * 更新游戏背景图片实现向下滚动的效果 * * /
    p1.y += 5;                      //第一张地图 map_0.png 的纵坐标下移 5 像素
    p2.y += 5;                      //第二张地图 map_1.png 的纵坐标下移 5 像素
```

```
if (p1.y > = mScreenHeight) {              //超过游戏屏幕的底边
    p1.y = - mScreenHeight;                //回到屏幕上方
    //重新设置游戏背景图片在场景中的编号
    this.setChildIndex(p2,0);
}
if (p2.y > = mScreenHeight) {              //超过游戏屏幕的底边
    p2.y = - mScreenHeight;                //回到屏幕上方
    //重新设置游戏背景图片在场景中的编号
    this.setChildIndex(p1,0);
}
}
```

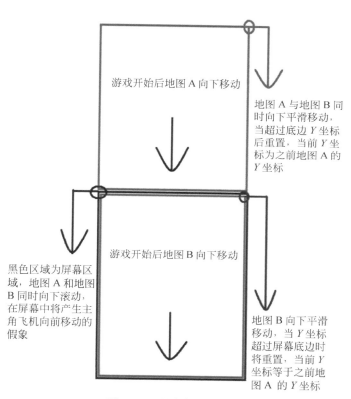

图 13-3　地图滚动的原理

13.2.3　飞机和子弹的实现

　　游戏中用到的飞机、子弹均采用对应的影片剪辑实现。因为子弹的数量会很多，敌机的数量也会很多，所以每一颗子弹需要用一个对象来记录当前子弹在屏幕中的 X、Y 坐标。每一架敌机也是一个对象，也记录着它在屏幕中的 X、Y 坐标。这样在处理碰撞的时候通过遍历子弹对象与敌机对象就可以计算出碰撞的结果，从而获取碰撞的敌机对象播放死亡爆炸动画。

　　游戏过程中每隔 3000ms 添加一架敌机，玩家按空格键发射子弹并初始化其位置坐标在玩家飞机的前方。在帧频事件中不断更新游戏背景图片的位置,下移5像素,实现向下滚动的效果,同时更新每发子弹的位置(每次上移5像素)、更新敌机的位置(每次下移3个像素),最后检测子弹与敌机的碰撞。

13.2.4 主角飞机子弹与敌机的碰撞检测

将所有子弹对象和敌机对象逐一检测,如果重叠则说明子弹与敌机碰撞。在 DisplayObject 类中有 hitTestObject()方法和 hitTestPoint()方法。

hitTestObject(obj)方法用于计算显示对象,以确定它是否与 obj 显示对象重叠或相交,它里面就有一个参数(要测试的显示对象)。

以下代码创建3个 Shape 对象,并显示调用 hitTestObject()方法的结果。

```
import flash.display.Shape;
var circle1:Shape = new Shape();
circle1.graphics.beginFill(0x0000FF);
circle1.graphics.drawCircle(40, 40, 40);
addChild(circle1);
var circle2:Shape = new Shape();
circle2.graphics.beginFill(0x00FF00);
circle2.graphics.drawCircle(40, 40, 40);
circle2.x = 50;
addChild(circle2);
var circle3:Shape = new Shape();
circle3.graphics.beginFill(0xFF0000);
circle3.graphics.drawCircle(40, 40, 40);
circle3.x = 100;
circle3.y = 67;
addChild(circle3);
trace(circle1.hitTestObject(circle2)); //true
trace(circle1.hitTestObject(circle3)); //true
trace(circle2.hitTestObject(circle3)); //true
```

hitTestPoint (x, y, shapeFlag)方法用于计算显示对象,以确定它是否与 x 和 y 参数指定的点重叠或相交,x 和 y 参数指定舞台的坐标空间中的点,而不是包含显示对象的显示对象容器中的点(除非显示对象容器是舞台),它里面有3个参数(要测试的此对象的 x 坐标,要测试的此对象的 y 坐标以及一个布尔值,true 为要测试对象的实际像素,false 为要测试矩形区域像素)。

最基本的形式如下:

```
sprite.hitTestPoint(100, 100);        //(100,100)代表点的 x、y 坐标
```

shapeFlag 是 hitTestPoint 方法的第3个参数,它是可选的。其值是 Boolean 类型的,因此只有 true 和 false 两个选择。将 shapeFlag 设置为 true,意味着碰撞检测时判断 Sprite 中可见的图形,而不是矩形边界。注意,shapeFlag 只能用在检测点与 Sprite 的碰撞中,如果是两个 Sprite 的碰撞就不能用这个参数了。

13.3　飞机射击游戏的实现步骤

13.3.1　创建 Animate 文件

打开 Animate 软件后,执行"文件"→"新建"命令,系统将弹出"新建文档"窗口。在窗口中选择"高级"类型的"ActionScript 3.0"平台选项。

1. 设置文档属性

执行"修改"→"文档"命令,打开"文档设置"对话框,设置场景的尺寸为 320×480 像素,单击"确定"按钮。然后导入飞行背景图 map_0.jpg 和 map_1.jpg 到舞台上,并从工具箱中选择"文本工具",添加动态文本 answer_txt 显示按键信息和分数。

2. 设计玩家飞机影片剪辑

执行"插入"→"新建元件"命令,在打开的"创建新元件"对话框中将元件名称设置为"feiji",将元件类型设置为"影片剪辑",单击"确定"按钮,Animate 界面将转换为元件的编辑区。

执行"文件"→"导入"→"导入到舞台"命令,导入素材文件"飞机图片\plan_0.png",然后单击"是"按钮,即可将序列中的全部图片(6 幅与飞机相关的动画图片)导入元件的编辑区,每一张图片会自动生成一个关键帧,并存放到"库"面板中。

将飞机影片剪辑从"库"面板中拖入舞台,在"属性"面板中设置实例名为 cat_mc。

3. 设计敌机、爆炸和子弹影片剪辑

用和玩家飞机影片剪辑类似的方法设计敌机、爆炸和子弹影片剪辑。敌机影片剪辑的导出链接类为 enemy_plane,子弹影片剪辑的导出链接类为 bullet,爆炸影片剪辑的导出链接类为 bomb_enemy。

4. 将飞行背景图转换为影片剪辑

在舞台上选中飞行背景图 map_0.jpg,右击选择"转换为元件"命令,在对话框中设置元件名为 P1、导出链接类为 P1。然后选中飞行背景图 map_1.jpg,右击选择"转换为元件"命令,在对话框中设置元件名为 P2,导出链接类为 P2。这样可以通过更新 P1、P2 实例位置实现游戏背景图向下滚动的效果。

5. 结束画面

在主时间轴上选中第 30 帧,添加静态文本显示"游戏结束"信息,并加入脚本"stop();"。

13.3.2　添加动作脚本

在第 1 帧按 F9 键打开"动作"面板,添加以下脚本。

```
stop();
var zidan:Array = new Array();                    //子弹数组
var enemy:Array = new Array();                    //敌机数组
var score:int = 0;                                //得分
const mScreenHeight:int = 480;
var enemyPlaneTimer:Timer = new Timer(3000);      //计时器,每 3s 定时产生敌机
```

```
enemyPlaneTimer.start();
//注册定时事件
enemyPlaneTimer.addEventListener(TimerEvent.TIMER, newEnemyPlane);
this.setChildIndex(p1,0);
this.setChildIndex(p2,1);
//注册键盘按键事件
stage.addEventListener(KeyboardEvent.KEY_DOWN, movecat);
//注册帧频事件
stage.addEventListener(Event.ENTER_FRAME, movezidan);
```

在键盘按键事件处理函数 movecat()中,首先在动态文本 answer_txt 中显示用户按键信息,并根据按的方向键移动自己的飞机实例 cat_mc 的位置。如果判断用户的按键是空格键,则在飞机位置处创建子弹对象实例,并加入子弹数组 zidan 中。

```
function movecat(event:KeyboardEvent) {
    answer_txt.text = "你按下;" + String.fromCharCode(event.charCode);
    if (event.keyCode == Keyboard.DOWN) {
        answer_txt.text = "你按下;向下键";            //文本框名称 answer_txt
        cat_mc.y += 10;
    }
    if (event.keyCode == Keyboard.UP) {
        answer_txt.text = "你按下:向上键";
        cat_mc.y -= 10;
    }
    if (event.keyCode == Keyboard.LEFT) {
        answer_txt.text = "你按下:向左键";
        cat_mc.x -= 10;
    }
    if (event.keyCode == Keyboard.RIGHT) {
        answer_txt.text = "你按下:向右键";
        cat_mc.x += 10;
    }
    if (cat_mc.x > 400) {
        gotoAndPlay(30);
    }
    if (event.keyCode == Keyboard.SPACE) {
        answer_txt.text = "你按下;空格键";
        var b1:bullet = new bullet();                //创建子弹对象实例
        b1.y = cat_mc.y;
        b1.x = cat_mc.x;
        b1.visible = true;
        zidan.push(b1);                              //加入到子弹数组 zidan 中
        addChild(b1);                                //加入到显示列表
    }
}
```

在计时器定时事件的处理函数 newEnemyPlane()中,在随机位置处创建敌机对象实例,并加入到敌机数组 enemy 中。

```
function newEnemyPlane(event:Event) {
    var e1:enemy_plane = new enemy_plane();
    e1.y = Math.floor(Math.random() * 200);   //生成用于放置敌机的 y 坐标
    e1.x = Math.floor(Math.random() * 300);   //生成用于放置敌机的 x 坐标
    e1.visible = true;
    enemy.push(e1);                           //加入到敌机数组 enemy
    addChild(e1);                             //加入到显示列表
}
```

在注册帧频事件的处理函数 movezidan(event:Event)中不停地滚动地图背景,同时判断玩家发射的子弹是否击中(即碰撞到)敌机以及敌机碰到玩家的飞机。

如果子弹碰撞到敌机,则播放爆炸效果,从敌机数组 enemy 中删除该敌机,从子弹数组 zidan 中删除碰撞的子弹。如果没有击中敌机,再判断子弹是否飞出屏幕上方,若飞出屏幕上方则从数组 zidan 中删除碰撞的子弹。

```
function movezidan(event:Event) {
    var i,j:int;
    var e1:enemy_plane;
    updateBg();                               //地图滚动
    for (j = 0; j < enemy.length; j++) {
        enemy[j].y += 3;                      //敌机下移
    }
    //判断玩家发射的子弹是否击中(即碰撞到)敌机
    for (i = 0; i < zidan.length; i++) {      //遍历玩家的子弹
        var b1:bullet = zidan[i];
        if (b1.visible == true && b1.y > 0) {
            b1.y -= 5;
            for (j = 0; j < enemy.length; j++) {
                e1 = enemy[j];
                if (b1.hitTestObject(e1))      //子弹碰撞到敌机 e1
                {
                    //播放爆炸效果
                    var bo:bomb_enemy = new bomb_enemy();
                    bo.x = e1.x;
                    bo.y = e1.y;
                    this.addChild(bo);          //加入显示列表
                    enemy.splice(j,1);          //从数组 enemy 中删除被击中敌机
                    this.removeChild(e1);       //移除显示列表
                    zidan.splice(i,1);          //从数组 zidan 中删除碰撞的子弹
                    this.removeChild(b1);       //移除显示列表
                    score += 10;
                    answer_txt.text = String(score);
                }
            }
```

```
        } else if (b1.visible == true && b1.y < 0) {    //子弹飞出屏幕上方
            b1.visible = false;
            zidan.splice(i,1);                           //从数组 zidan 中删除碰撞的子弹
            this.removeChild(b1);                        //移除显示列表
        }
    }
    //判断敌机碰到玩家的飞机
    for (i = 0; i < enemy.length; i++) {                 //遍历所有的敌机
        e1 = enemy[i];                                   //敌机 e1
if (e1!= null && cat_mc!= null && cat_mc.hitTestObject(e1)){
        enemyPlaneTimer.stop();
        enemyPlaneTimer.removeEventListener(
                TimerEvent.TIMER, newEnemyPlane);
        for (j = enemy.length - 1; j >= 0; j-- ) {       //从数组 enemy 中删除敌机
            e1 = enemy[j];
            enemy.splice(j,1);
            this.removeChild(e1);                        //移除显示列表
        }
        answer_txt.text = "敌机碰到玩家的飞机,游戏结束"
        gotoAndPlay(30);                                 //跳到结束画面
    }
    }
}
```

与地图滚动相关的代码如下:

```
function updateBg() {
    /* * 更新游戏背景图片,实现向下滚动效果 * */
    p1.y += 5;                          //第一张地图 map_0.png 的纵坐标下移 5 像素
    p2.y += 5;                          //第二张地图 map_1.png 的纵坐标下移 5 像素
    if (p1.y >= mScreenHeight) {        //超过游戏屏幕的底边
        p1.y = - mScreenHeight;         //回到屏幕上方
        //重新设置游戏背景图片在场景中的编号
        this.setChildIndex(p2,0);
    }
    if (p2.y >= mScreenHeight) {        //超过游戏屏幕的底边
        p2.y = - mScreenHeight;         //回到屏幕上方
        //重新设置游戏背景图片在场景中的编号
        this.setChildIndex(p1,0);
    }
}
```

在主时间轴上选中第 30 帧,绘制结束画面并加入以下脚本。

```
stop();
```

至此完成了雷电飞机射击游戏的开发，程序运行效果如图13-4所示。

图13-4　雷电飞机射击游戏的最终效果

第14章 推箱子游戏

视频讲解

14.1 推箱子游戏介绍

经典的推箱子游戏是一个来自日本的古老游戏,目的是训练玩家的逻辑思考能力。在一个狭小的仓库中,要求把木箱放到指定的位置,一不小心就会出现箱子无法移动或者通道被堵住的情况,所以需要巧妙地利用有限的空间和通道合理地安排移动的次序和位置,这样才能顺利地完成任务。

推箱子游戏的功能如下所述。

游戏运行载入相应的地图,屏幕中出现一个推箱子的工人,其周围是围墙、人可以走的通道、几个可以移动的箱子和箱子放置的目的地。玩家通过按上、下、左、右键控制工人推箱子,当箱子都推到了目的地后出现过关信息,并显示下一关。玩家推错了可以使用右键撤销上一次的移动,还可以按空格键重新玩这一关,直到全部关卡过关。

本章开发推箱子游戏,推箱子游戏效果如图 14-1 所示。

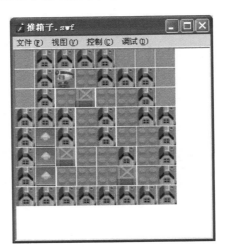

图 14-1 推箱子游戏界面

14.2 推箱子游戏的设计思路

首先确定一下开发难点。对工人的操作很简单,就是在 4 个方向移动,工人移动,箱子也移动,所以对按键的处理比较简单。当箱子到达目的地时,就会产生游戏过关事件,此时需要一个逻辑判断。我们仔细想一下,这些所有的事件都发生在一张地图中。这张地图包括了箱子的初始化位置、箱子最终放置的位置和围墙的障碍等。每一关地图都要更换,这些位置也要变。所以发现每关的地图数据是最关键的,它决定了每关的不同场景和对象位置。下面重点分析一下地图。

把地图想象成一个网格,每个格子就是工人每次移动的步长,也是箱子移动的距离,这样问题就简单多了。首先设计一个 8×8 的二维数组,按照这样的框架来思考。对于格子的 X、Y 两个屏幕像素坐标,可以由二维数组下标换算。

每个格子的状态值分别用枚举类型值,Wall 代表墙、Worker 代表人、Box 代表箱子、Passageway 代表路、Destination 代表目的地、WorkerInDest 代表人在目的地、RedBox 代表放到目的地的箱子。游戏中存储的原始地图中的格子状态值采用相应的整数形式存放。

在玩家通过键盘控制工人推箱子的过程中,需要按游戏规则判断是否响应该按键指示。下面分析一下工人将会遇到什么情况,以便归纳出所有的规则和对应算法。为了描述方便,可以假设工人移动趋势方向向右,其他方向的原理是一致的。P1、P2 分别代表工人移动趋势方向的前两个方格。

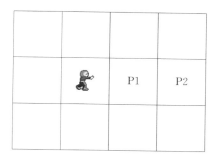

1. 前方 P1 是通道

如果工人前方是通道
{
    工人可以进到 P1 方格,修改相关位置格子的状态值
}

2. 前方 P1 是围墙或出界

如果工人前方是围墙或出界(即阻挡工人的路线)
{
    退出规则判断,布局不做任何改变
}

3. 前方 P1 是目的地

如果工人前方是目的地
{
    工人可以进到 P1 方格,修改相关位置格子的状态值
}

4. 前方 P1 是箱子

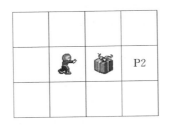

在前面 3 种情况中,只要根据前方 P1 处的对象就可以判断出工人是否可以移动,而在第 4 种情况中,需要判断箱子前方 P2 处的对象才能判断出工人是否可以移动。此时有以下可能:

(1) P1 处为箱子、P2 处为墙或出界。

如果工人前方 P1 处为箱子、P2 处为墙或出界,则退出规则判断,布局不做任何改变。

(2) P1 处为箱子、P2 处为通道。

如果工人前方 P1 处为箱子、P2 处为通道,则工人可以进到 P1 方格,P2 方格状态为箱子,修改相关位置格子的状态值。

(3) P1 处为箱子、P2 处为目的地。

如果工人前方 P1 处为箱子、P2 处为目的地,则工人可以进到 P1 方格;P2 方格状态为放置好的箱子,修改相关位置格子的状态值。

(4) P1 处为放到目的地的箱子、P2 处为通道。

如果工人前方 P1 处为放到目的地的箱子、P2 处为通道,则工人可以进到 P1 方格;P2 方格状态为箱子,修改相关位置格子的状态值。

(5) P1 处为放到目的地的箱子、P2 处为目的地。

如果工人前方 P1 处为放到目的地的箱子、P2 处为目的地,则工人可以进到 P1 方格;P2 方格状态为放置好的箱子,修改相关位置格子的状态值。

综合前面的分析,可以设计出整个游戏的实现流程。

14.3　推箱子游戏的实现步骤

14.3.1　创建 Animate 文件

1. 创建 Animate 文件

打开 Animate 软件后,执行"文件"→"新建"命令,系统将弹出"新建文档"窗口。在窗口中选择"高级"类型的 ActionScript 3.0 选项。在属性窗口设置文档类为 Box。

2. 设计地图块影片剪辑元件

执行"插入"→"新建元件"命令,在打开的"创建新元件"对话框中将元件名称设置为"地图块",将元件类型设置为"影片剪辑",并设置其对应的链接类为 MapCell,单击"确定"按钮后,Animate 界面将转换为"地图块"元件的编辑区。

执行"文件"→"导入"→"导入到舞台"命令,将以下素材文件导入"地图块"元件的编辑界面。其中,第 1 帧为 0.gif(空地),第 2 帧为 1.gif(墙),第 3 帧为 2.gif(通道),第 4 帧为 3.gif(在目的地上的箱子),第 5 帧为 4.gif(目的地),第 6 帧为 5.gif(箱子)。

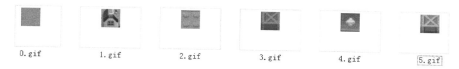

0.gif   1.gif   2.gif   3.gif   4.gif   5.gif

3. 设计人物影片剪辑元件

同理创建人物块影片剪辑元件,执行"插入"→"新建元件"命令,在打开的"创建新元件"对话框中将元件名称设置为"人物",将元件类型设置为"影片剪辑",并设置其对应的链接类为 Man,单击"确定"按钮后,Animate 界面将转换为"人物"元件的编辑区。

执行"文件"→"导入"→"导入到舞台"命令,将以下素材文件导入"人物"元件的编辑界面。其中,第 1 帧为 6.gif(向左的人),第 2 帧为 7.gif(向右的人),第 3 帧为 8.gif(向上的人),第 4 帧为 9.gif(向下的人)。

6.gif   7.gif   8.gif   9.gif

14.3.2 设计地图单元类(MapCell.as)

地图单元类主要实现根据显示类型代号 type 设置播放对应的帧。例如,地图数组中类型代号 0 代表空地则播放第 1 帧,类型代号 1 代表墙则播放第 2 帧,类型代号 2 代表通道则播放第 3 帧,……,类型代号 5 代表箱子则播放第 6 帧,所以 gotoAndStop(type+1)。

```
package
{
    import flash.display.MovieClip;        //导入影片剪辑支持类
    public class MapCell extends MovieClip{
        public function MapCell(){
            this.stop();
        }
        public function setType(type:int):void{
            gotoAndStop(type + 1);
        }
    }
}
```

14.3.3 设计地图管理类(MyMap.as)

地图管理类中根据地图数组 MAP_CELL 中每个方格的类型代号添加相应的图块影片剪辑元件和人物影片剪辑元件实例。如果类型代号是 9 则是工人,则此方格位置添加人物影片剪辑元件。如果类型代号不是 9,则创建相应的图块影片剪辑元件实例。

```
package {
    import flash.display.MovieClip;
```

```
public class MyMap extends MovieClip {
    private var MAP_CELL:Array =
        [0, 1, 1, 1, 1, 0, 0, 0,
         0, 1, 9, 2, 1, 1, 1, 0,
         0, 1, 2, 5, 2, 2, 1, 0,
         1, 1, 1, 2, 1, 2, 1, 1,
         1, 4, 1, 2, 1, 2, 2, 1,
         1, 4, 5, 2, 2, 1, 2, 1,
         1, 4, 2, 2, 2, 5, 2, 1,
         1, 1, 1, 1, 1, 1, 1, 1];
    private var m_nColCount:int = 8;
    private var m_nRowCount:int = 8;
    private var m_aCells:Array;
    private var manRow,manCol:int;
    private var man:Man;                                //人物影片实例对象
    private static const Passageway:uint = 2;           //通道
    private static const Destination:uint = 4;          //目的地
    private static const Wall:uint = 1;                 //墙
    private static const Box:uint = 5;                  //箱子
    private static const RedBox:uint = 3;               //在目的地上的箱子
    private static const Worker:uint = 9;               //工人
    public function MyMap() {
        m_aCells = new Array();
        for (var row:int = 0; row < m_nRowCount; row ++) {
            m_aCells[row] = new Array();
            for (var col:int = 0; col < m_nColCount; col ++) {
                if (MAP_CELL[row * m_nColCount + col] == 9) {
                    man = new Man();                    //创建人物元件对象
                    man.x = 31 * col;
                    man.y = 31 * row;
                    man.gotoAndStop(1);
                    MAP_CELL[row * m_nColCount + col] = 2;        //保存为通道
                    //同时在此处创建草地通道对象
                    m_aCells[row][col] = new MapCell();
                    m_aCells[row][col].gotoAndStop(3);
                    manRow = row;
                    manCol = col;
                    m_aCells[row][col].x = 31 * col;
                    m_aCells[row][col].y = 31 * row;
                    this.addChild(m_aCells[row][col]);  //加入显示列表中
                } else {
                    //创建相应的图块影片剪辑元件实例
                    m_aCells[row][col] = new MapCell();
                    var type:int = MAP_CELL[row * m_nColCount + col];
                    m_aCells[row][col].setType(type);
                    m_aCells[row][col].x = 31 * col;
                    m_aCells[row][col].y = 31 * row;
                    this.addChild(m_aCells[row][col]);  //加入显示列表中
                }
            }
        }
```

```
            this.addChild(man);                    //任务最后加入显示列表
        }
```

movePer(dir:String)根据移动方向计算出工人移动趋势方向前两个方格的位置坐标，即(x1，y1)、(x2，y2)，将这两个位置作为参数调用 MoveTo()方法判断是否符合游戏规则并进行地图更新。

```
public function movePer(dir:String):void {
    trace(dir);
    var x1, y1, x2, y2:int;
    //工人当前位置(manCol,manRow)
    switch (dir) {
        case "上":           //向上
            x1 = manCol;           y1 = manRow - 1;
            x2 = manCol;           y2 = manRow - 2;
            man.gotoAndStop(3);
            //将所有位置输入以判断并进行地图更新
            MoveTo(x1, y1, x2, y2);
            break;
        case "下":           //向下
            x1 = manCol;           y1 = manRow + 1;
            x2 = manCol;           y2 = manRow + 2;
            man.gotoAndStop(4);
            MoveTo(x1, y1, x2, y2);
            break;
        case "左":           //向左
            x1 = manCol - 1;           y1 = manRow;
            x2 = manCol - 2;           y2 = manRow;
            man.gotoAndStop(1);
            MoveTo(x1, y1, x2, y2);
            break;
        case "右":           //向右
            x1 = manCol + 1;           y1 = manRow;
            x2 = manCol + 2;           y2 = manRow;
            man.gotoAndStop(2);
            MoveTo(x1, y1, x2, y2);
            break;
    }
}
```

MoveTo()方法是最复杂的部分，用于实现前面所分析的所有规则和对应算法。

```
public function MoveTo(x1:int, y1:int, x2:int, y2:int):void {
    var P1:int = MAP_CELL[y1 * m_nColCount + x1];
    var P2:int = MAP_CELL[y2 * m_nColCount + x2];
    if (P1 == Passageway) {                    //P1 处为通道
        MoveMan(x1,y1);
    }
    if (P1 == Destination) {                    //P1 处为目的地
        MoveMan(x1, y1);
    }
```

```
if (P1 == Wall || !IsInGameArea(x1, y1)) {  //P1 处为墙或出界
    return;
}
//以下 P1 处为箱子
if (P1 == Box &&(P2 == Wall || !IsInGameArea(x2, y2) || P2 == Box)) {
    //P1 处为箱子,P2 处为墙或出界
    return;
}
//P1 处为箱子,P2 处为通道
if (P1 == Box && P2 == Passageway) {
    MoveMan(x1, y1);
    MAP_CELL[y2 * m_nColCount + x2] = Box;
    MAP_CELL[y1 * m_nColCount + x1] = Passageway;

    //改变位置为(x1,y1)、(x2,y2)的图像
    m_aCells[y1][x1].gotoAndStop(Passageway + 1);
    m_aCells[y2][x2].gotoAndStop(Box + 1);
}
if (P1 == Box && P2 == Destination) {
    MoveMan(x1, y1);
    MAP_CELL[y2 * m_nColCount + x2] = RedBox;
    MAP_CELL[y1 * m_nColCount + x1] = Passageway;
    //改变位置为(x1,y1)、(x2,y2)的图像
    m_aCells[y1][x1].gotoAndStop(Passageway + 1);
    m_aCells[y2][x2].gotoAndStop(RedBox + 1);
}
//P1 处为放到目的地的箱子,P2 处为通道
if (P1 == RedBox && P2 == Passageway) {
    MoveMan(x1, y1);
    MAP_CELL[y2 * m_nColCount + x2] = Box;
    MAP_CELL[y1 * m_nColCount + x1] = Destination;

    //改变位置为(x1,y1)、(x2,y2)的图像
    m_aCells[y1][x1].gotoAndStop(Destination + 1);
    m_aCells[y2][x2].gotoAndStop(Box + 1);
}
//P1 处为放到目的地的箱子,P2 处为目的地
if (P1 == RedBox && P2 == Destination) {
    MoveMan(x1, y1);
    MAP_CELL[y2 * m_nColCount + x2] = RedBox;
    MAP_CELL[y1 * m_nColCount + x1] = Destination;
    //改变位置为(x1,y1)、(x2,y2)的图像
    m_aCells[y1][x1].gotoAndStop(Destination + 1);
    m_aCells[y2][x2].gotoAndStop(RedBox + 1);
}
//这里要验证是否过关
if (IsFinish()) {
    trace("恭喜你顺利过关","提示");
    //跳到过关结束画面,注意一定要加上 MovieClip()方法
    MovieClip(root).gotoAndStop(2);
    return;
```

```
        }
    }
    //判断是否在游戏区域
    public function IsInGameArea(col:int, row:int):Boolean {
        return (row >= 0 && row < m_nRowCount &&
                                        col >= 0 && col < m_nColCount);
    }
    public function MoveMan(x1:int, y1:int) {
        man.x = 31 * x1;
        man.y = 31 * y1;
        manRow = y1;
        manCol = x1;
    }
```

判断 MAP_CELL 地图数据中是否还有目的地的类型值 Destination，如果有则说明有箱子没推到目的地。

```
    public function IsFinish():Boolean {
        //验证是否过关
        var bFinish:Boolean = true;
        for (var i:int = 0; i < m_nRowCount; i++) {
            for (var j:int = 0; j < m_nColCount; j++) {
                if (MAP_CELL[i * m_nColCount + j] == Destination) {
                    bFinish = false;
                }
            }
        }
        return bFinish;
    }
    public function getWidth():int {
        return m_nColCount * 31;
    }
    public function getHeight():int {
        return m_nRowCount * 31;
    }
}
```

14.3.4　设计游戏文档类（Box.as）

在舞台的 KeyDown 按键事件中根据用户的按键消息判断出工人移动方向 dir。最后地图管理类的 movePer(dir) 根据移动方向调用 MoveTo() 方法判断是否符合游戏规则并进行地图更新。

```
package {
    import flash.display.MovieClip;
    import flash.ui.Keyboard;
    import flash.events.KeyboardEvent;
    public class Box extends MovieClip {
        private var m_Map:MyMap;
        public function Box() {
            m_Map = new MyMap();
```

```
            this.addChild(m_Map);
            stage.addEventListener(KeyboardEvent.KEY_DOWN, moveman);
        }
        function moveman(event:KeyboardEvent){
            var dir:String;
            if (event.keyCode == Keyboard.DOWN) {
                dir = "下";
            }
            if (event.keyCode == Keyboard.UP) {        //按向上键
                dir = "上";
            }
            if (event.keyCode == Keyboard.LEFT) {
                dir = "左";
            }
            if (event.keyCode == Keyboard.RIGHT) {
                dir = "右";
            }
            //根据移动方向调用MoveTo判断是否符合游戏规则并进行地图更新
            m_Map.movePer(dir);
        }
    }
}
```

在主时间轴上选中第1帧,加入脚本:

```
stop();
```

接着在主时间轴上选中第2帧,绘制游戏成功结束画面并加入脚本:

```
stop();
```

至此已完成推箱子游戏的开发,程序运行效果如图14-1所示。

第15章 百变方块游戏

15.1 百变方块游戏介绍

百变方块游戏在 6×6 格子的棋盘中进行,可排出 55 种不同的组合图案,主要开发人的抽象思维能力、空间想象能力、动手能力、几何构建能力。该游戏运行时的功能如下所述。

(1)实现用鼠标拖曳拼块,拼块在任意位置摆放。

(2)绕拼块的中心点旋转(旋转由空格键操作实现)。

(3)拼块水平翻转(由方向键操作实现,左、右键实现水平翻转,上、下键实现垂直翻转)。

百变方块游戏的效果如图 15-1 所示。用户拖曳棋盘周围的 8 种拼块到棋盘中,直到棋盘中的所有空白方块格子被填满(紫色不能被填充),则此关完成。单击"下一关"按钮,则进入下一关游戏,如果每关 300s 没完成则失败,游戏结束。

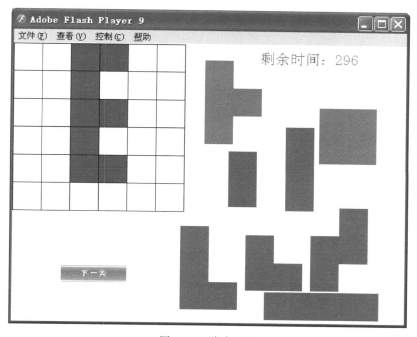

图 15-1　游戏界面

15.2 百变方块游戏的设计思路

15.2.1 地图信息

地图信息采用字符串数组存储,目标图案按列存放,每关是一行字符串。0代表固定不变的紫色填充方格,1代表白色需要填充的方格(即需要用户的8种拼块填充的方格)。地图信息如下:

```
1,1,1,1,1,1,1,1,1,1,1,1,0,0,0,0,0,1,0,1,0,1,0,1,1,1,1,1,1,1,1,1,1,1,1,1,
1,1,1,1,1,1,1,1,0,1,0,1,1,0,0,0,0,1,1,1,0,1,0,1,1,1,1,1,1,1,1,1,1,1,1,1,
1,1,1,1,1,1,1,0,1,1,1,1,0,0,0,1,1,0,0,0,1,1,0,1,1,1,1,1,1,1,1,1,1,1,
…
```

例如,第一关的图案是"E",对应的字符串如下:

```
1,1,1,1,1,1,1,1,1,1,1,1,0,0,0,0,0,1,0,1,0,1,0,1,1,1,1,1,1,1,1,1,1,1,1,1,
```

游戏在6×6格子的棋盘中进行,每关开始时从数组all_map中读取相应关对应行的字符串,分割后将数据按列将目标图案存储到二维数组Map[6,6],其中,1代表白色格子,0代表紫色固定格子,根据Map数组信息使用graphics绘制两种颜色的棋盘格子。

15.2.2 拼块拖曳的实现

拼块影片剪辑对象的拖曳主要使用影片剪辑对象的startDrag()方法和stopDrag()方法实现。

1. startDrag()方法

startDrag()方法的语法结构为:

影片剪辑对象.startDrag(锁定中心,拖曳区域)

startDrag()方法可以让用户拖曳指定的影片剪辑对象,直到stopDrag()方法被调用,或是其他影片剪辑对象可以拖曳为止。注意,一次只能有一个影片剪辑对象为可拖曳状态。锁定中心为布尔值,指定可拖曳的影片剪辑对象要锁定于鼠标指针的中央(true)或是锁定在用户第一次按下影片剪辑对象的位置(false),拖曳区域为矩形区域,指定影片剪辑对象拖曳的限制矩形区域。

例如:

```
my_mc.startDrag();
```

将影片剪辑对象my_mc进行拖曳动作。

```
this.startDrag(true);
```

将当前影片剪辑对象锁定中心点,并开始拖曳。

2. stopDrag()方法

stopDrag()方法无参数,它可结束startDrag()方法的调用,让用户拖曳的指定影片剪辑对象停止拖曳状态。例如,停止影片剪辑对象my_mc的拖曳动作。

```
my_mc. stopDrag();
```

在本游戏鼠标的按下事件中,startDrag()方法可以让用户拖曳指定的拼块影片剪辑对象;在鼠标的抬起事件中,让用户拖曳的指定拼块影片剪辑对象停止拖曳状态,所以在加载时需要注册鼠标事件,代码如下:

```
stage.addEventListener(MouseEvent.MOUSE_DOWN,onMOUSEDown);   //监听鼠标事件
stage.addEventListener(MouseEvent.MOUSE_UP,onMOUSEUp);       //监听鼠标事件
```

定义处理鼠标按下的事件,代码如下:

```
function onMOUSEDown(e:Event) {            //开始拖曳
    d = e. target as MovieClip;
    trace("MOUSEDown");
    if (d! = null) {
        d. startDrag();
    }
}
```

定义处理鼠标抬起的事件,代码如下:

```
function onMOUSEUp(e:Event) {              //结束拖曳
    d = e. target as MovieClip;
    trace("MOUSEUp");
    if (d == null) {
        return;
    }
    d. stopDrag();                        //对用户移动的拼块进行位置校正
    Verity(d);
    if (Win()) {                          //输赢判断
        time_txt.text = "成功完成此关";    //判断是否成功
        timer.stop();                     //不再更新
    }
}
```

15.2.3 游戏成功的判断

用户移动拼块后,判断是否过关是通过 hitTestPoint(x, y, true)方法确定的,在显示对象 DisplayObject 类中有 hitTestPoint(x, y, shapeFlag)方法。

hitTestPoint()方法用于确定显示对象是否与 x 和 y 参数指定的点重叠或相交, x 和 y 参数指定舞台的坐标空间中的点,而不是包含显示对象的显示对象容器中的点(除非显示对象容器是舞台)。

其最基本的形式如下:

```
sprite.hitTestPoint(100, 100);           //(100,100)代表点的 x,y 坐标
```

shapeFlag 是 hitTestPoint()方法的第 3 个参数,是可选的。其值是 Boolean 类型,因此只有 true 和 false 两种选择。将 shapeFlag 设置为 true 意味着碰撞检测时判断 Sprite 中可见的图形,而不是矩形边界。注意,shapeFlag 只能用在检测点与 Sprite 的碰撞中,如果是两个 Sprite 的碰撞就不能用这个参数了。

该游戏中通过判断每个格子的中心点是否与 8 个拼块碰撞,从而知道此格子是否被填充。Win()方法判断棋盘中是否紫色格子且有拼块,如果是白色格子(需要填充)没有拼块则没有成功,否则成功。Win()方法的具体代码如下:

```
private function Win():Boolean {          //判断是否成功
var i:int;
var b:MovieClip;
for (var x:int = 0; x < 6; x++) {
    for (var y:int = 0; y < 6; y++) {
        //如果是紫色格子且有拼块则不成功
        if (Map[x][y] == 0) {              //0 代表紫色格子
            //遍历 8 个拼块
            for (i = 0; i < all_Block.length; i++) {
                b = (MovieClip)(all_Block[i]);
                //紫色格子的中心点是否碰到拼块
                //true 开启像素检测
                if (b.hitTestPoint(x * 40 + 20, y * 40 + 20, true)) {
                    return false;
                }
            }
        }
        //如果是白色格子(需要填充)且没有拼块则不成功
        if (Map[x][y] == 1) {
            //1 代表白色格子
            //遍历 8 个拼块
            var flag:Boolean = false;
            for (i = 0; i < all_Block.length; i++) {
                b = (MovieClip)(all_Block[i]);
                //格子的中心点是否碰到拼块
                if (b.hitTestPoint(x * 40 + 20, y * 40 + 20, true)) {
                    trace(x, " ", y);
                    flag = true;
                    break;
                }
            }
            //如果是白色格子(需要填充)且没有拼块
            if (flag == false) {
                return false;
            }
        }
    }
}
return true;
}
```

掌握以上设计思想就可以轻松地开发游戏了。

15.3 百变方块游戏的实现步骤

15.3.1 创建 Animate 文件

打开 Animate 软件后,执行"文件"→"新建"命令,系统将弹出"新建文档"窗口,在窗口中选择"高级"类型的 ActionScript 3.0 选项。

1. 设置文档属性

在"文档属性"面板设置文档类为 Main。在工具面板中选择文本工具,在场景舞台上右上方区域写上"剩余时间:300"文字,并在属性面板中将文本设置为动态文本,并将实例命名为 time_txt。添加自己制作的"下一关"按钮,命名为 next_btn。

2. 设计 8 个拼块影片剪辑元件

执行"插入"→"新建元件"命令,在打开的"创建新元件"对话框中将元件名称设置为 Block1(其他为 Block2~Block8),将元件类型设置为"影片剪辑",单击"确定"按钮后,Animate 界面将转换为 Block1(Block2~Block8)元件的编辑区,使用"矩形工具"设计如图 15-2 所示的拼块。

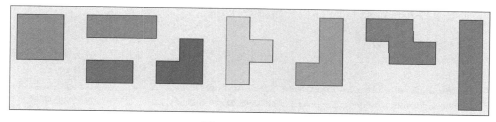

图 15-2　8 个拼块

15.3.2　设计游戏文档类(Main.as)

执行"文件"→"新建"命令,系统将打开"新建文档"对话框,在该对话框中选择"高级"类型的"ActionScript 3.0 类"选项,这样就新建了一个 ActionScript 类文件,将其命名为 Main.as,并导入包和相关类。

```
package {
import flash.display. * ;
import flash.utils.Timer;
import flash.geom.Point;
import flash.events.TimerEvent;
import flash.events.Event;
import flash.events.KeyboardEvent;
import flash.ui.Keyboard;
import flash.text.TextField;
import flash.events.MouseEvent;
import flash.geom.Rectangle;
//百变方块游戏 V1.0
public class Main extends MovieClip {
    var all_map:Array = [
    "1,1,1,1,1,1,1,1,1,1,1,0,0,0,0,0,1,0,1,0,1,0,1,1,1,1,1,1,1,1,1,1,1,1,1,",
    "1,1,1,1,1,1,1,1,0,1,0,1,1,0,0,0,1,1,1,0,1,0,1,1,1,1,1,1,1,1,1,1,1,1,1,",
    "1,1,1,1,1,1,1,0,1,1,1,1,0,0,1,1,1,0,0,1,1,1,0,1,1,1,1,1,1,1,1,1,1,1,1,",
    "1,1,1,1,1,1,1,1,0,0,0,1,1,1,0,1,1,1,1,1,0,1,1,1,0,0,0,1,1,1,1,1,1,1,1,",
    "1,1,1,1,1,1,1,1,1,1,1,1,0,0,0,0,1,1,0,0,0,0,1,1,1,1,1,1,1,1,1,1,1,1,1,",
    "1,1,1,1,1,1,1,0,1,1,1,0,0,0,0,0,1,1,0,1,0,1,1,1,1,1,1,1,1,1,1,1,1,1,1,",
    "1,1,1,1,1,1,1,0,0,0,1,1,1,1,1,0,1,1,1,1,0,0,0,1,1,1,1,0,1,1,1,1,1,1,1,",
```

```
"1,1,1,1,1,1,1,1,1,0,1,1,0,0,0,0,1,1,1,0,1,0,1,1,1,1,0,1,1,1,1,1,1,",
"1,1,1,1,1,1,1,1,0,1,1,1,1,0,1,0,0,1,1,0,1,0,1,1,1,1,0,0,1,1,1,1,1,1,",
"1,1,1,1,1,1,1,1,0,1,1,1,1,0,0,0,0,1,1,1,1,0,1,1,1,1,0,0,1,1,1,1,1,1,"];
private var total_Time:int = 300;              //总时间
private var eCount:int = 0;                    //已用时间
private var timer:Timer = new Timer(1000);     //计时器
public var Map:Array = new Array();            //目标图案地图
public var d:MovieClip;
private var level:int = 1;                     //关卡号
var all_Block:Array = [];
```

Main()构造函数调用 initMap(level)方法读出第 level 关目标图案的地图信息到 Map 二维数组中,在舞台上显示绘制白色格子或紫色格子的棋盘。注册监听相关鼠标事件、键盘事件、定时器事件和按钮单击事件后,开始游戏计时。

```
public function Main() {
    initMap(level);                            //初始化地图,在舞台上显示绘制白色格子或紫色格子的棋盘
    d = b1;
    timer.addEventListener(TimerEvent.TIMER, onTimer);              //定时器事件
    stage.addEventListener(KeyboardEvent.KEY_DOWN, onDown);         //监听键盘事件
    stage.addEventListener(MouseEvent.MOUSE_DOWN, onMOUSEDown);     //监听鼠标事件
    stage.addEventListener(MouseEvent.MOUSE_UP, onMOUSEUp);         //监听鼠标事件
    stage.addEventListener(MouseEvent.DOUBLE_CLICK, onMOUSEDoubleDown);  //监听鼠标事件
    //"下一关"按钮单击事件监听器
    next_btn.addEventListener(MouseEvent.CLICK, onClick);
    timer.start();                             //开始游戏计时
    //8 个拼块形成数组 all_Block
    all_Block.push(b1);
    all_Block.push(b2);
    all_Block.push(b3);
    all_Block.push(b4);
    all_Block.push(b5);
    all_Block.push(b6);
    all_Block.push(b7);
    all_Block.push(b8);
}
```

initMap(level:int)初始化地图,在舞台上显示绘制白色格子或紫色格子的棋盘。

```
function initMap(level:int):void {
    var color:uint;
    //var w:Wall; var w2:Wall2;
    var s:String;
    s = all_map[level - 1];
    trace("s = " + s);
    for (var x:int = 0; x < 6; x++) {
        Map[x] = new Array();
        for (var y:int = 0; y < 6; y++) {
            //字符串的 charAt(i)方法可以提取字符串中的第 i 个字符
            //获取索引指定处的字符,索引从 0 开始
            if (s.charAt(x * 12 + y * 2) == "1") {
```

```
                Map[x][y] = 1;
            } else {
                Map[x][y] = 0;
            }
            if (Map[x][y] == 1) {                    //1 代表白色格子
                color = 0xffffff;
                this.graphics.beginFill(color);
                this.graphics.lineStyle(1);
                this.graphics.drawRect(x * 40,y * 40,40,40);    //通过背景色填充的方式
                this.graphics.endFill();
            }
            if (Map[x][y] == 0) {                    //0 代表紫色(固定)格子
                color = 0xAA00AA;
                this.graphics.beginFill(color);
                this.graphics.lineStyle(1);
                this.graphics.drawRect(x * 40,y * 40,40,40);    //通过背景色填充的方式
                this.graphics.endFill();
            }
        }
    }
    //8 个拼块的初始位置
    b1.x = 322;b1.y = 193;
    b2.x = 469;b2.y = 130;
    b3.x = 402;b3.y = 178;
    b4.x = 434;b4.y = 375;
    b5.x = 308;b5.y = 83;
    b6.x = 367;b6.y = 313;
    b7.x = 276;b7.y = 321;
    b8.x = 458;b8.y = 293;
}
```

"下一关"按钮单击事件判断是否是第 10 关,如果不是则显示下一关棋盘同时计时清零。

```
function onClick(evt:MouseEvent):void {
    trace(evt.target.name);                  //输出实例名
    if (level < 10) {
        level++;
        initMap(level);
        eCount = 0;                          //计时清 0
    } else {
        time_txt.text = "成功通关!!";        //成功通关
        next_btn.removeEventListener(MouseEvent.CLICK,onClick);
    }
    evt.stopPropagation();
}
```

键盘事件处理用户的按键,左、右键实现拼块水平翻转,上、下键实现拼块垂直翻转,旋转由空格键操作实现。

影片剪辑对象的 scaleX、scaleY 实现翻转。scaleX 属性用于设置对象的水平缩放比例,

293

其默认值为 1,表示按 100% 缩放。scaleY 属性用于设置对象的垂直缩放比例,其默认值为 1,表示按 100% 缩放。例如,要将动画中的 mc 影片剪辑的垂直缩放比例缩小为原来的 1/2,只需在关键帧中添加语句"mc. scaleY＝0.5;"即可。

影片剪辑对象的 rotation 属性用于实现旋转。rotation 属性用于设置对象的旋转角度,其取值以度为单位。例如,要将 mc 影片剪辑顺时针旋转 60°,只需在关键帧中添加语句"mc. rotation＝60;"即可。

```
private function onDown(e:KeyboardEvent):void {        //键盘事件
    switch (e.keyCode) {
        case Keyboard.LEFT:
            if (!timer.running) {
                return;
            }
            left();                                    //向左
            break;
        case Keyboard.UP:
            if (!timer.running) {
                return;
            }
            up();                                      //向上
            break;
        case Keyboard.RIGHT:
            if (!timer.running) {
                return;
            }
            right();                                   //向右
            break;
        case Keyboard.DOWN:
            if (!timer.running) {
                return;
            }
            down();                                    //向下
            break;
        case Keyboard.SPACE:                           //空格键
            toggleKeyPause();                          //旋转
            break;
    }
}
private function up():void {                           //垂直翻转
    d.scaleY = -1;
}
private function down():void {                         //垂直翻转
    d.scaleY = 1;
}
private function left():void {                         //水平翻转
    d.scaleX = -1;
}
private function right():void {                        //水平翻转
    d.scaleX = 1;
}
```

```
    private function toggleKeyPause():void {                    //旋转90°
        d.rotation += 90;
    }
```

鼠标拖曳拼块的事件是 onMOUSEDown 和 onMOUSEUp,在结束拖曳时判断游戏是否成功。

```
    function onMOUSEDown(e:Event) {                             //开始拖曳
        d = e.target as MovieClip;
        trace("MOUSEDown");
        if (d != null) {
            d.startDrag();
        }
    }
    function onMOUSEUp(e:Event) {                               //结束拖曳
        d = e.target as MovieClip;
        trace("MOUSEUp");
        if (d == null) {
            return;
        }
        d.stopDrag();
        Verity(d);
        if (Win()) {                                           //输赢判断
            time_txt.text = "成功完成此关";                       //判断是否成功
            timer.stop();                                      //不再更新
        }
    }
```

Verity(Mc:MovieClip)用于对用户移动的 Mc 拼块进行位置校正,以保证其移动到适当的方格位置处。

```
    public function Verity(Mc:MovieClip) {
        var x_offset:int = 0, y_offset:int = 0;
        var d:int,xx:int,yy:int;
        //获取拼块元件的矩形区域
        var rect:Rectangle = Mc.getRect(this);
        //左顶点坐标
        xx = rect.left;
        yy = rect.top;
        d = xx % 40;
        if (d != 0) {
            x_offset -= (d < 40/2 ? d:d - 40);
        }
        d = yy % 40;
        if (d != 0) {
            y_offset -= (d < 40/2 ? d:d - 40);
        }
        Mc.x += x_offset;
        Mc.y += y_offset;
    }
    function onMOUSEDoubleDown(e:Event) {
```

```
        d = e.target as MovieClip;
        trace("双击");
        d.y += 50;
    }
```

定时器事件不断地更新文本框中的剩余时间,如果超过300s则停止计时,删除监听,禁止拖曳拼块。

```
        private function onTimer(e:Event):void {        //定时更新剩余时间
            if (eCount < total_Time) {
                eCount++;
                time_txt.text = "剩余时间: " + String(total_Time - eCount);
            } else {
                time_txt.text = "你失败了!";
                timer.stop();                            //不再更新
                //删除监听,禁止拖曳拼块
                timer.removeEventListener(TimerEvent.TIMER, onTimer);
                stage.removeEventListener(KeyboardEvent.KEY_DOWN, onDown);        //移除键盘事件
                stage.removeEventListener(MouseEvent.MOUSE_DOWN, onMOUSEDown);    //移除鼠标事件
                stage.removeEventListener(MouseEvent.MOUSE_UP, onMOUSEUp);        //移除鼠标事件
                stage.removeEventListener(MouseEvent.DOUBLE_CLICK, onMOUSEDoubleDown);
            }
        }
    }
}
```

这里采用graphics对象绘制棋盘格子,使用鼠标拖曳移动拼块,并且能够显示游戏的剩余时间信息。该游戏的设计难点在于游戏成功与否的判断,可以采用像素点碰撞检测来实现,这种技巧需要读者自己去理解。

第16章 中国象棋游戏

视频讲解

16.1 中国象棋游戏介绍

1. 棋盘

棋子活动的场所称为"棋盘",在长方形的平面上绘有 9 条平行的竖线和 10 条平行的横线相交组成,共 90 个交叉点,棋子就摆在这些交叉点上。中间第 5、第 6 两横线之间未画竖线的空白地带称为"河界",整个棋盘以"河界"分为相等的两部分;两方将帅坐镇,画有"米"字方格的地方称为"九宫"。

2. 棋子

象棋的棋子共 32 个,分为红、黑两组,各 16 个,由对弈双方各执一组,每组兵种是一样的,各分为 7 种。

红方:帅、仕、相、车、马、炮、兵。

黑方:将、士、象、车、马、炮、卒。

其中,帅与将、仕与士、相与象、兵与卒的作用完全相同,仅仅是为了区分红棋和黑棋。

3. 各棋子的走法说明

(1)帅或将。

移动范围:只能在九宫内移动。

移动规则:每一步只允许水平或垂直移动一点。

(2)仕或士。

移动范围:只能在九宫内移动。

移动规则:每一步只允许沿对角线移动一点。

(3)相或象。

移动范围:河界的一侧。

移动规则:每一步只允许沿对角线移动两点,即走田字,另外,在移动的过程中不允许穿越障碍。

(4)马。

移动范围:任何位置。

移动规则:每一步只允许水平或垂直移动一点,再按对角线方向向左或者向右移动,即走日字。另外,在移动的过程中不允许穿越障碍。

(5)车。

移动范围:任何位置。

移动规则：可以水平或垂直方向移动任意一个无阻碍的点。

（6）炮。

移动范围：任何位置。

移动规则：移动起来与车相似，但必须跳过一个棋子才能吃掉对方的一个棋子。

（7）兵或卒。

移动范围：任何位置。

移动规则：每步只能向前移动一点。过河以后，它便增加了向左、右移动的能力，兵不允许向后移动。

4. 关于胜负、和

对局中己方的帅（将）被对方棋子吃掉，本方算输。

16.2 中国象棋游戏的设计思路

16.2.1 棋盘的表示

棋盘使用一种数据结构来描述棋盘及棋盘上的棋子来表示，下面使用一个二维数组Map来举例。一个典型的中国象棋棋盘使用 9×10 的二维数组表示，每一个元素代表棋盘上的一个交点，一个没有棋子的交点所对应的元素是 -1。一个二维数组 Map 保存了当前棋盘的布局。当 $Map[x][y]=i$ 时说明此处是棋子 i，否则为 -1，表示此处为空。程序中下棋的棋盘界面使用如图 16-1 所示的图片资源。

中国象棋是由 10 条横线、9 条竖线构成的，中间被一条"楚河·汉界"隔开，这些线交错成 90 个点，棋子就在点上行走。象棋棋谱上的竖线对于黑方来说，从右边数起第一条线称为"1"，第二条线称为"2"，以此类推，直到"9"；红方也从右向左数起，用中文数字一～九来表示红方的每条竖线，如图 16-2 所示。

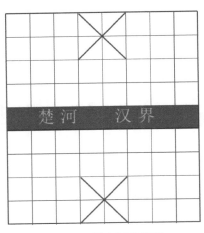

图 16-1 棋盘图片资源

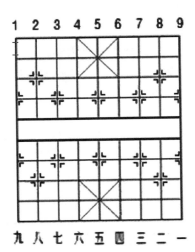

图 16-2 中国象棋棋谱界面

16.2.2 棋子的表示

棋子设计相应的类,每种棋子的图案使用对应的图片资源,如图 16-3 所示。

图 16-3 棋子图片资源

为设计程序方便,将 32 个棋子对象赋给了数组 chess。chess[i]中下标 i 的含义是,如果 i 小于 16,说明它是黑方的棋子,否则是红方的棋子,这样就可以得到所需要的全部象棋棋子。黑方对应的是 0～15,红方则用 16～31。

具体下标的含义如下:

0 将　1 士　2 士　3 象　4 象　5 马　6 马　7 车　8 车　9 炮　10 炮　11～15 卒
16 帅　17 仕　18 仕　19 相　20 相　21 马　22 马　23 车　24 车　25 炮　26 炮
27～31 兵

16.2.3 走棋规则

对于象棋来说,有马走日、象走田等一系列复杂的规则。走法的产生是博弈程序中一个相当复杂而且耗费运算时间的方面,不过使用良好的数据结构可以显著地提高生成的速度。

判断是否能走棋的算法如下所述。

根据棋子名称的不同按相应的规则判断。

A. 如果为“车”,则检查是否走直线以及中间是否有棋子。

B. 如果为“马”,则检查是否走“日”字,是否别脚。

C. 如果为“炮”,则检查是否走直线,判断是否吃子,如果是吃子,则检查中间是否只有一个棋子,如果不吃,则检查中间是否有棋子。

D. 如果为“兵”,则检查是否走直线,走一步及向前走,根据是否过河检查是否横走。

E. 如果为“将”,则检查是否走直线,走一步及是否超过范围。

F. 如果为“士”,则检查是否走斜线,走一步及是否超出范围。

G. 如果为“象”,则检查是否走“田”字,是否别脚及是否超出范围。

如何分辨棋子?程序中采用了棋子对象的 typeName 属性获取。

程序中的 IsAbleToPut(firstchess,x,y)函数实现判断是否能走棋并返回逻辑值,其代码最复杂。其参数的含义如下:

firstchess 代表走的棋子对象,参数 x、y 代表走棋的目标位置。走动棋子原始位置(oldx,oldy)可以通过 firstchess.pos.x 获取原 x 坐标 oldx,通过 firstchess.pos.y 获取原 y 坐标 oldy。

IsAbleToPut(idx，x，y)函数实现走棋规则判断。

例如，"将"或"帅"走棋规则，只能走一格，所以原 x 坐标与新位置 x 坐标之差不能大于 1，GetChessY(idx)获取的原 y 坐标与新位置 y 坐标之差不能大于1。

```
if (Math.Abs(x - oldx) > 1 ‖ Math.Abs(y - oldy) > 1)
    return false;
```

由于不能走出九宫，所以 x 坐标为 4、5、6 且 $1 \leqslant y \leqslant 3$ 或 $8 \leqslant y \leqslant 10$(实际上仅需判断是否 $8 \leqslant y \leqslant 10$ 即可，因为走棋时自己的"将"或"帅"只能在下方的九宫中)，否则此步违规，将返回 false。

```
if (x < 4 ‖ x > 6 ‖ (y > 3 && y < 8)) return false;
```

"士"或"仕"走棋规则，只能走斜线一格，所以原 x 坐标与新位置 x 坐标之差为 1，且原 y 坐标与新位置 y 坐标之差同时为 1。

```
if ((x - oldx) * (y - oldy) == 0) return false;
if (Math.Abs(x - oldx) > 1 ‖ Math.Abs(y - oldy) > 1) return false;
```

由于不能走出九宫，所以 x 坐标为 4、5、6 且 $1 \leqslant y \leqslant 3$ 或 $8 \leqslant y \leqslant 10$，否则此步违规，将返回 false。

```
if (x < 4 ‖ x > 6 ‖ (y > 3 && y < 8)) return false;
```

"炮"走棋规则，只能走直线，所以 x、y 不能同时改变，即 $(x - oldx) * (y - oldy) = 0$ 保证走直线。然后判断如果 x 坐标改变了，原位置 oldx 到目标位置之间是否有棋子，如果有子则累加其间棋子个数 c，通过 c 是否为 1 且目标处非己方棋子能够判断是否可以走棋。

"兵"或"卒"走棋规则，只能向前走一步，根据是否过河检查是否横走。所以 x 与原坐标 oldx 改变的值不能大于 1，同时 y 与原坐标 oldy 改变的值也不能大于 1。如果过河，即是 $y < 6$。

```
if ((x - oldx) * (y - oldy) != 0)
    return false;
if (Math.Abs(x - oldx) > 1 ‖ Math.Abs(y - oldy) > 1)
    return false;
if (y >= 6 && (x - oldx) != 0)
    return false;
if (y - oldy > 0)
    return false;
return true;
```

其余的棋子判断方法类似，这里不再一一介绍。

16.2.4 坐标转换

在走棋过程中，需要将鼠标像素坐标(this.mouseX，this.mouseY)转换成棋盘坐标，解析出棋盘坐标(tempx，tempy)，如果超出棋盘范围则返回。

```
tempx = int(Math.floor(this.mouseX / 40));
tempy = int(Math.floor(this.mouseY / 40));
```

```
//防止超出范围
if (tempx > 9 ‖ tempy > 10 ‖ tempx < 1 ‖ tempy < 1)
{
    message_txt.text = "超出棋盘范围";
    return;
}
```

掌握以上关键技术,就可以开发中国象棋游戏了。

16.3　中国象棋游戏的实现步骤

16.3.1　设计棋子类(Chess.as)

在棋子类代码中首先定义棋子所属的玩家、坐标位置、棋子图案、棋子种类成员变量。

```
package {
import flash.display.Sprite;                     //精灵图像支持类
import flash.net.URLRequest;                     //URL 地址支持类
import flash.display.Loader;                      //文件读取支持类
import flash.geom.Point;
public class Chess extends Sprite{               //Sprite 类可以管理图像
    public const REDPLAYER:int = 1;
    public const BLACKPLAYER:int = 0;
    public var player:int;                        //红子为 REDPLAYER,黑子为 BLACKPLAYER
    public var chessName:String;                  //帅、士等
    public var pos:Point;                         //棋盘位置
```

棋子类构造函数的 3 个参数分别代表哪方、棋子名称、棋子所在棋盘的位置。该构造函数中的多分支 if 条件语句段根据棋子种类设置相应棋子的图案。

```
//构造函数,参数 player 指定棋手角色的类型,参数 chessName 指定棋子的类型
//参数 chesspos 指定棋子的位置
public function Chess(player:int, chessName:String, chesspos:Point) {
    this.player = player;
    this.chessName = chessName;
    this.pos = chesspos;
    this.x = pos.x * 40;
    this.y = pos.y * 40;
    //初始化棋子图案
    if (player == REDPLAYER) {                    //红方棋子
        if (chessName == "帅")
            showPic("res/帅.png");
        else if (chessName == "仕")
            showPic("res/仕 1.png");
        else if (chessName == "相")
            showPic("res/相.png");
        else if (chessName == "马")
            showPic("res/马.png");
        else if (chessName == "车")
```

```
            showPic("res/车.png");
        else if (chessName == "炮")
            showPic("res/炮.png");
        else if (chessName == "兵")
            showPic("res/兵.png");
    }
    else{                                       //黑方棋子
        if (chessName == "将")
            showPic("res/将 1.png");
        else if(chessName == "士")
            showPic("res/士 1.png");
        else if (chessName == "象")
            showPic("res/象 1.png");
        else if (chessName == "马")
            showPic("res/马 1.png");
        else if (chessName == "车")
            showPic("res/车 1.png");
        else if (chessName == "炮")
            showPic("res/炮 1.png");
        else if (chessName == "卒")
            showPic("res/卒 1.png");
    }
}
public function showPic(FrontURL:String):void{    //显示指定图片
    var FrontReq:URLRequest = new URLRequest(FrontURL);
    var Ldr:Loader = new Loader();
    Ldr.load(FrontReq);                          //读取文件数据
    this.addChild(Ldr);
    setScale(0.55);
}
```

SetPos(int x,inty)用于设置棋子所在棋盘的位置。

```
public function SetPos(x:int, y:int)      //设置棋子位置
{
    pos.x = x;
    pos.y = y;
    this.x = pos.x * 40;
    this.y = pos.y * 40;
}
```

棋子类中提供了一个 drawSelectedChess()方法,它将在选中棋子的周围画示意边框线,这里是直接画在 graphics 上。

```
public function drawSelectedChess() {
    this.graphics.lineStyle(3,0xFF);
    this.graphics.drawRect(0, 0, 40, 40);      //画选中棋子的示意边框线
}
```

16.3.2　创建 Animate 文件

打开 Animate 软件后,执行"文件"→"新建"命令,系统将弹出"新建文档"窗口。在窗

口中选择"高级"类型的 ActionScript 3.0 选项。

1. 设置文档属性

执行"修改"→"文档"命令,调出"文档设置"对话框。设置场景的尺寸为 384×450 像素,然后单击"确定"按钮。导入棋盘背景图 qipan.jpg 到舞台上,在属性面板设置文档类为 ChessGame。添加"帅"和"将"位图到舞台并转换成影片剪辑实例 shuai、jiang。添加自己制作的"重新开始"按钮 start_btn。

16.3.3 设计文档类(ChessGame.as)

文档类是游戏实例,首先定义数组 chess 存储双方的 32 个棋子对象。二维数组 Map 保存了当前棋盘的棋子布局,当 Map[x][y]$=i$ 时说明此处是棋子 i,否则为 -1,表示此处为空。成员变量的定义如下:

```
package {
import flash.display.MovieClip;              //影片剪辑支持类
import flash.events.Event;                    //事件支持类
import flash.events.MouseEvent;               //鼠标事件支持类
import flash.display.SimpleButton;
import flash.text.TextField;
import flash.geom.Point;
public class ChessGame extends MovieClip {
    public const REDPLAYER:int = 1;
    public const BLACKPLAYER:int = 0;
    public var chess:Array = new Array();      //所有棋子的数组
    public var Map:Array = new Array();        //棋盘的棋子布局数组
    public var m_LastCard:Chess;               //用户上次选定的棋子
    public var localPlayer:int = REDPLAYER;    //记录自己是红方还是黑方
```

当前棋盘的棋子布局的二维数组 Map 初始化,由于棋子索引从 0 开始到 31,所以此处初始化为 -1。

```
private void cls_map() {
    int i, j;
    for (i = 1; i <= 9; i++) {
        for (j = 1; j <= 10; j++) {
            Map[i][j] = -1;
        }
    }
}
```

构造函数较简单,主要初始化保存了当前棋盘的棋子布局的二维数组 Map。构造函数调用 initChess()方法加载 32 个棋子 Sprite,初始化棋子布局,并添加"重置"按钮和 stage 舞台的鼠标事件监听,stage 舞台的鼠标单击事件处理用户移动走棋的过程。

```
public function ChessGame() {
    //创建棋子布局数组 Map[9+1][10+1],为计算方便不使用下标 0 元素
    Map = new Array();
```

303

```
var x, y:int;
for (x = 0; x <= 9; x++) {
    var temp:Array = new Array();
    for (y = 0; y <= 10; y++) {
        temp.push(-1);
    }
    Map.push(temp);
}
initChess();                                //加载32个棋子Sprite,初始化棋子布局
shuai.visible = true;                       //红帅显示,表示红方走
jiang.visible = false;                      //黑将不显示
//监听自定义重置按钮事件
start_btn.addEventListener(MouseEvent.CLICK, resetGame);
stage.addEventListener(MouseEvent.CLICK, stageClick);
}
```

initChess()方法初始棋子布局,布局时按黑方棋子在上、红方棋子在下设计。如果玩家的角色是黑方,则在右侧显示"黑将"。如果玩家的角色是红方,则在右侧显示"红帅"。为便于玩家看棋,将所有棋子对调,即黑方棋子在下,红方棋子在上。布局后将所有棋子添加到数组chess中并在场景中显示。

```
//布置棋子,黑上,红下
private function initChess():void {            //创建32个棋子
    //布置黑方棋子chess[0]～chess[15]
    var c:Chess;
    c = new Chess(BLACKPLAYER, "将", new Point(5, 1));
    chess.push(c);                             //将黑将棋子Sprite添加到数组
    Map[5][1] = 0;
    c = new Chess(BLACKPLAYER, "士", new Point(4, 1));
    chess.push(c);                             //将黑士棋子Sprite添加到数组
    Map[4][1] = 1;
    c = new Chess(BLACKPLAYER, "士", new Point(6, 1));
    chess.push(c);
    Map[6][1] = 2;
    c = new Chess(BLACKPLAYER, "象", new Point(3, 1));
    chess.push(c);
    Map[3][1] = 3;
    c = new Chess(BLACKPLAYER, "象", new Point(7, 1));
    chess.push(c);
    Map[7][1] = 4;
    c = new Chess(BLACKPLAYER, "马", new Point(2, 1));
    chess.push(c);
    Map[2][1] = 5;
    c = new Chess(BLACKPLAYER, "马", new Point(8, 1));
    chess.push(c);
    Map[8][1] = 6;

    c = new Chess(BLACKPLAYER, "车", new Point(1, 1));
```

```
chess.push(c);
Map[1][1] = 7;
c = new Chess(BLACKPLAYER, "车", new Point(9, 1));
chess.push(c);
Map[9][1] = 8;

c = new Chess(BLACKPLAYER, "炮", new Point(2, 3));
chess.push(c);
Map[2][3] = 9;
c = new Chess(BLACKPLAYER, "炮", new Point(8, 3));
chess.push(c);
Map[8][3] = 10;

var i:int;
for (i = 0; i <= 4; i++) {
    c = new Chess(BLACKPLAYER, "卒", new Point(1 + i * 2, 4));
    chess.push(c);
    Map[1 + i * 2][4] = 11 + i;
}

//布置红方棋子 chess[16]～chess[31]
c = new Chess(REDPLAYER, "帅", new Point(5, 10));
chess.push(c);                          //将红帅棋子 Sprite 添加到数组
Map[5][10] = 16;
c = new Chess(REDPLAYER, "仕", new Point(4, 10));
chess.push(c);                          //将红仕棋子 Sprite 添加到数组
Map[4][10] = 17;
c = new Chess(REDPLAYER, "仕", new Point(6, 10));
chess.push(c);
Map[6][10] = 18;
c = new Chess(REDPLAYER, "相", new Point(3, 10));
chess.push(c);
Map[3][10] = 19;
c = new Chess(REDPLAYER, "相", new Point(7, 10));
chess.push(c);
Map[7][10] = 20;
c = new Chess(REDPLAYER, "马", new Point(2, 10));
chess.push(c);
Map[2][10] = 21;
c = new Chess(REDPLAYER, "马", new Point(8, 10));
chess.push(c);
Map[8][10] = 22;

c = new Chess(REDPLAYER, "车", new Point(1, 10));
chess.push(c);
Map[1][10] = 23;
c = new Chess(REDPLAYER, "车", new Point(9, 10));
```

```
chess.push(c);
Map[9][10] = 24;

c = new Chess(REDPLAYER, "炮", new Point(2, 8));
chess.push(c);
Map[2][8] = 25;
c = new Chess(REDPLAYER, "炮", new Point(8, 8));
chess.push(c);
Map[8][8] = 26;

for (i = 0; i <= 4; i++) {
    c = new Chess(REDPLAYER, "兵", new Point(1 + i * 2, 7));
    chess.push(c);
    Map[1 + i * 2][7] = 27 + i;
}
for (i = 0; i < 32; i++) {
    chess[i].addEventListener(MouseEvent.CLICK, chessClicked);
    this.addChild(chess[i]);                        //将棋子添加到场景
}
}
```

用户走棋时,首先要选中自己的棋子(第1次选择棋子),所以有必要判断是否单击了对方棋子。如果是自己的棋子,则 m_LastCard 记录用户选择的棋子,同时棋子被放大示意被选中。

当用户选过己方棋子后,单击对方棋子,则是吃子,调用 IsAbleToPut(m_Last Card, c.pos.x, c.pos.y)判断是否能走棋,如果符合走棋规则,被吃掉的棋子不显示,第1次被选中的棋子移到目标处。如果对方的将或帅被吃掉,则游戏结束。

当然,第2次选择棋子有可能是用户改变主意,选择自己的另一个棋子,则 m_LastCard 重新记录用户选择的己方棋子。

```
public function chessClicked(event:MouseEvent):void{      //在棋子上单击
    message_txt.text = "";
    var c:Chess = (Chess)(event.currentTarget);          //获取用户选择的棋子对象
    if(m_LastCard == null && !isMyChess(c)) {            //判断是否单击了对方棋子
        message_txt.text = "请选择自己的棋子";
        event.stopPropagation();                         //阻止后续的监听行为
        return;
    }
    if(m_LastCard == null)
    {//如果之前没有选择任何棋子
        m_LastCard = c;                                  //选中棋子
        m_LastCard.setScale(0.65);                       //对选中的棋子进行缩放
    }
    else if(c == m_LastCard)
    {//如果此次选中的棋子与之前选中的棋子是同一个棋子
        m_LastCard.setScale(0.55);                       //取消该棋子的选中状态
```

```
            m_LastCard = null;
        }
        else if(!isMyChess(c) && IsAbleToPut(m_LastCard, c.pos.x, c.pos.y))    //吃棋子
        {
            var idx, idx2:int;                          //保存第 1 次和第 2 次被单击棋子的索引号
            var x1, y1:int;                             //第 1 次被单击棋子在棋盘上的原坐标
            x1 = m_LastCard.pos.x;y1 = m_LastCard.pos.y;
            var x2, y2:int;                             //第 2 次被单击棋子在棋盘上的坐标
            x2 = c.pos.x;y2 = c.pos.y;
            c.visible = false;                          //被吃掉的棋子不显示
            idx = Map[x1][y1];
            idx2 = Map[x2][y2];
            Map[x1][y1] = -1;
            Map[x2][y2] = idx;
            chess[idx].SetPos(x2, y2);                  //第 1 次被选中的棋子移到目标处
            m_LastCard.setScale(0.55);                  //取消该棋子的选中状态
            m_LastCard = null;

            //判断被吃的是不是对方的将或帅
            if (idx2 == 0)                              //0 表示将
                message_txt.text = "红方赢了";
            if (idx2 == 16)                             //16 表示帅
                message_txt.text = "黑方赢了";
            reversePlayer();                            //改变玩家角色
        }else {
            //错误走棋
            message_txt.text = "不符合走棋规则 111";
            //否则选中新的棋子,继续监听用户操作
            m_LastCard.setScale(0.55);                  //取消该棋子的选中状态
            m_LastCard = c;
            m_LastCard.setScale(0.65);                  //当前选中的棋子作为之前选中的棋子
        }
        event.stopPropagation();                        //阻止后续的监听行为
}
```

IsAbleToPut(firstchess,x,y)用于判断是否能走棋并返回逻辑值,其代码最复杂。

```
public function IsAbleToPut(firstchess:Chess, x:int, y:int):Boolean {
    var i, j, c,t:int;
    var oldx, oldy:int;                                 //在棋盘原坐标
    oldx = firstchess.pos.x;
    oldy = firstchess.pos.y;
    var qi_name:String = firstchess.chessName;
    if (qi_name == ("将") || qi_name == ("帅")) {
        if ((x - oldx) * (y - oldy) != 0) {
            return false;
        }
        if (Math.abs(x - oldx)>1 || Math.abs(y - oldy)>1) {
```

```
                    return false;
                }
                if (x < 4 ‖ x > 6 ‖ (y > 3 && y < 8)) {
                    return false;
                }
                return true;
            }
        if (qi_name == ("士") ‖ qi_name == ("仕")) {
                if ((x - oldx) * (y - oldy) == 0) {
                    return false;
                }
                if (Math.abs(x - oldx) > 1 ‖ Math.abs(y - oldy) > 1) {
                    return false;
                }
                if (x < 4 ‖ x > 6 ‖ (y > 3 && y < 8)) {
                    return false;
                }
                return true;
            }
        //其余棋子的判断略
        if (qi_name == ("卒") ‖ qi_name == ("兵")) {
                if ((x - oldx) * (y - oldy) != 0) {
                    return false;
                }
                if (Math.abs(x - oldx) > 1 ‖ Math.abs(y - oldy) > 1) {
                    return false;
                }
                if (qi_name == ("兵")) {
                    if (y >= 6 && (x - oldx) != 0) {       //没过河且横走
                        return false;
                    }
                    if (y - oldy > 0) {                     //后退
                        return false;
                    }
                }
                if (qi_name == ("卒")){
                    if (y <= 5 && (x - oldx) != 0) {       //没过河且横走
                        return false;
                    }
                    if (y - oldy < 0) {                     //后退
                        return false;
                    }
                }
                return true;
            }
        return false;
    }
```

当用户选过已方棋子后,若单击的位置无棋子,则处理没有吃对方棋子的走棋过程。通过注册 stage 舞台的鼠标单击事件处理用户没有吃对方棋子的移动棋子的过程。

```
private function stageClick(event:MouseEvent):void {   //在棋盘上单击
    //目标处没有棋子,移动棋子
    var tempx,tempy:int;
    tempx = int(Math.floor(this.mouseX / 40));
    tempy = int(Math.floor(this.mouseY / 40));
    trace(tempx);
    trace(tempy);
    message_txt.text = "";
    //防止超出范围
    if (tempx > 9 ‖ tempy > 10 ‖ tempx < 1 ‖ tempy < 1)
    {
        //message_txt.text = "超出棋盘范围";
        return;
    }
    if(m_LastCard == null)                              //如果之前没有选择任何棋子
    {
        return;
    }else if(IsAbleToPut(m_LastCard, tempx, tempy))
    {
        //移动棋子
        var idx, idx2:int;                             //保存第 1 次和第 2 次被单击棋子的索引号
        var x1, y1:int;                                //第 1 次被单击棋子在棋盘上的原坐标
        x1 = m_LastCard.pos.x;y1 = m_LastCard.pos.y;
        var x2, y2:int;                                //第 2 次被单击棋子在棋盘上的坐标
        x2 = tempx;y2 = tempy;
        idx = Map[x1][y1];
        Map[x1][y1] = - 1;
        Map[x2][y2] = idx;
        chess[idx].SetPos(x2, y2);
        m_LastCard.setScale(0.55);                     //取消该棋子的选中状态
        m_LastCard = null;
        reversePlayer();                               //改变玩家角色
    }else {
        //错误走棋
        message_txt.text = "不符合走棋规则 222";
    }
}
```

象棋运行界面中该黑方走棋时的效果如图 16-4 所示,右侧显示红帅表示该红方走棋,显示黑将表示该黑方走棋。

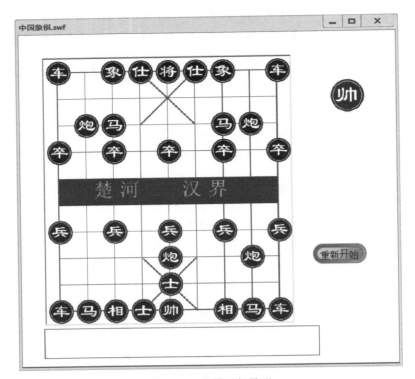

图 16-4　象棋运行界面

第17章 俄罗斯方块游戏

视频讲解

17.1 俄罗斯方块游戏介绍

　　俄罗斯方块是一款风靡全球的电视游戏机和掌上游戏机游戏,它看似简单却变化无穷,其游戏过程仅需要玩家将不断下落的各种形状的方块移动、翻转,如果某一行被方块充满了,那么就将此行消掉,而当窗口中无法再容纳下落的方块时宣告游戏结束。本章开发的俄罗斯方块游戏界面如图17-1所示,在屏幕右侧玩家可以看到游戏的积分和下一方块的形状。通过方向键控制移动,其中键盘上方向键控制方块旋转,键盘左方向键控制方块向左移动,键盘右方向键控制方块向右移动,键盘下方向键控制方块向下移动。空格键可暂停或继续游戏。当游戏输掉时,单击屏幕可重新开始。

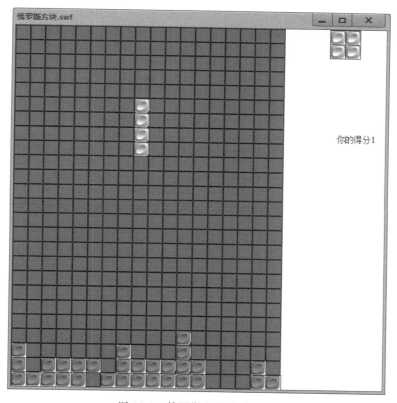

图 17-1　俄罗斯方块游戏界面

17.2　俄罗斯方块的形状设计

游戏中下落的方块有着各种不同的形状,要在游戏中绘制不同形状的方块(如"横条""方块""T形"等),就需要使用合理的数据表示方式。目前常见的俄罗斯方块拥有 7 种基本形状以及它们旋转后的变形体,具体的形状如图 17-2 所示。

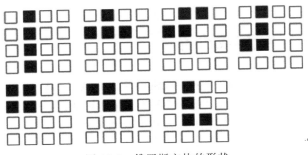

图 17-2　俄罗斯方块的形状

每种形状都是由不同的黑色小方格组成的,在屏幕上只需要显示必要的黑色小方格(本游戏为美观采用图形 ▨ 填充)就可以表现出各种形状,它们的数据逻辑可以使用一个二维数组表示。数组的存储值为 0 或 1,如果值为 1 则表示需要显示一个黑色方块;如果值为 0 则表示不显示。

例如,用长条形方块的数组存储。

[[0,0,0,0],[1,1,1,1],[0,0,0,0],[0,0,0,0]]

所有形状的存储使用 type 数组。

```
private var type:Array = [];                              //各种方块类型
type.push([[0,0,1],[1,1,1],[0,0,0]]);                     //钩子
type.push([[0,0,0],[1,1,1],[0,0,1]]);                     //倒钩
type.push([[1,1],[1,1]]);                                 //小方块
type.push([[0,0,0,0],[1,1,1,1],[0,0,0,0],[0,0,0,0]]);     //长条
type.push([[0,1,0],[1,1,0],[0,1,0]]);                     //星形
type.push([[1,0,0],[1,1,0],[0,1,0]]);                     //Z字形
type.push([[0,1,0],[1,1,0],[1,0,0]]);                     //反 Z 字形
```

17.3　俄罗斯方块游戏的设计思路

游戏的面板是由一定的行数和列数的单元格组成的,游戏面板屏幕可以看成由 25 行、18 列的网格组成,为了存储游戏画面中的已固定方块采用二维数组 rongqi,当相应的数组元素值为 1 时绘制一个图形 ▨ 填充小网格。下一个方块使用一个 Sprite(nextSp),下落的当前方块使用一个 Sprite(usingSp)并都添加到舞台上。在定时器控制下,不停地下移当前方块 Sprite(usingSp)从而看到动态游戏效果。当触底或满行时修改二维数组 rongqi,据此数组来刷新游戏面板屏幕形成固定方块,同时将下一个方块 nextSp 作为当前方块 usingSp,

并再次产生新的 nextSp。

17.4 俄罗斯方块游戏的实现步骤

17.4.1 创建 Animate 文件

打开 Animate 后,执行"文件"→"新建"命令,系统将弹出"新建文档"窗口,在窗口中选择"高级"类型的 ActionScript 3.0 选项。

1. 设置文档属性

执行菜单"修改"→"文档"命令,弹出"文档属性"对话框。设置场景的尺寸为 520×525 像素,背景颜色为浅绿色,然后单击"确定"按钮。在属性面板设置文档类为 grid。

2. 设计棋子图片链接类

执行"文件"→"导入"→"导入到库"命令,导入以下两个方块图案。

block0.gif　　block1.gif

在库面板中将两个图片的链接类分别设置为 Block0 和 Block1。链接类设置过程如下。

在"库"面板中选择该位图,右键单击"库"面板中的位图名称,然后从上下文菜单中选择"属性"。如果在"位图属性"对话框上看不到"链接"属性,则单击 ActionScript 选项卡,如图 17-3 所示。在"ActionScript 链接"中选择"为 ActionScript 导出"并且选中"在第 1 帧导出类"。在类名后的文本字段中输入一个标识字符串 Block0,注意基类为 flash.display.BitmapData,然后单击"确定"按钮。

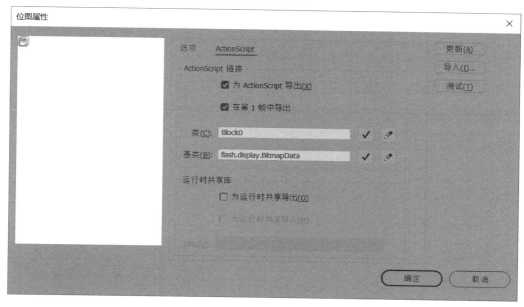

图 17-3　链接类设置

可以采用类似代码使用库中的图片资源：

```
//myBitmapData 是资源库中的图片链接类名
//创建一个名为 myBitmapDataObject 的新的 myBitmapData 对象实例
var myBitmapDataObject:myBitmapData = new myBitmapData(100, 100);
//创建一个名为 myImage 的位图对象实例来包含位图数据
var myImage:Bitmap = new Bitmap(myBitmapDataObject);
//将 myImage 添加到当前时间轴的显示列表中
addChild(myImage);
```

注意：资源库中的图片是 BitmapData 对象，BitmapData 对象不能被添加到显示列表中，Bitmap 对象可以被添加到显示列表中，并且可以引用 BitmapData 对象的信息，用户可以创建一个 Bitmap 对象来包含来自 BitmapData 实例的数据，把 Bitmap 对象添加到显示列表中。

17.4.2 设计游戏文档类(grid.as)

执行"文件"→"新建"命令，系统将打开"新建文档"对话框，在该对话框中选择"ActionScript 类"选项，这样就新建一个 ActionScript 类文件，将其命名为 grid.as，并导入包和相关类。

```
package {
    import flash.display. * ;
    import flash.utils.Timer;
    import flash.geom.Point;
    import flash.events.TimerEvent;
    import flash.events.Event;
    import flash.events.KeyboardEvent;
    import flash.ui.Keyboard;
    import flash.text.TextField;
    import flash.events.MouseEvent;
    //ActionScript 3.0 播放音乐
    import flash.media.Sound;
    import flash.net.URLRequest;
```

类成员变量定义：

```
public class grid extends MovieClip {
    private var a:uint = 21;                      //方块的边长
    private var kuan:uint = 18;                   //地图的宽
    private var gao:uint = 25;                    //地图的高
    private var type:Array = [];                  //各种方块类型
    private var nextGrid:Array;                   //下一个方块形状数组
    private var nextSp:Sprite;                    //下一个方块 Sprite
    private var usingGrid:Array;                  //当前方块形状数组
    private var usingSp:Sprite;                   //当前方块 Sprite
    private var usingPosition:Point;              //当前方块位置
    private var rongqi:Array = [];
    private var timer:Timer = new Timer(1000);
    private var txt:TextField;                    //用于显示分数的文本框
```

```
        private var score:uint = 0;                                    //分数(通关行数)
        private var levelUp:uint = 10;                                 //每通关多少行升级
        private var bitmap1:BitmapData,bitmap2:BitmapData;             //位图
```

grid()构造方法首先创建位图数据对象 bitmap1、bitmap2,以便使用资源库中的图片文件填充格子,调用 init()开始游戏。游戏开始后 initMap()初始化地图,将存储游戏画面中已固定方块的二维数组 rongqi 的元素全部初始化为 0(即没有固定方块),产生一个新的下落方块,同时启动定时器。定时器每隔 1 秒触发一次,定时器触发事件完成当前方块是否可以下落的判断。如果不可以下落,则固定当前方块,并消去可能的满行,同时把下一个方块 nextSp 作为新的当前方块 usingSp,产生新的下一个方块 nextSp。

```
    public function grid() {
        //Block1 是资源库中的 Block1.gif 的类名
        //创建一个名为 bitmap1 的新的 Block1 对象实例
        bitmap1 = new Block1(21,21);
        //创建一个名为 bitmap2 的新的 Block0 对象实例
        bitmap2 = new Block0(21,21);
        _sound = new Sound();
        //要想加载声音文件到刚刚建立的 Sound 对象中,
        //还要先创建一个 URLRequest 对象(在此还必须导入
        //相关的类 import flash.net.URLRequest),通过字符串表示 MP3 文件的路径
        var soundFile:URLRequest = new URLRequest("sounds/music.mp3");
        _sound.load(soundFile);
        _sound.play();                              //播放背景音乐
        init();
    }
    private function init() {            //开始游戏
        initMap();                       //初始化地图
        reDraw();                        //绘制地图
        getType();                       //创建所有方块类型
        createGrid();                    //随机创建一个方块,加入到预备(即下一个方块)
        startGrid();                     //将一个预备中的方块(即下一个方块)转为正在使用的方块
        timer.start();                   //定时下沉
        timer.addEventListener(TimerEvent.TIMER,onTimer);
        stage.addEventListener(KeyboardEvent.KEY_DOWN,onDown);      //监听键盘事件
        txt = new TextField();
        txt.x = 450;txt.y = 150;
        this.addChild(txt);
        txt.text = "你的得分" + score.toString();
        txt.selectable = false;
    }
```

initMap()初始化地图,将游戏区的游戏清空(置 0)。

```
    private function initMap() {                        //初始化地图
        var i:int,j:int;
        var l:uint = a - 1;
        for (i = 0; i < kuan; i++) {                    //将游戏区清空(置零)
            rongqi[i] = [];
            for (j = 0; j < gao; j++) {
```

```
                    rongqi[i][j] = 0;
                }
            }
        }
        private function reDraw():void {                    //重绘地图
            this.graphics.clear();                          //游戏面板屏幕清空重画
            var i:int, j:int;
            for (i = 0; i < kuan; i++) {                    //绘制背景方块供玩家观看
                for (j = 0; j < gao; j++) {
                    if (rongqi[i][j]) {                     //固定格子,图形█填充小网格
                        drawAGrid(this, i, j, a, 0xffff00);
                    } else {                                //空格子,采用红色填充
                        drawAGrid(this, i, j, a - 1, 0xff0000);
                    }
                }
            }
        }
        private function getType():void {
            type.push([[0,0,1],[1,1,1],[0,0,0]]);           //钩子
            type.push([[0,0,0],[1,1,1],[0,0,1]]);           //倒钩
            type.push([[1,1],[1,1]]);                       //小方块
            type.push([[0,0,0,0],[1,1,1,1],[0,0,0,0],[0,0,0,0]]);  //长条
            type.push([[0,1,0],[1,1,0],[0,1,0]]);           //星形
            type.push([[1,0,0],[1,1,0],[0,1,0]]);           //Z 字形
            type.push([[0,1,0],[1,1,0],[1,0,0]]);           //反 Z 字形
        }
        private function createGrid():void {                //创建下一个方块
            var i:uint = int(Math.random() * type.length);  //随机挑选方块类型
            var max:uint = type[i].length;
            nextGrid = [];                                  //下一个方块形状数组
            while (max-- > 0) {         //从 type 获取形状信息存储到 nextGrid 数组
                nextGrid.unshift(type[i][max].concat());
            }
            drawnextGrid();                                 //在右侧绘制下一个方块
        }
        private function drawnextGrid():void {              //在下一个方块 nextSp 中画出方块形状
            nextSp = new Sprite();
            nextSp.x = 21 * a;                              //设置显示下一个方块的位置
            nextSp.y = 0;
            this.addChild(nextSp);
            var i:int, j:int;
            var max:uint = nextGrid.length;
            for (i = 0; i < max; i++) {
                for (j = 0; j < max; j++) {
                    if (nextGrid[i][j] == 1) {
                        drawAGrid(nextSp, i, j, a, 0x00ff00);
                    }
                }
            }
        }
```

drawAGrid 在 mc(可以是下一个方块 nextSp、当前方块 usingSp、游戏面板 this)中绘制纯色填充或位图填充的格子。

```
private function drawAGrid(mc:Sprite,i:int,j:int,aa:int,color:uint):void {
    if(color == 0xffff00){                      //固定方块的格子
    mc.graphics.beginBitmapFill(bitmap1);       //通过 bitmap1 位图填充的方式
    mc.graphics.lineStyle(1);
    mc.graphics.drawRect(i * a,j * a,aa,aa);
    mc.graphics.endFill();
    }
    if(color == 0xff0000){                      //空的格子
    mc.graphics.beginFill(color);
    mc.graphics.lineStyle(1);
    mc.graphics.drawRect(i * a,j * a,aa,aa);    //通过背景色填充的方式
    mc.graphics.endFill();
    }
    if(color == 0x00ff00){                      //下落当前方块的格子
    mc.graphics.beginBitmapFill(bitmap2);       //通过 bitmap2 位图填充的方式
    mc.graphics.lineStyle(1);
    mc.graphics.drawRect(i * a,j * a,aa,aa);
    mc.graphics.endFill();
    }
}
private function startGrid():void {     //将下一个方块 nextSp 转为正在使用的方块 usingSp
    usingSp = nextSp;
    nextSp = null;
    usingGrid = nextGrid;
    usingPosition = new Point((kuan - usingGrid.length)>> 1,0);
    usingSp.x = usingPosition.x * a;
    createGrid();
    if (hit(usingGrid)) {                        //如果方块一出来就发生碰撞,则判定游戏结束
        timer.stop();
        stage.removeEventListener(KeyboardEvent.KEY_DOWN,onDown);
        stage.addEventListener(MouseEvent.CLICK,onRestart);   //单击鼠标,重新开始游戏
    }
}
private function onTimer(e:Event):void {     //自由下落
    down();
}
```

以下是键盘事件完成左右键控制方块左右移动,向上键控制方块旋转,向下键控制方块向下移动,空格键调用 toggleKeyPause()暂停或继续游戏。

```
private function onDown(e:KeyboardEvent):void {          //键盘事件
    switch (e.keyCode) {
        case Keyboard.LEFT:
            if(!timer.running)return;
            left();                                      //向左
            break;
        case Keyboard.UP:
            if(!timer.running)return;
```

```
                roll();                          //旋转方块
                break;
            case Keyboard.RIGHT:
                if(!timer.running)return;
                right();                          //向右
                break;
            case Keyboard.DOWN:
                if(!timer.running)return;
                down();                           //向下
                break;
            case Keyboard.SPACE:                  //空格键
                toggleKeyPause();                 //暂停或继续游戏
                break;
        }
    }
```

通过定时器的启动、停止来实现游戏的暂停和继续。

```
private function toggleKeyPause():void {        //暂停或继续游戏
    if (timer.running) {
        timer.stop();
    } else {
        timer.start();
    }
}
```

left()是左移当前方块的方法,检测下一状态是否碰撞,如果发生碰撞则不允许向左。right()右移的方法原理与此相似。

```
private function left():void {
    usingPosition.x -- ;
    if (hit(usingGrid)) {        //检测下一状态是否碰撞,如果发生碰撞则不允许向左
        usingPosition.x++;
        return;
    } else {
        usingSp.x = usingPosition.x * a;
    }
}
private function right():void {
    usingPosition.x++;
    if (hit(usingGrid)) {        //检测下一状态是否碰撞,如果发生碰撞则不允许向右
        usingPosition.x -- ;
        return;
    } else {
        usingSp.x = usingPosition.x * a;
    }
}
```

down()是当前方块下落的方法。hit(usingGrid)判断是否可以下落,如果可以下落则将当前方块 usingSp 设置到新位置即可;如果不可以下落则固定当前方块,并消去可能的满行,同时产生新的当前方块。

```
    private function down() {
        usingPosition.y++;
        if (hit(usingGrid)) {                    //检测下一状态是否碰撞,如发生碰撞则方块锁定位置
            usingPosition.y--;
            lockPlace();
            var sound:Sound = new Sound();
            //播放碰撞声音
            sound.load(new URLRequest("sounds/hit.mp3"));
            sound.play();
        }
        usingSp.y = usingPosition.y * a;         //将当前方块 usingSp 设置到新位置
    }
    private function lockPlace():void {          //固定方块
        var max:uint = usingGrid.length;
        var i:int,j:int;
        for (i = 0; i < max; i++) {
            for (j = 0; j < max; j++) {
                if (usingGrid[i][j]) {
                    rongqi[usingPosition.x + i][usingPosition.y + j] = 1;
                }
            }
        }
        for (i = 0; i < kuan; i++) {             //绘制背景方块供玩家观看
            for (j = 0; j < gao; j++) {
                if (rongqi[i][j]) {
                    drawAGrid(this,i,j,a,0xffff00);
                }
            }
        }
        usingSp.graphics.clear();
        this.removeChild(usingSp);
        usingSp = null;
        for (j = 0; j < max; j++) {
            checkLine(usingPosition.y + j);
        }
        startGrid();
    }
```

checkLine(index:uint)是消去满行的方法。

```
private function checkLine(index:uint):void {    //检测某行是否满了,如果满了则消除
    for (var i:uint = 0; i < kuan; i++) {        //检测是否已满,如果不满直接返回
        if (!rongqi[i][index]) {
            return;
        }
    }
    for (i = 0; i < kuan; i++) {                 //如果满了则消除这一行
        rongqi[i].splice(index,1);
        rongqi[i].unshift(0);
    }
    var sound:Sound = new Sound();
```

```
        //播放消行声音
        sound.load(new URLRequest("sounds/line.mp3"));
        sound.play();
        addScore();
        reDraw();
    }
    private function addScore() {
        score++;
        txt.text = "你的得分" + score.toString();
        if (score % levelUp == 0) {        //行数增加,游戏提速
            var level:uint = score/levelUp;
            level = level > 9?9:level;
            timer.stop();
            timer.removeEventListener(TimerEvent.TIMER,onTimer);
            timer = new Timer(1000 - level * 100);
            timer.addEventListener(TimerEvent.TIMER,onTimer);
            timer.start();            //定时下沉
        }
    }
```

roll()是旋转当前方块的方法。

```
    private function roll():void {
        var ar:Array = [];                //产生一个新的逆时针旋转后的方块形状信息的数组
        var max:uint = usingGrid.length;
        var i:uint,j:uint;
        for (i = 0; i < max; i++) {
            ar[i] = [];
        }
        for (i = 0; i < max; i++) {    //旋转
            for (j = 0; j < max; j++) {
                ar[j][max - i - 1] = usingGrid[i][j];
            }
        }
        if (hit(ar)) {
            return;
        }    //检测是否碰撞,如果发生碰撞则不允许旋转
        usingSp.graphics.clear();
        for (i = 0; i < max; i++) {
            for (j = 0; j < max; j++) {
                if (ar[i][j] == 1) {
                    drawAGrid(usingSp,i,j,a,0x00ff00);
                }
            }
        }
        usingGrid = ar;
    }
    private function hit(ar:Array):Boolean {        //碰撞测试
        var max:uint = ar.length;
        var i:int,j:int;
        for (i = 0; i < max; i++) {
```

```
    for (j = 0; j < max; j++) {
        if (ar[i][j]) {
            if (usingPosition. x + i < 0 || usingPosition. x + i >= kuan) {
                return true;
            }  //如果超出边界,则返回 true
            if (usingPosition. y + j < 0 || usingPosition. y + j >= gao) {
                return true;
            }
            if (rongqi[usingPosition. x + i][usingPosition. y + j]) {
                return true;
            }  //如果与对象有重叠,则返回 true
        }
    }
}
return false;
}
```

onRestart(e:MouseEvent)是单击重新开始游戏事件的方法。

```
private function onRestart(e:MouseEvent):void {              //重新开始游戏
    stage. removeEventListener(MouseEvent. CLICK, onRestart);
    score = 0;                                              //积分清 0
    txt. text = "你的得分" + score. toString();
    timer = new Timer(1000);
    timer. start();
    timer. addEventListener(TimerEvent. TIMER, onTimer);
    stage. addEventListener(KeyboardEvent. KEY_DOWN, onDown);
    initMap();
    reDraw();
}
```

本章用 ActionScript 3.0 实现经典的俄罗斯方块的基本功能,并且能够判断如果方块一出来就发生碰撞,则游戏结束。同时在游戏过程中根据分数减少定时器的时间间隔,从而通过提高下落速度来增加游戏难度。当然,用户也可以增加方块的形状,使得游戏更具有挑战性,从而更加吸引玩家。

第18章　看图猜成语游戏

视频讲解

18.1　看图猜成语游戏介绍

看图猜成语游戏是一款有趣的智力游戏。总共设置 12 关，每关都有非常生动的图片让大家联想成语，然后填写。游戏过程中玩家单击游戏下方提供文字，填出与图片表达意思相同的成语则过关。看图猜成语游戏运行界面如图 18-1 所示。

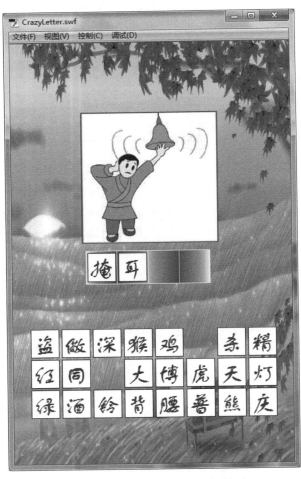

图 18-1　看图猜成语游戏运行界面

18.2 程序设计的思路

18.2.1 游戏素材

游戏程序中会用到与成语相关的图片和背景,图 18-2 显示其中部分图片。

图 18-2 相关图片素材

18.2.2 设计思路

由于场景中需要展现玩家猜成语多幅图片,所以将图片组成影片剪辑 picShow 来展现。每帧是一个成语图片。游戏中所有的成语使用 letterArray 数组存储,玩家填入成语的信息使用 chooseSiteArray 数组。

游戏时,从所有成语中随机抽取 6 个成语,组成 3 行 8 列的 24 个供选择的文字方块,每个文字方块实际是一个 Letter 影片剪辑。玩家单击 24 个供选择的某个文字影片剪辑,通过 X、Y 坐标改变移动到填写成语的位置。

为了标识玩家已填写成语文字,采用 chooseSiteArray 数组。由于成语是 4 个字,所以 chooseSiteArray 数组是 4 个元素,它们的初始值为 100(当然也可以是其他的初始值),表示还没有填写文字。每填写一个文字,此元素值改成对应的文字。如果 chooseSiteArray 数组 4 个元素值和本关成语匹配成功,则本关通过,显示成语出处和解释的影片剪辑 resultShow。

单击影片剪辑 resultShow 中"下一题"按钮,可以将所有文字方块移除舞台,清空所有数组,恢复到初始位置,重新开始下一个成语游戏。

18.3 看图猜成语游戏设计的步骤

18.3.1 创建 Animate 文件

打开 Animate 软件后,执行"文件"→"新建"命令,系统将弹出"新建文档"对话框。在窗口中选择"高级"类型的 ActionScript 3.0 选项。

执行菜单"修改"→"文档"命令,调出"文档设置"对话框。设置场景的尺寸为 450×700 像素,然后单击"确定"按钮。导入图 18-2 所示背景夕阳枫叶图到舞台。

18.3.2　设计影片剪辑

此游戏有 3 个影片剪辑,一个文字方块的影片剪辑 Letter,其内部仅仅是文本工具绘制的文本框,文本框实例名称为 mt。

一个显示成语图片的影片剪辑 picShow,新建一个元件 picShow,执行菜单"文件"→"导入到舞台"命令,将成语图片序列导入影片剪辑 picShow 中。

另一个显示成语出处和解释的影片剪辑 resultShow。它主要是添加 3 个文本框 mtitle、jieshi 和 chuchu,分别显示成语、解释和成语出处(见图 18-3)。"下一题"按钮的实例名为 nextBt。

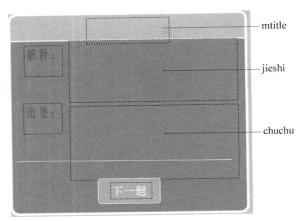

图 18-3　显示成语出处和解释的影片剪辑

18.3.3　动作脚本

在第 1 帧按 F9 键打开动作窗口,加入如下脚本。

```
import flash.events.MouseEvent;
var mainFrameCount:Number;
var lx,ly:Number;
var chooseSiteArray:Array = new Array(100,100,100,100);
var letterArray:Array = new Array("翻","山","越","岭",
"掩","耳","盗","铃",
"鸡","飞","蛋","打",
"灯","红","酒","绿",
"画","龙","点","睛",
"金","鸡","独","立",
"对","牛","弹","琴",
"杀","鸡","儆","猴",
"天","罗","地","网",
"博","大","精","深",
```

"虎","背","熊","腰",
"普","天","同","庆");
var jieshiArray:Array = new Array(
"翻越不少山头。形容走山路的艰苦。",
......
"形容人身体魁梧健壮。",
"天下的人或全国的人共同庆祝。"
);
var chuchuArray:Array = new Array(
"姚雪垠《李自成》"他的腿脚好,只要肚子里填饱了,翻山越岭,跟年轻人一样。"",
......
"南朝·宋·刘义庆《世说新语》:"皇子诞育,普天同庆,臣无勋焉,百猥颁厚赉。""
);
var chooseArray:Array = new Array();   //备选 6 个成语的文字
var childLArray:Array = new Array();   //供选择的 24 个文字方块影片剪辑数组
var indexArray:Array = new Array();   //6 个成语的索引
var tmpChoArray:Array = new Array();   //打乱 6 个候选成语的文字
var i,j:Number;
var mLevel:Number = -1;   //关卡号
newGame();   //开始游戏

newGame()根据关卡号显示当前关卡的成语图片,清空所有数组并把舞台上文字方块
的影片剪辑移除。

```
function newGame()
{
    mLevel++;
    picShow.gotoAndStop(mLevel + 1);         //显示当前关卡的图片
    resultShow.y = 1000;                     //过关提示位置最初位于舞台外部从而不显示出来
    resultShow.gotoAndStop(1);
    mainFrameCount = -1;
    //清空所有数组
    chooseArray.splice(0);
    indexArray.splice(0);
    tmpChoArray.splice(0);
    //移除文字方块的影片剪辑
    i = childLArray.length;
    while (i > 0){
        removeChild(childLArray[ -- i]);
    }
    childLArray.splice(0);
    //移除文字方块的影片剪辑
    for (i = 0; i < 4; i++){
        chooseSiteArray[i] = 100;
    }
}
```

从所有成语中随机抽取 6 个成语,为避免随机抽取的 6 个成语出现重复,成语的索引存
储在 6 个成语索引的数组 indexArray。首先将正确的成语索引加入 indexArray,再选出另
外 5 个成语索引,如果不重复则存入 indexArray 中;同时将 6 个成语的文字存入 chooseArray
中。最后将文字打乱顺序存入数组 tmpChoArray 中。

325

```
indexArray.push(mLevel);                               //正确的成语索引加入
//得到选出的那个成语的 4 个文字存入 chooseArray
chooseArray.push(letterArray[mLevel * 4]);
chooseArray.push(letterArray[mLevel * 4 + 1]);
chooseArray.push(letterArray[mLevel * 4 + 2]);
chooseArray.push(letterArray[mLevel * 4 + 3]);
//再选出 5 个成语存入 indexArray
while (indexArray.length < 6 )
{
    j = int(Math.random() * 12);
    //保证 5 个成语不重复
    i = indexArray.indexOf(j);
    if (i == -1){
        trace("加入的成语",j);
        indexArray.push(j);
        //每个汉字都存入 chooseArray 显示出来
        chooseArray.push(letterArray[j * 4]);
        chooseArray.push(letterArray[j * 4 + 1]);
        chooseArray.push(letterArray[j * 4 + 2]);
        chooseArray.push(letterArray[j * 4 + 3]);
    }
}
//24 个文字打乱顺序存入 tmpChoArray
for (i = 0; i < 24; i++){
    j = int(Math.random() * chooseArray.length);
    tmpChoArray.push(chooseArray[j]);
    chooseArray.splice(j, 1);
}
lx = 50;
ly = 450;
```

在帧频事件中将 24 个文字方块布置成 3 行 8 列且放置到舞台上。

```
stage.addEventListener(Event.ENTER_FRAME, myZoom);
//将供选择文字方块布置成 3 行 8 列且放置到舞台上
function myZoom(e:Event){
    mainFrameCount++;
    if (mainFrameCount % 3 == 0){
        if (mainFrameCount % 24 == 0){
            lx = 50;
            ly += 50;                                    //换行
        }
        var mc:Letter = new Letter(lx,ly,tmpChoArray[mainFrameCount / 3]);
        addChild(mc);                                    //放置到舞台上
        childLArray.push(mc);
        lx += 50;                                        //控制显示位置
    }
    if (mainFrameCount > 68){
        stage.removeEventListener(Event.ENTER_FRAME, myZoom);
    }
}
```

```
    }
    //注册"下一题"按钮单击事件
    resultShow.nextBt.addEventListener(MouseEvent.CLICK, nextGame);        //"下一题"按钮
    function nextGame(e:MouseEvent)
    {
        newGame();
    }
```

18.3.4 设计文字方块类（Letter.as）

在项目中创建一个继承 MovieClip 类（实际上由于是 1 帧，所以 Sprite 类也可以）的 Letter 类，用于表示文字方块。

```
package
{
    import flash.display. * ;
    import flash.events. * ;
    import flash.text. * ;
    import flash.media.Sound;
    public class Letter extends MovieClip
    {
        var frames:Number = 0;
        var iSelect:Boolean = true;                         //是否被选过
        var mIndex:Number = 0;
        var beginX:Number;
        var beginY:Number;
        var pos:Number = -1;
```

文字方块类构造函数根据传入的参数设置文字方块的 x,y 位置坐标，以及显示的文字。

```
public function Letter(param1:Number, param2:Number, param4:String)
{
    this.beginX = param1;                              //x,y 位置坐标
    this.beginY = param2;
    this.x = param1;
    this.y = param2;
    this.mt.text = param4;                             // 显示的文字
    //注册帧频事件
    addEventListener(Event.ENTER_FRAME, this.letterZoom);
    //注册文字方块单击事件
    addEventListener(MouseEvent.CLICK, this.clickAndChoose);
    return;
}// end function
```

帧频事件根据帧数改变文字方块的显示比例，从而达到文字方块"正常"→"变大"→"正常"动画效果。

```
public function letterZoom(event:Event)                    //正常 -- 变大 -- 正常动画效果
{
    frames++;
```

327

```
if (this.frames == 1 || this.frames == 5)
{
    this.scaleX = 1;
    this.scaleY = 1;
}
else if (this.frames == 3)
{
    this.scaleX = 1.5;
    this.scaleY = 1.5;
}
else
{
    this.scaleX = 1.2;
    this.scaleY = 1.2;
}
if (this.frames == 5)
{
    this.stop();
    this.removeEventListener(Event.ENTER_FRAME, this.letterZoom);
}
return;
}// end function
```

文字方块单击事件函数 clickAndChoose(event:MouseEvent)中根据 chooseSiteArray[i] ==100 判断填写成语的哪个格子为空,从而移动文字方块到对应格子处。比对填写成语的 4 个文字是否正确,如果正确则显示成语出处和解释的影片剪辑 resultShow。

```
public function clickAndChoose(event:MouseEvent)
{
    //如果被选中了
    if (this.iSelect)
    {
        for (var i = 0; i < 4; i++)
        {
            // 100 表示空,否则是文字
            if (MovieClip(parent).chooseSiteArray[i] == 100)  //如果某格子为空
            {
                this.pos = i;
                //填入文字的数组保存被选中的文字
                MovieClip(parent).chooseSiteArray[i] = this.mt.text;
                //移动文字到填写成语处
                this.x = 143 + 50 * i;
                this.y = 375;
                break;
            }
        }
        var isRight = true;
        var j,level:Number = MovieClip(parent).mLevel;    //关卡号
        for (var ii = 0; ii < 4; ii++)                    //比对成语 4 个文字是否正确
        {
            j = level * 4 + ii;
```

```
                        if (MovieClip(parent).chooseSiteArray[ii]
       != MovieClip(parent).letterArray[j])
                           {
                               isRight = false;
                               break;
                           }
                   }

               if (isRight)                                    //成语 4 个文字正确
               {
                   trace("恭喜,正确");
                   var mSound:Sound = new getMoney();
                   mSound.play();
                   MovieClip(parent).setChildIndex(MovieClip(parent).resultShow,
                                   MovieClip(parent).numChildren - 1);
                   var s:String = MovieClip(parent).letterArray[level * 4] + MovieClip
(parent).letterArray[level * 4 + 1] + MovieClip(parent).letterArray[level * 4 + 2] +
MovieClip(parent).letterArray[level * 4 + 3];
                   MovieClip(parent).resultShow.mtitle.text = s;
                   MovieClip(parent).resultShow.jieshi.text =
                                   MovieClip(parent).jieshiArray[level];
                   MovieClip(parent).resultShow.chuchu.text =
                                   MovieClip(parent).chuchuArray[level];
                   MovieClip(parent).resultShow.gotoAndPlay(2);
               }
               else
               {
                   trace("You are wrong!");
               }
               this.iSelect = false;
           }
           else                                                //恢复文字到原始位置
           {
               this.x = this.beginX;
               this.y = this.beginY;
               MovieClip(parent).chooseSiteArray[this.pos] = 100;
               this.iSelect = true;
           }
           return;
       }// end function
   }
}
```

至此,已完成看图猜成语游戏的设计,读者可以试试效果哦!

第19章 Flappy Bird 游戏

视频讲解

19.1 Flappy Bird 游戏介绍

Flappy Bird(又称笨鸟先飞)是一款来自 iOS 平台的小游戏,该游戏是由一名越南游戏制作者独自开发而成,玩法极为简单,游戏中玩家必须控制一只胖乎乎的小鸟,跨越由各种不同长度水管所组成的障碍。上手容易,但是想通关可不简单。

本章这款电脑版 Flappy Bird 游戏中,玩家只需要用空格键或鼠标来操控,需要不断地控制小鸟的飞行高度和降落速度,让小鸟顺利地通过画面右端的通道。如果不小心碰到了水管,游戏便宣告结束。点击屏幕或按空格键,小鸟就会往上飞,不断地点击或按空格键就会不断地往高处飞;松开鼠标或空格键则会快速下降。游戏的得分规则是:小鸟安全穿过一个柱子且不撞上就得 1 分。如撞上柱子则游戏结束。游戏运行初始界面和游戏过程界面如图 19-1 所示。

(a) 初始界面

(b) 游戏过程界面

图 19-1 Flappy Bird 游戏运行初始和游戏过程界面

19.2　Flappy Bird 游戏设计的思路

　　游戏设计中采用类似雷电飞机射击游戏方法,背景(草地和水管)在不断左移,小鸟位置不变仅仅上下移动。为了简化游戏难度,将上下管子的间距设置成一样大小,所以把上下管子事先制成一个影片剪辑 pipe,每个 pipe 含一对上下管。整个游戏就 3 个 pipe 影片剪辑,不断左移;当从左侧移出游戏画面时,再移动游戏画面的最右侧重新出现,给玩家一种不断有新管子的错觉。

　　在帧频事件中不断移动 3 个 pipe,草地以及根据玩家是否点击屏幕或按空格键来移动小鸟位置并判断是否碰到了水管,如果碰到或小鸟落地则游戏结束。

19.3　Flappy Bird 游戏设计的步骤

19.3.1　创建 Animate 文件

　　打开 Animate 软件后,执行"文件"→"新建"命令,系统将弹出"新建文档"窗口,在窗口中选择"高级"类型的 ActionScript 3.0 选项。

1. 设置文档属性

　　执行"修改"→"文档"命令,打开"文档设置"对话框。设置场景的尺寸为 500×700 像素,背景颜色为黑色,然后单击"确定"按钮。在属性面板设置文档类为 flappybird。

2. 设计管道、小鸟和草地影片剪辑元件

　　执行菜单的"插入"→"新建元件",在弹出的"新建元件"窗口中,将元件名称设置为pipe,将元件类型设置为"影片剪辑",单击"确定"按钮后,界面将转变为 pipe 元件的编辑区。导入图 19-2 所示水管图。

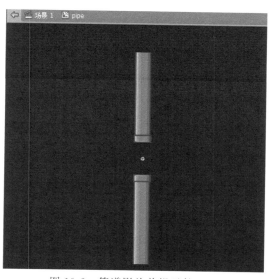

图 19-2　管道影片剪辑元件 pipe

管道影片剪辑元件链接类为 Pipe.as。在类中添加两个变量：old_dis 和 dis,为了便于判断小鸟是否经过此管。

```
package
{
    import flash.display.MovieClip;
    public class Pipe extends MovieClip
    {
        public var old_dis:int;
        public var dis:int;
        public function Pipe()
        {
        }
    }
}
```

同理设计草地影片剪辑元件,链接类为 Ground.as。Ground 类不需要增加成员变量。

同理设计小鸟影片剪辑元件(导入小鸟飞行的图 19-3 中的 4 幅图片),链接类为 Bird.as。Bird 类不需要增加成员变量。

图 19-3　小鸟飞行图片

19.3.2　设计游戏文档类(flappybird.as)

flappybird.as 类为文档类,执行"文件"→"新建"命令,系统将弹出"新建文档"窗口,在窗口中选择"高级"类型的"ActionScript 类"选项。这样就新建一个 ActionScript 类文件,将其命名为 flappybird.as。

导入包及相关类,代码如下:

```
package
{
    import flash.display.MovieClip;
    import flash.display.Sprite;
    import flash.events.Event;
    import flash.events.KeyboardEvent;
    import flash.events.MouseEvent;
    import flash.system.ApplicationDomain;
    import flash.text.TextField;
    import flash.text.TextFormat;
    import flash.text.TextFormatAlign;

    [SWF(width = "500", height = "700", frameRate = "40", backgroundColor = "0x000000")]
    public class flappybird extends Sprite
    {
        private static const SPACE_CODE:int = 32;        //空格
        private var bird:Bird;                           //飞鸟
```

```
            private var pipe1:Pipe;                          //3 个水管对象
            private var pipe2:Pipe;
            private var pipe3:Pipe;
            private var ground:Ground;                        //草地对象
            private var startBtn:MovieClip;                   //开始按钮
            private var scoreText:TextField;                  //分数文本框

            private var yspeed:Number;                        //速度
            private var can_jump:Boolean = true;              //是否能跳
            private var score:int;                            //得分
            private var flying:Boolean = false;
            private var space_key_down:Boolean = false;       //是否按空格键
```

flappybird 构造函数初始化小鸟 bird，3 个水管 pipe1、pipe2 和 pipe3，以及草地 ground；添加"开始"按钮并注册单击事件，产生得分文本框 scoreText，并初始化为不可见。最后，调用 reset()设置 3 个水管 pipe1、pipe2 和 pipe3 在屏幕上的位置和草地的位置。

```
public function flappybird()
{
    init();
}
private function init():void
{
    //小鸟
    bird = new Bird();                                    // bird MovieClip
    this.addChild(bird);
    bird.x = 188;bird.y = 188;

    //水管
    pipe1 = new Pipe();pipe2 = new Pipe();pipe3 = new Pipe();
    this.addChild(pipe1);
    this.addChild(pipe2);
    this.addChild(pipe3);

    //草地
    ground = new Ground();
    this.addChild(ground);

    //开始按钮
    startBtn = new start();
    startBtn.x = 220;startBtn.y = 250;
    this.addChild(startBtn);
    startBtn.addEventListener(MouseEvent.CLICK, onBegin);   //注册开始按钮单击事件

    //得分
    scoreText = new TextField();
    scoreText.x = startBtn.x - 40;
    scoreText.y = startBtn.y + startBtn.height + 10;
    scoreText.width = 200;scoreText.height = 20;
    this.addChild(scoreText);
    var textFormat:TextFormat = new TextFormat();
```

```
    textFormat.align = TextFormatAlign.LEFT;
    textFormat.color = 0xd9d5bb;
    textFormat.size = 18;
    scoreText.defaultTextFormat = textFormat;
    scoreText.visible = false;                              // 不可见

    reset();
}
```

reset()设置 3 个水管 pipe1、pipe2 和 pipe3 在屏幕上的位置和草地的位置。

```
private function reset():void
{
    pipe1.dis = 1;
    pipe2.dis = 1;
    pipe3.dis = 1;
    pipe1.x = 700;
    pipe2.x = pipe1.x + 250;
    pipe3.x = pipe2.x + 220;
    pipe1.y = random(300) + 180;
    pipe2.y = random(300) + 180;
    pipe3.y = random(300) + 180;
    ground.y = 660;
}
```

开始按钮并注册单击事件函数 onBegin()完成帧频事件、键盘事件、鼠标事件的注册
监听。

```
private function onBegin(event:MouseEvent):void{
    begin();
}
private function begin():void{
    this.addEventListener(Event.ENTER_FRAME, onEnterFrame);              //帧频事件
    this.stage.addEventListener(KeyboardEvent.KEY_DOWN, KeyDown);        //键盘按下
    this.stage.addEventListener(KeyboardEvent.KEY_UP, KeyUp);            //键盘松开
    this.stage.addEventListener(MouseEvent.MOUSE_DOWN, MouseDown);       //鼠标按下
    this.stage.addEventListener(MouseEvent.MOUSE_UP, MouseUp);           //鼠标松开
    bird.x = 188;                                                        //小鸟初始位置
    bird.y = 188;
    flying = true;
    yspeed = 0;
    can_jump = true;
    space_key_down = false;
    score = 0;
    startBtn.visible = false;
    scoreText.visible = false;
}
```

以下是事件函数代码。键盘按下事件函数 KeyDown()和键盘松开事件函数 KeyUp()
设置用户是否按键标志 space_key_down。用户按下空格键则 space_key_down 为真,用户
松开空格键则 space_key_down 为假。由于本游戏也可以用鼠标单击实现小鸟位置控制,

所以鼠标按下事件函数 MouseDown 和鼠标松开事件函数 MouseUp 实现功能与键盘事件一致。

```
private function KeyDown(event:KeyboardEvent):void
{
    if(event.keyCode == SPACE_CODE)                    //空格键
        space_key_down = true;
}


private function KeyUp(event:KeyboardEvent):void
{
    if(event.keyCode == SPACE_CODE)                    //空格键
        space_key_down = false;
}
private function MouseDown(event:MouseEvent):void
{
        space_key_down = true;
}
private function MouseUp(event:MouseEvent):void
{
        space_key_down = false;
}
```

在帧频事件中不断地移动 3 个水管和草地,并根据玩家是否点击屏幕或按空格键来移动小鸟位置并判断是否碰到了水管。如果碰到水管或小鸟落地,则游戏结束。

```
private function onEnterFrame(event:Event):void
{
    if(flying)
    {
        updatePipe();                                  //移动水管位置
        updateBird();                                  //移动小鸟位置
    }
    updateGround();                                    //移动草地位置
}
```

updatePipe()实现移动 3 个水管。移动时判断小鸟如果飞过水管则分数增加 1 分,pipe. x＜－46 则说明管子完全出了画面则把它移到右侧。最后判断是否与小鸟碰撞,使用 Animate 的碰撞检测 hitTestPoint()函数。它第三个参数为 true 时表示以实际图像为准(碰到实际图像时才认为碰撞发生),第三个参数为 false 时表示以边框为准(碰到边框就认为碰撞发生)。由于我们需要碰到实际图像水管才行,水管之间的缝隙不算碰撞,所以它第三个参数为 true。这里我们用小鸟边缘 4 个顶点来检测是否碰到实际图像水管。

```
//第三个参数为 false 时表示以边框为准(碰到边框就认为碰撞发生)
private function updatePipe():void
{
    movePipe(pipe1);
    movePipe(pipe2);
    movePipe(pipe3);
}
private function movePipe(pipe:Pipe):void
```

```
{
    pipe.old_dis = pipe.dis;
    if(bird.x < pipe.x)                              //小鸟在管子左侧
        pipe.dis = 1;
    else                                             //小鸟飞过
        pipe.dis = 0;
    if(pipe.old_dis == 1 && pipe.dis == 0)
        score = score + 1;
    pipe.x = pipe.x - 4;
    if(pipe.x < - 46)                                //出左侧画面
    {
        pipe.x = 600;                                //移到右侧
        pipe.y = random(300) + 180;
    }
//hitTestPoint第三个参数为true时表示以实际图像为准(碰到实际图像时才认为碰撞发生),
    if(pipe.hitTestPoint(bird.x, bird.y - 20, true)) //检测一个点是否与显示对象碰撞
    {
        die();
    }
    if(pipe.hitTestPoint(bird.x - 26, bird.y, true))
    {
        die();
    }
    if(pipe.hitTestPoint(bird.x + 26, bird.y, true))
    {
        die();
    }
    if(pipe.hitTestPoint(bird.x, bird.y + 20, true))
    {
        die();
    }
}
```

updateBird()用于移动小鸟位置。这里模拟重力加速度,下降越来越快,同时小鸟旋转−20°。玩家按空格键或单击鼠标后,速度是负的,小鸟则是向上移动。如果小鸟 bird.y>600 说明已经落地,则游戏结束。

```
private function updateBird():void                   //移动小鸟位置
{
    yspeed = yspeed + 0.4;                           //模拟重力加速度,下降越来越快
    bird.y = bird.y + yspeed;
    if(yspeed > 5)
        bird.rotation = (yspeed - 5) * 7;            //小鸟旋转一定角度
    else
        bird.rotation = - 20;                        //小鸟旋转 - 20°
    if(bird.rotation < - 20)
        bird.rotation = - 20;
    if(yspeed > 17)
        yspeed = 17;                                 //速度最大值
    if(space_key_down && can_jump)                   //玩家按空格键或单击鼠标后,小鸟上移
    {
```

```
            yspeed = - 7;                            //速度是负的,则是向上移动
            can_jump = false;
        }
        if(!space_key_down && bird.y > 0)            //如果在空中则可以跳
        {
            can_jump = true;
        }
        if(bird.y > 600)                             //落地
        {
            bird.y = 600;
            die();                                   //死亡,游戏结束
        }
    }
```

草地移动比较简单,仅仅左移。当 x 坐标小于 170 时增加 170,从而保证草地在画面中。

```
private function updateGround():void                 //草地
{
    ground.x = ground.x - 4;                         //左移
    if(ground.x < - 170)
    {
        ground.x = ground.x + 170;                   //右移 170
    }
}
```

游戏结束时,删除注册的帧频事件,开始按钮和得分可见,并调用 reset() 初始化游戏。

```
        private function die():void
        {
            flying = false;
            bird.stop();
            this.removeEventListener(Event.ENTER_FRAME, onEnterFrame);  //删除帧频事件
            startBtn.visible = true;                  //开始按钮和得分可见
            scoreText.visible = true;
            scoreText.text = "score: " + score;
            reset();
        }

        private function random(value:int):Number
        {
            return Math.round(Math.random() * value);
        }
    }
}
```

至此,已完成 Flappy Bird 游戏的设计。当然读者可以改进游戏的设计,例如管子的出现,不用 3 个 pipe 对象轮换出现,而是随机生成的,请读者自己试试改进吧!

第20章 Android 移动开发案例——关灯游戏

视频讲解

20.1 Android 关灯游戏介绍

关灯游戏是很有意思的益智游戏,玩家通过点击关掉一盏灯。如果关掉了一个电灯,周围的电灯也会触及开关,成功地关掉所有的电灯即可过关。游戏运行初始界面如图 20-1 所示。游戏过程中可以选择上一关(PRE LEVEL)、下一关(NEXT LEVEL)、重置此关(RESET)。游戏总共设计 20 关,每次通关会有所有灯全亮的动画。本章使用 AIR(Adobe Integrated Runtime)技术开发 Android 游戏。

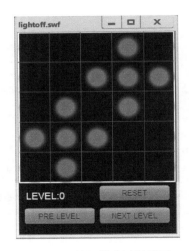

图 20-1 关灯游戏运行界面

20.2 Android 游戏设计步骤

Animate 开发 Android 游戏的开发过程和开发普通 ActionScript 3.0 游戏没有技术上的区别,在执行"文件"→"新建"命令创建项目文档时,在新建文档窗口(如图 20-2 所示)选择"高级"类型的 AIR for Android 选项,开发游戏过程没有变化,仅仅最后需要选择"文件"→"发布"选项来发布作品的 APK。

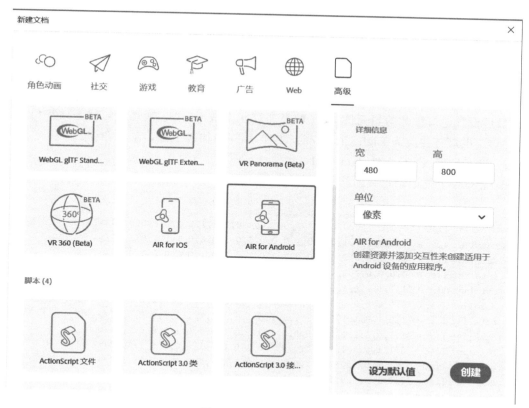

图 20-2　新建文档窗口

20.3　Android 关灯游戏设计的思路

游戏画面为 5×5 的方格,窗体中 MainArray 数组记录各灯的状态数据(0 变 1,1 变 0,实现灯状态转换)。采用 XML 地图文件 data. xml 保存每关的初始状态,其中 0 代表灭灯状态,1 代表亮灯状态。如果 MainArray 数组数据全为 0 则过关。为了便于游戏控制所有灯元件对象放入数组 ShowArray(所有灯元件数组)中。

20.4　Android 关灯游戏设计的步骤

20.4.1　创建 Animate 文件

打开 Animate 软件,执行"文件"→"新建"命令,系统将弹出"新建文档"窗口,在窗口中选择"高级"类型的 AIR for Android 选项。

1. 设置文档属性

执行"修改"→"文档"命令,弹出"文档设置"对话框。设置场景的尺寸为 225×300 像素,背景颜色为黑色,然后单击"确定"按钮。在属性面板设置文档类为 Main。

2. 设计游戏界面

通过直线工具绘制 5×5 网格。从组件库中选择"标签"Label 组件,往舞台上添加一个 Label 组件,其中实例名为 showininfo,显示第几关;往舞台上添加 3 个"按钮"组件,实例名为 reset,重置本关游戏;实例名为 presbnt,回到上一关游戏;实例名为 nextbnt,进入下一关游戏。

最后设计电灯影片剪辑元件,第一帧是亮灯状态效果,第二帧是灭灯状态效果(即无任何东西)。电灯链接类为 LightClass.as。注意,第一帧加入 stop()动作命令。

3. 游戏数据 XML 文件 data.xml

data.xml 主要记录每关的初始状态,现在记录了 20 关地图信息。

```
<list>
<datalist list = "0,0,0,1,0,0,0,1,1,1,0,1,0,1,0,1,1,1,0,0,0,1,0,0,0"/>
<datalist list = "1,1,0,1,1,1,0,0,0,1,0,0,0,0,0,1,0,0,0,1,1,1,0,1,1"/>
<datalist list = "0,0,1,0,0,0,0,1,0,0,1,1,0,1,1,0,0,1,0,0,0,0,1,0,0"/>
<datalist list = "0,0,0,0,1,0,0,0,1,0,0,0,1,0,0,0,1,0,0,0,1,0,0,0,0"/>
<datalist list = "1,1,1,1,1,1,1,1,1,1,0,0,0,0,0,1,1,1,1,1,1,1,1,1,1"/>
<datalist list = "0,0,0,0,0,0,0,0,0,1,0,1,0,1,0,0,0,0,0,0,0,0,0,0,0"/>
<datalist list = "1,0,1,0,1,1,1,1,1,1,1,1,0,1,1,1,1,1,1,1,1,0,1,0,1"/>
<datalist list = "1,1,0,1,1,0,1,0,0,0,1,0,1,0,0,0,1,0,1,1,0,0,1,1"/>
<datalist list = "0,1,1,0,0,0,1,1,1,0,0,1,0,1,0,0,1,1,1,0,0,0,1,1,0"/>
<datalist list = "1,1,1,0,1,0,0,1,1,0,1,0,0,0,1,0,1,1,0,0,1,0,1,1,1"/>
<datalist list = "0,0,1,1,1,0,1,0,0,0,1,1,0,1,1,0,0,0,1,0,1,1,1,0,0"/>
<datalist list = "1,0,1,1,1,0,0,0,1,1,0,1,0,1,0,1,1,0,0,0,1,1,1,0,1"/>
<datalist list = "1,1,0,0,0,1,1,1,1,1,1,1,1,0,1,1,1,1,1,1,1,0,0,0,1,1"/>
<datalist list = "0,0,0,0,1,0,1,1,1,0,0,1,0,1,0,0,1,1,1,0,1,0,0,0,0"/>
<datalist list = "0,0,0,0,0,0,1,0,0,0,0,0,0,0,0,0,1,0,0,0,0,0,0,0,0"/>
<datalist list = "1,0,1,0,1,0,1,1,0,0,1,1,0,1,1,0,0,1,0,1,0,1,0,1,1"/>
<datalist list = "0,1,1,0,0,1,0,0,1,0,0,1,0,1,0,0,1,0,0,1,0,0,1,1,0"/>
<datalist list = "0,0,1,0,1,1,0,0,1,1,1,0,0,0,1,1,1,0,0,1,1,1,0,1,0,0"/>
<datalist list = "0,1,0,1,1,0,1,0,0,1,1,0,0,0,1,1,0,0,1,0,1,1,0,1,0"/>
<datalist list = "0,0,0,0,1,0,1,0,0,1,1,0,0,0,1,1,0,0,1,0,1,0,0,0,0"/>
</list>
```

20.4.2 电灯类设计(LightClass.as)

LightClass.as 为电灯类,是场景中电灯的元件链接类。

```
package project{
    import flash.display.MovieClip;
    import flash.display.Sprite;
    public class LightClass extends MovieClip{
        public var NumberX;
        public var NumberY;
        public var stat;
    public function LightClass() {
    }
    }//end class
}
```

20.4.3 设计游戏文档类（Main.as）

Main.as 类为文档类，执行"文件"→"新建"命令，系统将弹出"新建文档"窗口。在"高级"类型中选择"ActionScript 3.0 类"选项。这样新建一个 ActionScript 类文件，将其命名为 Main.as。

导入包及相关类，代码如下：

```
package project{
    import flash.display.MovieClip;
    import flash.events.*;
    import project.LightClass;
    import flash.net.URLLoader;
    import flash.net.URLRequest;
    import flash.xml.XMLDocument;
    import fl.controls.Label;
    import fl.controls.ColorPicker;
    import fl.controls.Button;
    import flash.media.Sound;
    import flash.media.SoundChannel;
    public class Main extends MovieClip {
        private var MainArray:Array = new Array(    //记录当前状态
            new Array(1, 1, 1, 1, 1),
            new Array(1, 1, 1, 0, 0),
            new Array(0, 1, 0, 0, 0),
            new Array(0, 0, 1, 1, 0),
            new Array(0, 0, 0, 1, 0)
        )
        private var ShowArray:Array = new Array(    //所有灯元件数组
            new Array(0, 0, 0, 0, 0),
            new Array(0, 0, 0, 0, 0),
            new Array(0, 0, 0, 0, 0),
            new Array(0, 0, 0, 0, 0),
            new Array(0, 0, 0, 0, 0)
        );
        private var dataArray:Array;                //所有关卡地图数据的数组
        private var Count:int;                      //当前关号(第几关)
        private var urlloader:URLLoader;
        private var sound:Sound;
        private var soundChannel:SoundChannel;
        private var url:String = "data/qu.mp3";
        private var timex;
        private var timey;
```

Main()构造函数初始化当前关号 Count，创建声音对象，实现声音的播放，最后加载 XML 文件 data.xml。

```
public function Main() {
    Count = 0;                                  //当前关号(第 0 关)
    dataArray = new Array();
```

```
        sound = new Sound();
        soundChannel = new SoundChannel();
        loadMusic();
        loadXml();
    }
    private function loadMusic() {
        var request:URLRequest = new URLRequest(url);
        sound.load(request);
        soundChannel = sound.play();
        soundChannel.addEventListener(Event.SOUND_COMPLETE, playagin);
    }
    private function playagin(e) {
        trace("com")
        soundChannel = sound.play();
    }
```

由于每关的数据存储在 XML 文件 data.xml 中,loadXml()实现加载 XML 文件。在加载完成的 Event.COMPLETE 事件函数 Xmlloaded()中遍历元素的 list 属性值到数组 dataArray 中。

```
    private function loadXml() {
        var urlrequest:URLRequest = new URLRequest();
        urlloader = new URLLoader();
        urlrequest.url = "data/data.xml";
        urlloader.load(urlrequest);
        urlloader.addEventListener(Event.COMPLETE, Xmlloaded);
        reset.addEventListener(MouseEvent.CLICK, deletelight);
        nextbnt.addEventListener(MouseEvent.CLICK, nextstart);
        presbnt.addEventListener(MouseEvent.CLICK, prestart);
    }
```

加载完成的 Event.COMPLETE 事件函数 Xmlloaded(event:Event)。

```
    private function Xmlloaded(event:Event) {
        var myxml:XML = new XML(urlloader.data);
        for each (var prop:XML in myxml.datalist) {
            dataArray.push(prop.@list);
        }//end for ;
        startgame(myxml)
    }
```

startgame(e)从存储所有关卡数据的数组 dataArray 中获取本关 Count 的数据。例如,第 0 关得到"0,0,0,1,0,0,0,1,1,1,0,1,0,1,0,1,1,1,0,0,0,1,0,0,0"字符串,分隔以后存入 dataTemp 数组中。

```
    private function startgame(e) {
        var Str:String = new String();
        var dataTemp:Array = new Array();
        Str = dataArray[Count];                    //获取本关 Count 的数据到字符串 Str 中
        dataTemp = Str.split(",");                 //以逗号分隔字符串存入 dataTemp 中
        trace(dataTemp)
        showininfo.htmlText = '< font face = "Arial" color = " # FFFFFF" size = "14">
```

```
        init(dataTemp)
    }                                        //按数组数据显示亮灯
```

按数组 dataTemp 数据在舞台上显示亮灯元件 LightClass,其中 1 表示亮灯状态,0 表示灭灯状态。

```
    private function init(array:Array) {
        var _count = 0
        for (var i = 0; i < MainArray.length; i++) {
            for (var j = 0; j < MainArray[i].length ; j++) {
                MainArray[i][j] = int(array[_count]);
                _count++;
                var light:LightClass = new LightClass();
                addChild(light);
                ShowArray[i][j] = light;
                light.NumberX = j;
                light.NumberY = i;
                if (!MainArray[i][j]) {
                    light.gotoAndStop(2) ;              //灭灯状态
                }
                light.addEventListener(MouseEvent.CLICK, check);
                light.x = j * 80;                       //放置位置
                light.y = i * 80;
            }//end for
        }//end for
    }//end fun
```

check(event: MouseEvent)改变被单击的对象(event. target)在数组 MainArray 中的状态数据(0 变 1,1 变 0,所以可以用取反运算实现)。然后检查四周的,改变在数组 MainArray 中的状态数据,最后重新按照数组 MainArray 中的状态数据显示所有的灯元件。

```
    private function check(event:MouseEvent) {
        MainArray[event.target.NumberY][event.target.NumberX] =
                    !MainArray[event.target.NumberY][event.target.NumberX] ;
        up(event.target.NumberX,event.target.NumberY) ;
        down(event.target.NumberX,event.target.NumberY) ;
        left(event.target.NumberX,event.target.NumberY) ;
        right(event.target.NumberX,event.target.NumberY) ;
        show();
    }
    private function up(X,Y) {
        if (Y != 0) {
            MainArray[Y-1][X] = !MainArray[Y-1][X] ;
        }
    }
    private function down(X,Y) {
        if (Y != 4) {
```

344

```
            MainArray[Y + 1][X] = !MainArray[Y + 1][X] ;
        }
    }
    private function left(X,Y) {
        if (X != 0) {
            MainArray[Y][X - 1] = !MainArray[Y][X - 1] ;
        }
    }
    private function right(X,Y) {
        if (X != 4) {
            MainArray[Y][X + 1] = !MainArray[Y][X + 1] ;
        }
    }
```

show()重新按照数组 MainArray 中的状态数据显示所有的灯元件。

```
    private function show() {
        var fat = 0;
        for (var i = 0; i < MainArray.length; i++) {
            for (var j = 0; j < MainArray[i].length ; j++) {
                if (!MainArray[i][j]) {
                    ShowArray[i][j].gotoAndStop(2) ;      //灭灯状态
                }else {
                    ShowArray[i][j].gotoAndStop(1) ;      //亮灯状态
                    fat++;
                }
            }//end for
        }//end for
        if (!fat) {
            verygood();                                   //过关了
        }
    }//end fun;
```

verygood()用于显示过关后动画。所有灯变成亮灯状态。

```
    private function verygood() {
        timex = 0;
        timey = 0;
        addEventListener(Event.ENTER_FRAME, actionmove);
    }
```

actionmove(e)实现将所有灯变成亮灯状态,是一行行地逐个变成亮灯状态。当亮灯满 4 行以后结束动画。

```
    private function actionmove(e) {
        ShowArray[timey][timex].gotoAndStop(1) ;          //亮灯状态
        if (timex < 4) {
            timex++;
        }else {                                           //满 1 行以后
            timex = 0;
            if (timey < 4){
```

```
            timey++;
        }else {                                    //满 4 行以后结束动画
            removeEventListener(Event.ENTER_FRAME,actionmove);
            nextstart(timey);                       //下一关
        }
    }
}
```

下一关 nextstart(e)实现将所有灯从舞台上删除。Count＋＋后调用 startgame(e)开始 Count 关灯的重新显示。

```
private function nextstart(e) {
    if (Count < 20){
        Count++;
    } else {
        Count = 0;
    }
    deletelight(Count);
}
```

重置 deletelight(e)实现将所有灯从舞台上删除。调用 startgame(e)开始此关灯的重新显示。

```
private function deletelight(e) {
    for (var i = 0; i < MainArray.length; i++) {
        for (var j = 0; j < MainArray[i].length ; j++) {
            removeChild(ShowArray[i][j]);
        }//end for
    }//end for
    startgame(Count);
}
```

上一关 prestart(e)实现将所有灯从舞台上删除。Count－－后调用 startgame(e)开始 Count 关灯的重新显示。

```
private function prestart(e) {
    if (Count > 0){
        Count --;
    }else {
        Count = 20;
    }
    deletelight(Count);
}
```

20.5　Android 关灯游戏发布

选择"控制"→"测试"选项或者"控制"→"测试影片"→"在 AIR Debug Launcher 移动设备中(M)"选项,如果测试游戏没有问题,那么就可以发布 Android 的 APK 文件到手机上运行。发布步骤如下所述。

(1) 执行"文件"→"发布"命令,系统弹出"AIR for Android 设置"对话框(如图 20-3 所示),单击"创建"按钮新建一个数字签名证书。Android 应用程序发布需要开发者的数字证书,如果开发者已经有数字证书,可以单击"浏览"按钮找到自己的证书。

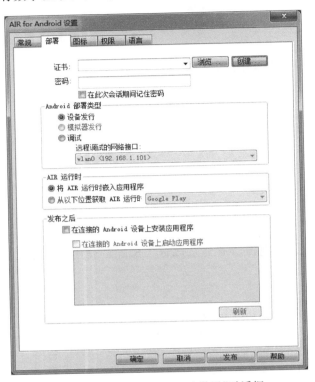

图 20-3 "AIR for Android 设置"对话框

(2) 单击"创建"按钮,系统弹出"创建自签名的数字证书"对话框(如图 20-4 所示),输入相应的信息,最后选择保存证书的位置。单击"确定"按钮完成证书创建。

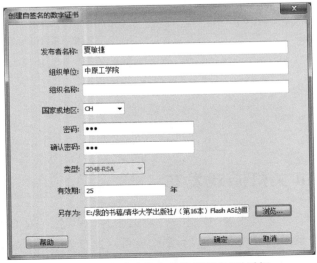

图 20-4 "创建自签名的数字证书"对话框

（3）在图 20-3 中设置密码，同时选择 AIR 获取形式。选中"将 AIR 运行时嵌入应用程序"单选按钮，这样用户下载 APK 就可以使用应用程序，优点是对用户来说比较方便，下载 APK 就可以运行，缺点是 APK 文件比较大。选中"从以下位置获取 AIR 运行时"单选按钮，还需要用户在 Google 商店中下载 AIR 安装程序才能运行，优点是 APK 文件比较小。

（4）单击"创建"按钮，在保存的位置中可以看到 AIR-lightoff2.apk 文件，就是我们发布的 Android 应用程序。如果此时手机连接在电脑上，那么这个 APK 文件也会安装到手机上。

关灯规则很简单，但这需要周密设计才行，读者快来在手机上安装 AIR-lightoff2.APK，试试 Android 关灯游戏吧！

参 考 文 献

［1］ 俞淑燕. ActionScript 3.0 语言基础与应用［M］. 北京：人民邮电出版社，2014.

［2］ 张鹏. Flash CSS6 游戏开发教程［M］. 北京：京华出版社，2010.

［3］ 肖刚. Flash 游戏编程教程［M］. 2 版. 北京：清华大学出版社，2013.

［4］ Rosenzweig G. ActionScript 3.0 游戏编程［M］. 2 版. 北京：人民邮电出版社，2012.

［5］ 刘本军，李登丰. Flash ActionScript 3.0 互动设计项目教程［M］. 北京：人民邮电出版社，2015.

［6］ 王威. Adobe Animate CC 动画制作案例教程［M］. 北京：电子工业出版社，2019.

［7］ 宋晓明，司久贵. Animate CC 2019 动画制作实例教程［M］. 北京：清华大学出版社，2020.

［8］ 王小君，范莹. Flash CC 从入门到精通实用教程［M］. 北京：人民邮电出版社，2018.

［9］ 路晓创. 零基础学 Animate CC UI 动效制作［M］. 北京：人民邮电出版社，2020.

图 书 资 源 支 持

感谢您一直以来对清华版图书的支持和爱护。为了配合本书的使用，本书提供配套的资源，有需求的读者请扫描下方的"书圈"微信公众号二维码，在图书专区下载，也可以拨打电话或发送电子邮件咨询。

如果您在使用本书的过程中遇到了什么问题，或者有相关图书出版计划，也请您发邮件告诉我们，以便我们更好地为您服务。

我们的联系方式：

地　　址：北京市海淀区双清路学研大厦 A 座 714

邮　　编：100084

电　　话：010-83470236　010-83470237

客服邮箱：2301891038@qq.com

QQ：2301891038（请写明您的单位和姓名）

资源下载： 关注公众号"书圈"下载配套资源。

资源下载、样书申请

书 圈

获取最新书目

观看课程直播